AF546505

Erdöl
Ein Atlas der Petromoderne

Alexander Klose
Benjamin Steininger

Matthes & Seitz Berlin

Inhalt

Atlas

In der antiken Mythologie trägt Atlas das Gewicht der Welt und des Sternenhimmels auf seinen Schultern. Ein Titan und Bruder des Prometheus, wird er wie dieser von den siegreichen olympischen Göttern unter der Führung von Zeus dafür bestraft, dass er auf der Seite des Kronos – und der von den Titanen erschaffenen Menschen – gegen sie kämpfte. Prometheus brachte den Menschen zudem bekanntlich das Feuer – die Petromoderne, die von der Gewinnung und Verbrennung des Erdöls (und anderer fossiler Brennstoffe wie Erdgas und Kohle) geprägte Kultur, um die es im vorliegenden Atlas geht, ist somit eine prometheische Kultur[1]. Prometheus wurde für seinen Geheimnisverrat an einen Felsen des Kaukasus gekettet, und täglich hackte ihm ein Adler die Leber aus dem unsterblichen Leib. Atlas wurde von Zeus an das westliche Ende der Welt, an die Straße von Gibraltar verbannt und dazu verdammt, bis ans Ende der Zeiten das Gewicht der Erde und des Himmels auf seinen Schultern zu tragen.

Ovids *Metamorphosen* berichten davon, wie Atlas ein zweites Mal bestraft wurde, weil er dem Helden und Zeussohn Perseus die Unterkunft in seinem ausgedehnten Reich verweigerte und ihn tätlich bedrohte. Perseus zeigte ihm darum »Medusas scheußliches Antlitz«, deren abgeschlagenen Kopf mit dem versteinernden Blick er in einem Sack mit sich trug:

DEUTSCHLAND
und EUROPA

> So groß, wie er war, wird Atlas zum Berg, Bart und Haupthaar verwandeln sich in Wälder, Felsenrücken sind seine Schultern und Hände, was früher sein Kopf war, ist nun, im Gebirge ganz oben, der Gipfel. Sein Gebein wird zu Stein – und dann dehnt er sich noch nach allen Seiten, wächst unermeßlich – so habt ihr es, Götter beschloßen –, und schließlich ruht auf ihm mit so vielen Gestirnen der Himmel![2]

Atlas, der je nach Quelle der Überlieferung entweder direkt von Gaia abstammt, der Erdenmutter, oder von Kindern derselben, ist Träger eines verkörperten Wissens über die Gesetzlichkeiten der Natur und der Gestirne, weil er es nicht als abstraktes, lineares, dem Gesetz eines einzigen Gottes unterworfenes Wissen in sich trägt, sondern als die Mannigfaltigkeit seiner Manifestationen:

> Atlas, der besiegte Krieger, der gezwungen ist, seine Kraft unbewegt auszuüben, der glücklose, von der Last seiner Strafe niedergedrückte Held, verwandelt sich schließlich in eine immense, bewegliche Gestalt, die reich an Lehren ist. Er hat seinen Namen einem Gebirge gegeben (Atlas), einem Ozean (Atlantik), einer Unterwasserwelt (Atlantis), verschiedensten monumentalen, architektonischen Statuen, die dazu dienen, Paläste zu stützen (Atlanten), und bald einer neuen Art des Wissens, die mittels Bildern die Verstreutheit – aber auch die geheimen Zusammenhänge – der gesamten Welt versammelt.[3]

Ein Atlas in diesem letzteren Sinne bildet eine räumliche und visuelle Form des Wissens, ein Buch, durch das man eher streift, als dass man es von vorne nach hinten durchliest, das man irgendwo aufschlägt und dann von dort weiterblättert, eine Landschaft, in der man umherschweift, aber auch eine

Mine, aus der man Schätze birgt, die explosiv sein könnten.[4] Ein Atlas versammelt in Bildern oder Karten verdichtete, horizontal ausgebreitete Gegenwarten, Schichten oder Schnitte. Diese können sich auf ganz unterschiedliche Maßstäbe oder Wissensfelder beziehen, selbst historische oder chemische Prozesse lassen sich in die geo-grafische oder künstlerische Form einer Karte oder eines Bildes bringen. Und sie gehen Verbindungen ein, verknüpfen sich zu einem Wissensnetzwerk oder legen Muster oder verborgene Kausalitäten frei, ohne dass diese Verbindungstätigkeit auf eine festgelegte Struktur oder Gesetzmäßigkeit verpflichtet wäre.

Was kann ein Atlas noch? Idee und Bezeichnung des Atlas für ein buchgebundenes Kartenwerk gehen auf das letzte Drittel des 17. Jahrhunderts zurück. Bereits wenig später entstand die Idee eines »Atlas portabilis«, eines gut transportablen Reiseatlas. Die Reisenden hatten damit die Welt in ihrer Tasche. Es gab keinen Ort mehr, auf den sie nicht zumindest kartografisch vorbereitet gewesen wären. Der Atlas verschafft Überblick und damit Macht über den Raum. Er enthält potenziell alles – *Theatrum Orbis Terrarum* heißt das gattungsbegründende erste Werk von Hermann Ortelius, das 1570 erscheint; Gerhard Mercator steuert wenige Jahre später mit seinem Kartenbuch die Bezeichnung »Atlas« hinzu. Oder er enthält jedenfalls alles für die jeweiligen Benutzer*innen Relevante – ob in Deutschland, Europa, der christlichen Welt, der Neuen Welt oder auch auf bestimmten Gebieten: dem Skifahren, den Mineralien, den Insekten oder den Religionen.

Eine erste große Zeit hat die Produktion von Atlanten in Deutschland im letzten Drittel des 19. Jahrhunderts. Die »zu spät gekommene Nation« versichert sich ihrer Existenz in aufwendigen Kartenwerken wie dem 1883 vom Bibliographischen Institut in Leipzig herausgegebenen *Atlas des Deutschen Reiches* von Ludwig Ravenstein. Neben zehn Blättern im Maßstab 1 : 850 000 aller Gebiete des Reiches enthielt dieser Atlas auch statistische Karten zu »Bevölkerungsdichtigkeit, Konfessionen und Gewerbethätigkeit« sowie »Produktionskärtchen über Bodenkultur, Tierzucht, Nutzpflanzen und nutzbare Mineralien«.[5]

Doch die größte Zeit des Länderatlas, zumindest was die allgemeine Verbreitung angeht, kommt in der Form des Straßenatlas nach 1900. Mit der Ausbreitung der benzinmotorgetriebenen Fahrzeuge vervielfacht sich der individuelle Verkehr. Bereits 1907 erscheint die erste Auflage des *Continental Landstrassen Atlas für Automobilisten und Motorradfahrer.* Zwischen den Kriegen geben diverse Mineralölgesellschaften und Reifenhersteller, aber auch Zeitungen, miteinander konkurrierende vollständige Kartenwerke und auch Atlanten heraus. Die Ausbreitung der petromodernen Kultur korreliert mit einer Steigerung der Atlas-Produktion. Im Frühjahr 1950 erscheint die erste Auflage des *Shell-Autoatlas,* der das Prinzip der Tourenkarten und der Straßenkarten miteinander verbindet. Laut Einleitungstext ist er »kein Reklameartikel sondern ein verlegerisches Produkt, das der Autotouristik, dem Geschäftsreiseverkehr und dem Gütertransport dienen soll«.[6] Landschaftlich schöne Strecken werden grün hervorgehoben, Campingplätze und touristische Sehenswürdigkeiten verzeichnet. Er ist ein Erfolg. Innerhalb weniger Jahre erscheinen zahlreiche aktualisierte Auflagen. 1960 erscheint erstmals der eingangs ausschnitthaft abgebildete *Große Shell Atlas – Deutschland* und *Europa.*

1966, in der erdölgetriebenen Boomphase der Nachkriegswirtschaft, bringt der Verlag Westermann in Braunschweig einen aufwendig im Stile von Schulatlanten aufbereiteten *Erdöl-Weltatlas* heraus. Er zeigt die wesentlichen Elemente des petro-industriellen Komplexes von den Ölförderstätten über Pipelinenetzwerke und Öltankerrouten bis zu den Raffinerien rund um den Globus. Er klärt also auf über Wirtschaftszahlen und räumliche Verteilungen.[7] Die dazugehörigen sozialen und kulturellen Entwicklungen, die landschaftlichen Transformationen, Verdrängungen und Verwerfungen können oder müssen sich die Betrachter*innen selber dazuimaginieren.

Was kann unser »Atlas der Petromoderne«, und welchen Zwecken dient er? Die Figur des Atlas ist uns vielleicht näher, als wir wünschen. Auch unser Handeln steht mit schweren Füßen tief in den fossilen Schichten der Erde und reicht bis an den Himmel. In dieses Bild passt die ironische Bezeichnung des Kartells aus sieben multinationalen Ölkonzernen, die von den 1940ern bis zu den 1970ern den Weltölmarkt dominierten, als »sieben Schwestern«, in Anlehnung an die sieben Töchter des Atlas, die Plejaden. Die sieben Ölkonzerne waren: Exxon, Mobil, Chevron, Gulf Oil, Texaco, BP und Shell.[8] In dieses Bild passt ebenfalls der Titel des literarischen Hauptwerks von Ayn Rand, *Atlas Shrugged* (wörtlich: Atlas zuckte mit den Schultern), das die Frage stellt, was passiert, wenn die tragenden Säulen der Gesellschaft, aufbauende »Schaffende« – kapitalistische Konzernlenker –, von »Zerstörern« und »Plünderern« – sozialistischen Aktivisten – demoralisiert und zur (Selbst-)Aufgabe gezwungen werden.[9] Das 1957 erschienene Buch der Säulenheiligen des US-amerikanischen Neoliberalismus und Neokonservatismus wird zu den politisch folgenreichsten Büchern des 20. Jahrhunderts gezählt und erfreut sich bis heute – in Zeiten der neopetromodernen Wende unter Donald Trump – regen Interesses und wachsender Verkaufszahlen.[10]

Eine Kartografie der heutigen Gegenwart zu betreiben, heißt, politische, wirtschaftliche, soziale, technische und kulturgeschichtliche Entwicklungen mit den biochemischen, geohistorischen und evolutionären Prozessen in Verbindung zu bringen, in die sie eingelassen sind und in die sie eingreifen. Wenn die petromodernen Prozesslandschaften und molekular mobilisierten Materialitäten von chemischer Technik und fossiler Energie getragen werden, dann sind chemische Geografien und Kulturwissenschaften gefragt, um menschliches Handeln auf allen relevanten Skalen zu beschreiben.[11]

Als wichtigste Referenz für moderne Atlas-Unterfangen in Zeitdiagnostik können bis heute Aby Warburgs *Mnemosyne-Atlas*[12] und Walter Benjamins *Passagenwerk* gelten, die beide ungefähr um die gleiche Zeit in den 1920er/30er-Jahren entstanden sind, also in der ersten Akzelerationsphase der petromodernen Technik, Wirtschaft und Kultur. Beide Werke sind unter anderem dadurch motiviert, dass sie in Zeiten des Umbruchs die Gegenwart und das Kommende im Untergehenden und bereits Untergegangenen zu erkennen versuchen.

Wir befinden uns heute erneut in einer Umbruchssituation. Das Zeitalter fossiler Brennstoffe und mit ihm die petromoderne Ära scheinen zu Ende zu gehen. In welchem Zustand die Welt dabei herauskommt, ist höchst ungewiss. Wenn Atlanten schon immer Natur und Kultur, Klimata und Verkehrswege, Städte und Kontinente, Sprachgebiete und politische Bündnisse nebeneinanderstellen konnten, so ist heute nicht nur kurzlebige Menschengeschichte und -geografie auf einem scheinbar unbewegten Planeten nachzuzeichnen, sondern ein Planet, eine Ansammlung von Milieus und Naturen, die sich mit der und zum Teil durch die Menschentätigkeit bewegen. Alle Landkarten, alle Atlanten, alle Koordinatensysteme, alle akademischen Raster sind davon herausgefordert.

Die Ausrufung des Anthropozäns als neuer geohistorischer Epoche wirft geschichtsphilosophische Fragen auf – nicht nur nach dem Ende der Moderne, sondern nach dem Ende des abendländischen Projekts der Geschichte.[13] Daraus erklärt sich eine gewisse Konjunktur von Ansätzen einer horizontalen, archäologischen, das heißt Schicht für Schicht vorgehenden, nicht- oder polylinearen und nicht- oder polyzentrischen Geschichtsschreibung der Gegenwart, der wir uns durchaus zurechnen würden.[14] Solche Versuche einer Geschichtsschreibung, die geografische und systematische Zusammenhänge durchquert, ohne ein einheitliches sortierendes Prinzip zu oktroyieren, bleiben notwendigerweise bruchstückhaft. Zumal es in solchen Unterfangen heute nicht zuletzt darum geht, die Grenzen des Atlantischen, das heißt der abendländischen Welterzählung zwischen Atlas und Kaukasus, zwischen Atlas und Prometheus, zu sprengen. Statt weitere Varianten der universalistischen europäischen (und US-amerikanischen) »Geschichte 1« zu reproduzieren – was in der Themenstellung des vorliegenden Buches die Herrschaft der amerikanisch dominierten Petromoderne und ihrer Werte meinen würde –, gilt es, den multiplen Geschichten der (ehemals) kolonialisierten und indigenen Bevölkerungen ebenso wie den lokalen Traditionen und individuellen Impulsen in den petromodernen Mutterländern selbst zuzuhören, die immer schon die Ansprüche der Geschichte 1 zugleich durchkreuzt und aktualisiert haben und aus denen sich die »Geschichte 2« zusammensetzt, wie Dipesh Chakrabarty in Bezug auf die marxistische Lesart der Geschichte als koloniale Ausbreitung des Kapitalismus schreibt.[15] Die lokalen Weltgeschichten des Öls können aus Baku oder Texas oder, wie im Falle dieses Buches, aus Wien und Berlin geschrieben werden.

Dennoch den atlantischen Gestus hochzuhalten, in unterschiedliche Vertikalen aufzusteigen, um dann unterschiedliche horizontale Ausschnitte zu sehen, über und unter die Erde zu blicken, Schnitte anzulegen, Orte und Techniken in mehr als ein Raster einzutragen, so wie Orte immer mehrfach konnotiert in Klimata, Diözesen, Sprachverteilungen und politische Grenzen fallen, die Behauptung, immerhin exemplarisch sowohl im Kleinsten wie im Großen an die Grenzen zu gehen, um mit diesen Randgängen einer neuen Geophilosophie das Gebiet abzustecken, in dem Geschichte und Kultur spielen, ist vielleicht notwendiger denn je.

Weniger ein Kartenwerk als ein Satz Spielkarten legen wir Bilder aus unterschiedlichen Zusammenhängen aus, die wir als charakteristisch für petromoderne Entwicklungen und Zustände empfinden. Unser Atlas versammelt Fund- und Randstücke, in denen sich gleichermaßen im Kleinen das Große und im Großen das Kleine spiegelt. Wir lesen diese Randstücke als flirrende Indizes, als Schnitte durch Geografien, Techniken, Prozesse und Geschichten. »Auch in einem Kaffeelöffel spiegelt sich die Sonne.«[16] Dieses berühmte Diktum Sigfried Giedions ergänzen wir durch eine andere Spiegelung: Wenn man einen Tropfen schwarzes Erdöl nur genau genug fokussiert, dann schillert selbst er in allen Farben des Regenbogens [→ Schwarzer Spiegel]. → 225

Bohrprotokoll

»Blaugrau bis graublau«, »glimmrig«, »graugrün bis grün, gelb gefleckt« – Farbbeschreibungen aus einem industriellen Bohrprotokoll, notiert bei der Bohrung Gaiselberg 1 im Juli 1938 in der Nähe von Wien. Wer nach Erdöl sucht, muss sich auf Zwischentöne und haptische Abstufungen einlassen, muss das geförderte Material genau ansehen und zwischen den Fingern zerdrücken – ist es tonig oder sandig? –, muss
→028 sogar darauf herumkauen, wie man von Geologen hört [→ Spülung]. Bei 925,20 Metern endlich »Oelsand«, dann wieder Tonmergel, bei 1002,00 Metern erneut eine Schicht »gelb Oelfeinsand«, bei 1134,75 Metern »dkl-grau, sandig-glimmrig, mürb. Mgl. Oeltropf. auf den Kluftflächen«. Die Lage von insgesamt sechzehn übereinanderliegenden, mehr oder weniger ölführenden Schichten wird ermittelt, bis beim vierzehnten dieser »Horizonte«, zwischen 1095,0 und 1112,0 Meter Tiefe, die ölführende Schicht angebohrt und erschlossen wird, bei der das Investment lohnt.

Ein Zusammendenken unterschiedlicher Arten von Prozessen und unterschiedlicher Formen von Geschichte ist notwendig, wenn an ausgesuchten Orten ein Schnitt durch den Untergrund vorgenommen wird, um von dort aus einen
→221 Gewinn für die Gegenwart zu realisieren [→ Zeitabgrund]. Dies gilt auch für das Projekt einer archäologischen Geschichtsschreibung der Gegenwart des Erdöls, wie es sich vorliegender Atlas vorgenommen hat. Der horizontalen, gewisserma-

ßen geografischen Bewegung des Versammelns verschiedener Kontexte tritt komplementär eine vertikale Bewegung hinzu, die nach deren Geschichtlichkeiten fragt und danach, wie sich diese zu anderen historischen Schichten verhalten: Technikgeschichte, Wirtschaftsgeschichte, Mentalitätsgeschichte, Naturgeschichte, Erdgeschichte etc. Es handelt sich bei dieser Aktivität um eine »geologische Geschichtsschreibung«, insofern als sie die spezifischen Prozessualitäten der aufgefundenen Zeitschichten respektiert – ihre Maßstäbe, ihre Abgeschlossenheiten und Öffnungen, die Art ihrer Organisation – und sich auf die in ihnen wirkenden Dynamiken als Prinzipien ihrer Ausdehnung und Interaktion konzentriert.[1] Ziel ist die Freilegung von verborgenen – verschütteten oder in den kontinuierlichen Sedimentierungsprozessen herabgesunkenen – Schichten und Aspekten der Petromoderne.

Es ist wichtig, im Auge zu behalten, dass es sich hierbei nicht um einen scharf definierten Epochenbegriff handelt, dessen Prinzipien als Regeln auf alle Fundstücke angewandt werden könnten. Das Gegenteil ist der Fall: Die Tiefenerkundungen erproben unter der doppelten Fragerichtung von »Erdöl« (als Material, Technik und Haltung) und »Moderne« (als Set von Wahrnehmungsweisen, Welterklärungen, moralischen Prämissen und Handlungsweisen) neue Konjunktionen, sie fördern bestenfalls mit jeder Bohrung einen etwas anders gelagerten Begriff von Petromoderne zutage, analog zu »Oelsand«, »Oelfeinsand« und »Oeltropfen«.

Im Bohrprotokoll von Gaiselberg 1 und seinem historischen Umfeld lassen sich Hinweise darauf gewinnen, worauf dabei zu achten sein könnte. Was hier von der Rohöl-Gewinnungs AG erbohrt wurde, ist eine der ältesten noch kommerziell genutzten Ölquellen der Erde. Die Firma wurde 1935 zur Erschließung der neu entdeckten Ölfelder im Wiener Becken zu gleichen Teilen von der Socony-Vacuum Oil Company, Inc. (Mobil Oil) und der zur Shell-Gruppe gehörenden Bataafsche Petroleum Maatschappij gegründet. Umbenannt in Rohöl-Aufsuchungs GesmbH und heute als RAG Austria AG im Besitz österreichischer Anteilseigner, ist die RAG heute das einzige aus der schillernden Gründerzeit verbliebene Unternehmen und vor allem im Gasspeichergeschäft in Oberöstereich aktiv. Am 25. Juli 1938 hieß es »Sonde in Produktion«. Gefördert wurde in dem 1139,00 Meter tiefen Bohrloch zunächst aus dem vierzehnten, nach der geologischen Formation »Sarmat« benannten Horizont, ab den 1970er-Jahren dann aus der dritten Lage des zwölften Sarmathorizonts aus einer Tiefe zwischen 1010,50 bis 1016,00 Metern. Bis 2013, als in Anwesenheit des damaligen OPEC-Generalsekretärs Abdallah Salem el-Badri der 75. Jahrestag der Quelle gefeiert wurde, waren über 126 000 Tonnen Öl und 6,5 Millionen Kubikmeter Gas aus Gaiselberg 1 gefördert worden. Zwar bestanden 2013 97 Prozent der Förderung aus Salzwasser, das ergab aber immer noch eine Tagesproduktion von rund drei Tonnen Rohöl.[2] Und noch immer, auch nach dem Verkauf der traditionsreichen RAG-Ölfelder Zistersdorf und Gaiselberg an das australische Unternehmen ADX im Jahr 2019, ist die Sonde in Betrieb.

Sich dieser Bohrung heute zu nähern, heißt, sowohl Zeitgeschichte zu entziffern wie der historischen Entzifferung von Erdgeschichte nochmals nachzugehen. Geologie steht zum Zeitpunkt der Bohrung im Dienst der kommenden →049 NS-Kriegswirtschaft [→ Molekulare Mobilisierung]. Das Wiener Becken erweist sich als größtes Ölrevier innerhalb Großdeutschlands – ein bis heute in der Geschichtsschreibung des »Anschlusses« Österreichs seltsam unerwähntes Faktum. Auch das Feld Gaiselberg wird massiv ausgebaut. Nach dem Krieg zahlt die Republik Österreich Reparationen an die Sowjetunion in Form von Öl. Der Abschluss des Staatsvertrags, der den Weg für die Gründung der Republik Österreich ebnet, hängt nicht unwesentlich an den Verhandlungen über die Förderrechte auf das Öl im Wiener Becken.[3] Aus einem Stoff, der die Region aufs Engste mit dem NS-Terror verknüpft hatte, wird ein Mittel zum Aufbau eines demokratischen Wohlfahrtsstaats.

Auf sehr unterschiedliche naturhistorische Größen stellen schon die Erdölgeologen der Bohrung selbst scharf. Quantitative Daten zu Zeitpunkt und exakter Bohrtiefe werden mit qualitativen Beobachtungen zu »Mikrofauna« und »Makrofauna und Flora« kombiniert und unter der ästhetischen Kategorie »Gesteinsbeschreibung« eingetragen. Ölfunde erscheinen doppelt im Protokoll, als runder Punkt im Feld »Öl, Gas, Wasser« und als rot unterstrichene Einträge »Oelsand«, »Oelfeinsand«, »Oelfeinsandlagen«, »Oelspuren« wiederum im Feld »Gesteinsbeschreibung«. Auch »Kohlehäcksel« und »kohlige Substanz« werden notiert, paläoontologische Oberbegriffe wie die als Hinweisgeber auf Kohlenwasserstoffe wichtigen »Foraminiferen« und mit Kürzeln bezeichnete Einzelspezies. [→ Plankton] Gemeinsam ergeben die Einträge → 194 ein Modell der geologischen Tiefe. Aus der Zusammenschau der Details wird ein Begriff von geohistorischen Epochen – »Oberpannon«, »Flysch«, »Sarmat«.

Angebohrt, aufgebohrt und erprobt wird auch in dieser Text- und Bildersammlung das Spektrum zwischen Makro- und Mikrowelt, zwischen Distanz und Nähe, zwischen rie-

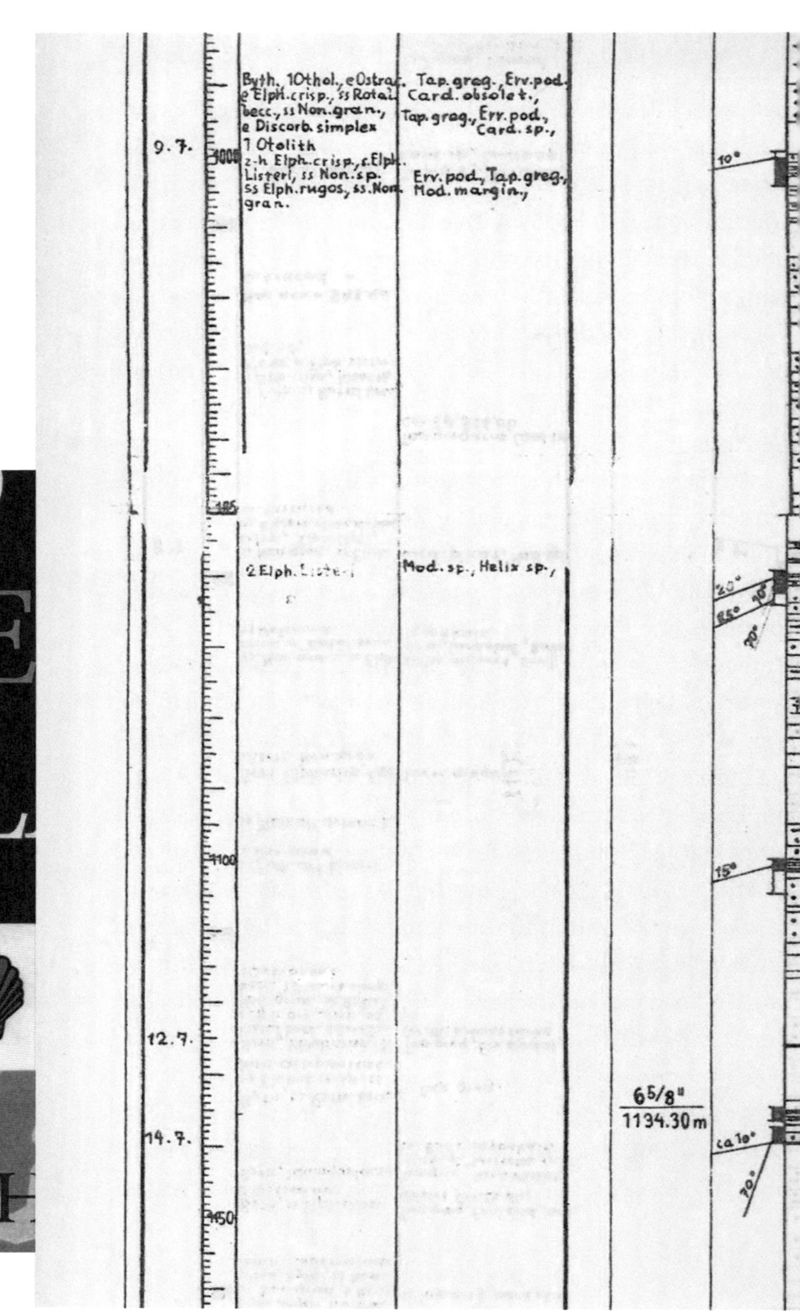

9.7.
Byth., 1Othol., e Ostrac., e Elph. crisp., ss Rotal. becc., ss Non. gran., e Discorb. simplex
1 Otolith
z-h Elph. crisp., s Elph. Listeri, ss Non. sp. ss Elph. rugos., ss. Non. gran.
Tap. greg., Erv. pod. Card. obsolet.,
Tap. greg., Erv. pod., Card. sp.,
Erv. pod., Tap. greg., Mod. margin.,
1000
10°
2 Elph. Liste-i
Mod. sp., Helix sp.,
20°
10°
85°
70°
1100
15°
12.7.
14.7.
6 5/8"
1134.30 m
ca 10°
70°
1150

995.20 Oelsand

1000.00 Tonmgl. [Bivalv.; geg. unt. graugrün., dünne Tonmgl.-lag.

1001.00 gelb., etw. festgelag., s. fein. Oelsand; einzln. Abdrücke v.

1001.75 grünl. bis graugrün., fest. z.T. glimmr. Tonmgl. m. zahlr.

1002.00 gelb. Oelfeinsand [braun. Oelfeinsandlagen

1002.35 dkl.-graugrün., fest., braungefleckt. Tonmgl. m. einzln. Fossilspl.

1002.90 graugrün. Tonmgl., zahlr. dkl.-braun. Oelfeinsandlag., Oeltropf.

1004.50 dkl.-grau. bis grünl.-grau., fest., etw. schiefr. Tonmgl.

1006.00 etw. tong. Sand, wahrscheinl. oelimprägn.

1007.00 Sandg. Tonmgl.

1008.00 etw. tong. Sand, wahrsch. impr.

1009.20 " sandg. Tonmgl.

1009.60 sandg. Tonmgl.

1014.80 Tonmgl.

1016.60 " m. Sandlagen

1019.50 Oelsand

1021.60 fest. Tonmgl.

1024.00 ", sandg. Tonmgl.

1028.00 Tonmgl.

1030.80 Oelsand

1032.00 Tonmgl.

1033.20 etw. tong. Sand, vermutl. etw. imprägn.

1034.80 Tonmgl.

1037.20 Sand, vermutl. impr.

1038.20 sandg. Tonmgl.

1040.40 Sand, vermutl. impr.

1042.00 sandg. Tonmgl. u. tong. Sand

1044.00 Oelsand

1048.00 Tonmgl.

1050.00 sandg. Tonmgl.

1054.00 Tonmgl.

1056.00 etw. tong. Sand, wahrsch. imprägn.

1057.20 Tonmgl.

1057.60 tong. Sand, " "

1059.30 grau., z.T. stark sandg. Tonmgl. [durchsetzt

1059.45 Schwarz, " " " ganz v. kohlig. Substanz

1060.30 grau., sandg. Tonmgl. v. zahlr., braun. Oelfeinsandlag.

1061.00 gelb., s. fein. Oelsand m. grau., dünnen [durchzogen

Tonmgl.-lag.

1063.20 grau. Tonmgl., m. braun. Oelfeinsandlagen

1065.00 Sand, vermutl. imprägn.

1066.00 sandg. Tonmgl.

1067.60 tong. Sand

1068.40 Tonmgl.

1070.80 Oelsand

1072.40 Tonmgl.

1074.00 tong. Sand, wahrsch. gering imprägn.

1080.40 Tonmgl. m. hart. Kalkmgl.-lag. v. 1077-1079

1082.40 sandg. Tonmgl., wahrsch. Oelspuren

1084.80 Tonmgl.

990.00-1074.00

10. Sarmat-Horiz.

1086.40 sandg. Tonmgl.

1094.40 Tonmgl.

1094.40-1111.00

11. u. 12. Sarmat-Hor.

1097.20 etw. tong. Sand, wahrsch. impr.

1099.50 Oelsand

1099.65 dkl. grau. Tonmgl. v. Störungsfläch. durchzogen

1100.00 braun. Oelsand [Teil impr.; Kohlehäcksel

1100.50 grau. Tonmgl., hellgrau gebänd. m. zahlr. Sandlag., z. groß

1101.00 braun. Oelsand

1102.00 st. sandg. Tonmgl.

1106.00 Oelsand

1106.80 Tonmgl.

1111.00 Oelsand

1113.00 sehr hart. Tonmgl.

1115.00 fester "

1116.00 sehr harter "

1125.50 fester Tonmgl.

1125.50

1133.00 sehr hart. Tonmgl.

Flysch

1134.70 grau. bis grünl.-grau., z.T. verruschelt.

Tonmgl. m. Kalzitadern u. Harnischfläch.

Einlagerung v. hart., grau. Mergel

1134.75 dkl.-grau., sandg.-glimmrig., mürb. Mgl.

Oeltropf. auf den Kluftflächen

1139.00

1135.10 grau.- bis dkl.-grau., verruschelt. Mgl.

1135.95 " " grünl.-grau. Mgl. m. Lagen v.

dkl.-grau., verruschelt. Mgl.-schiefer

1136.50 weicher, grünl.-grau. Tonmgl.

1137.50 grau., st. verruschelt. Tonschief. m.

Kalzitadern

1139.00 grau., s. feinkörng., glimmrig.

Kalksandst. m. tonig. Belägen

senhaften Apparaturen, sinnlich greifbaren Materialien und kleinsten, katalytisch manipulierbaren Molekülen. Wie im Bohrprotokoll steht dann scheinbar Unvereinbares nebeneinander. Aber nur der Gang durch alle Schichten, die Kombination aus geografischen Oberflächen und geologischen Tiefen erzeugen ein hinreichend komplexes Bild der heutigen, von Ölnutzung geprägten Epoche, das die Bezeichnung »Atlas der Petromoderne« verdient.

Exploration

»Tomorrow's Tools – Today!« verspricht Lane-Wells Company in einer Informationsbroschüre für »Radioactivity Well Logging«, Bohrlochvermessung mittels Radioaktivität, von 1952. Solange man nicht die Erde in einen Röntgenapparat schieben kann, um zu sehen, wo welche Ressourcen liegen, müssen Gamma- und Neutronenstrahlen an die Erde heran- und in sie hineingetragen werden.

Den Untergrund mit allen denkbaren Signalen zu durchleuchten, hat im anlaufenden Atom- und Informationszeitalter der Nachkriegszeit entscheidende Fortschritte gemacht. Nuklearphysik tritt nicht nur als Utopie einer kommenden Energiewirtschaft auf, sie wird auch zu einem integralen Bestandteil der Petrogeologie. Radioaktive Bohrlochuntersuchungen bilden den mikrophysischen Pol einer auf allen Bandbreiten der Signaltechnik operierenden Geophysik.

Deren wichtigste physische Verfahren sind die der Geoseismik. Sie arbeiten mit Vibrationstrucks, schweren Fahrzeugen, die über spezielle Platten den Boden zum Schwingen bringen, oder mit kontrollierten, meist kleinen Sprengungen. In beiden Fällen werden seismische Wellen in den Untergrund geschickt, um über die spezifische Reflexion der Signale unterirdische Strukturen bis in mehrere Tausend Meter Tiefe erkennbar zu machen. Geoseismik ähnelt einerseits den nautischen Praktiken des Echolots, bei dem über akustische Signale der Meeresboden abgetastet wird, sie wird aber auch selbst auf See angewandt. Mit in großen Schleppverbänden gekoppelten Hydrofonen werden Impulse an den Meeresboden gesendet, um die darunter liegenden Strukturen zu untersuchen.

Die aus allen eingefangenen Daten errechneten 3-D-Modelle werden dann in speziellen Vorführräumen von Teams begutachtet. Es bedarf erfahrener Spezialistenaugen, um in den farbig aufbereiteten, virtuell dargestellten geologischen Verwerfungen und Verschiebungen genau jene Strukturen ausfindig zu machen, an denen sich eine reale Bohrung lohnen könnte. So aufwendig und teuer die Voraberkundung ist, → 189 Fehlbohrungen wären noch bedeutend teurer. [→ Bohrkern]

In diesen Konstellationen wird Geologie als Medientechnik erkennbar. Nur eine exzessiv verkabelte, mit Signalen durchschossene Erdkruste gibt, unter Zuhilfenahme von Rechenmaschinen, einen Teil ihrer Geheimnisse preis. Seit den 1960er-Jahren gehört Kohlenwasserstoffprospektion zu den komplexesten Fragestellungen der Datenverarbeitung: »Fortgeschrittenste wissenschaftliche Computertechnik war erforderlich, um geoseismische Daten zu analysieren und die Kosten einer trockenen Bohrung zu vermeiden.«[1] Neben der Atomphysik stellt die Geoseismik einen der wesentlichen historischen Schrittmacher für die Entwicklung immer leis- → 255 tungsfähigerer Rechenzentren dar. [→ Daten sind das neue Öl] Selbst wenn der Untergrund nicht durchgängig perforiert wird, erscheint er eingespannt in eine medientechnische Apparatur. Nur so gibt er einen Teil seiner Geheimnisse preis.

Als nicht intendierten Nebeneffekt erlauscht Maschinerie in der Lithosphäre aber mehr als ihr kommerzielles Ziel. Insbesondere Offshore-Erkundungen liefern geohistorische Erkenntnisse jenseits der Lagerstättengeologie. Ehemalige

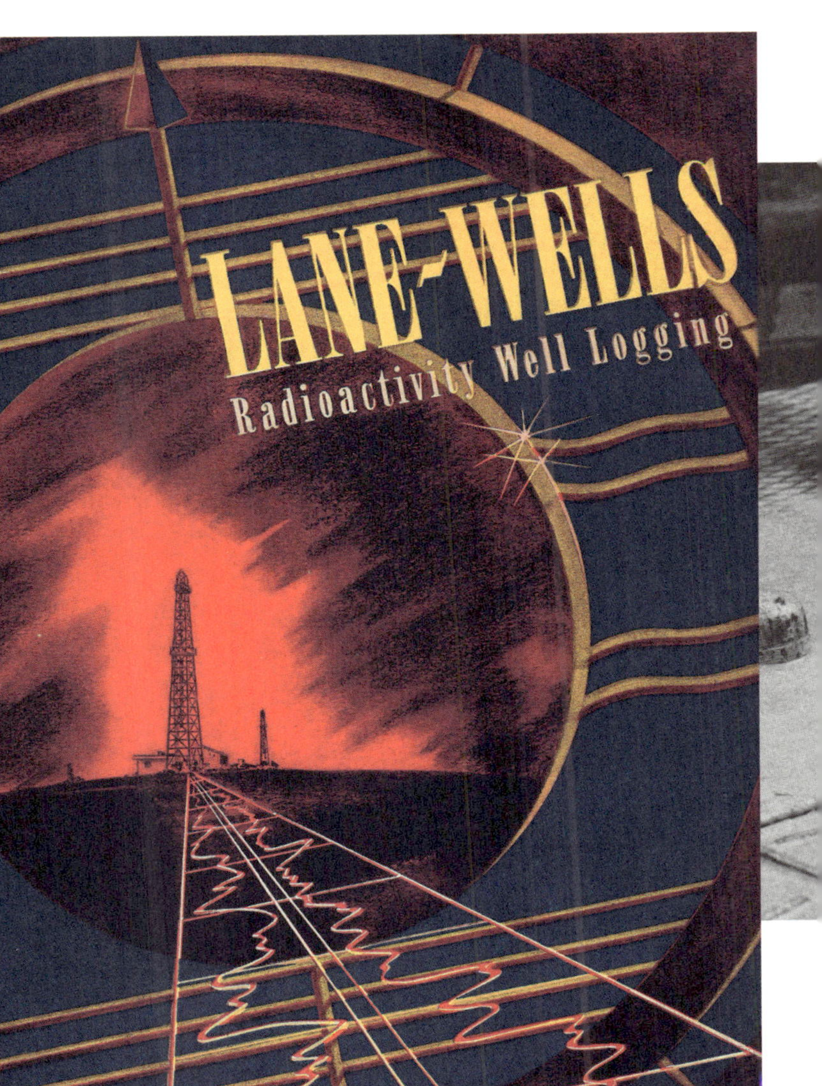
LANE-WELLS
Radioactivity Well Logging

Flusstäler auf dem zur Zeit der »Messinischen Salinitätskrise« vor sechs bis fünf Millionen Jahren weitgehend ausgetrockneten Meeresboden des Mittelmeeres werden von seismischen Erkundungen aus der Erdölindustrie beziehungsweise mit aus dieser Industrie stammendem Gerät ebenso erfasst wie Siedlungsstrukturen in dem vor 8000 Jahren von der Nordsee überspülten Doggerland. In der Barentsee wurde bei Erkundungen norwegischer Erdölgeologen das größte Flussdelta, das es jemals auf der Erde gegeben hat, entdeckt, eine Struktur, die ehedem den Riesenkontinent Pangäa nach Norden entwässerte.[2] Und auch die Tsunamiforschung konnte nach der verheerenden Katastrophe vom 27. Dezember 2004 in Südostasien von Messungen aus der Ölfeldprospektion profitieren: Wo die Reichweite akademischer Seismik endete, sprangen Spezialisten aus der Ölfeldforschung mit ihren sehr viel tiefer reichenden Instrumenten ein, um das Verständnis der Tektonik und des Ozeanbodens voranzutreiben.[3] Die Tatsache, dass derartige Erkenntnisse mit hohem geohistorischen Erkenntnis- und Unterhaltungswert vermehrt in die Wissenschaftsberichterstattung des Feuilletons übergehen, könnte als Hinweis verstanden werden, dass sich die industrielle Geophysik mehr und mehr als Teil ergebnisoffener Forschung denn als Teil rein zweckgeleiteter Industrie versteht oder als solcher verstanden werden will. →109 [→Schlumberger] Der Maßstab der geophysischen Erkundung ist dabei variabel. Und den Mitteln der investierten Technik entsprechen die damit erreichbaren Zonen des Unbekannten. Hydrofone oder Signale aus der Luft markieren das minimalinvasive Ende der Skala. Am anderen Ende rangiert das seit den 1960er-Jahren durchgeführte sowjetische Programm zum »Deep Seismic Sounding«. Hier wird Radioaktivität nicht wie im eingangs erwähnten *radioactivity well-logging* wegen ihrer spezifischen Strahlungsqualität verwendet, sondern wegen ihrer außerordentlichen Detonationsgewalt. Zwischen 1971 und den späten 1980er-Jahren erzeugte man im Rahmen des Programms mittels einer Serie von unterirdischen Atombombenexplosionen ein mehr als hundert Kilometer tiefes Geoprofil großer Teile der Sowjetunion.[4] Planetarische Technik, in diesem Fall von einer planetarischen geostrategischen Konstellation erzeugte Nukleartechnologie, lässt die Geologie des Planeten in bis dato nicht erforschbare Tiefen ergründen.

Den Widerspruch aus ökonomisch-strategischem Kalkül und den offenen Horizonten der Forschung kann man nicht auflösen. Vielmehr gilt es, ihn als charakteristisch für diese Technowissenschaft zu betonen. [→Frontier der Technosphäre] →205 Im Signalfeuer der Seismik wird die Erdkruste tatsächlich, mit einer Formulierung Martin Heideggers, »zu einer einzigen riesenhaften Tankstelle, zur Energiequelle für die moderne Technik und Industrie«[5]. Andererseits entbirgt gerade dieser zweckgeleitete Zugriff auf den Untergrund Phänomene der Lithosphäre, die mit menschlichen Kalkülen und Zwecken nicht das Geringste zu tun haben.

Spülung

Eine hellgraue, lehmige Flüssigkeit bedeckt den Boden und sprenkelt die Stiefel des Arbeiters auf dem Bohrtisch. Ein Schnappschuss, wie er an jeder Bohrstelle aufgenommen werden kann. Nichts könnte banaler sein als diese formlose, farbenlose, dickflüssige Masse.

Tatsächlich ist das Gegenteil wahr. Spülflüssigkeit ist einer der wichtigsten technischen Bestandteile jeder Bohrung. Sie ist zugleich Transportmittel, Kühlung und Überträger von Information. In ihr bündelt sich, was andernorts ganzer Bergwerksapparaturen und -mannschaften bedarf. Das flüssige Werkzeug, Diagnose- und Erkenntnismittel, gehört zum hochtechnologischen Gerätepark wie das kilometerlange Bohrgestänge, wie die mit Kunstdiamanten besetzten Bohrköpfe, wie die mit hitzebeständiger Elektronik ausgestatteten, nichtmagnetischen Bohrstrangkomponenten, wie die Antriebsaggregate und Kompressoren. In der unscheinbaren Spülflüssigkeit laufen alle Aktivitäten der Bohrung zusammen.

Die Überträgerfunktion von Flüssigkeiten, insbesondere von Wasser, ist oftmals beschrieben worden. Schon Hegel hat die Wasserfläche des Mittelmeeres als eines der zentralen »Mittel der Kommunikation«[1] der Antike und damit im zeitgenössischen Sprachgebrauch als Medium bezeichnet. Mit Fritz Heider werden in den 1920er-Jahren die physikalischen Strukturen von Stoffen als Überträger von Sinneseindrücken in ihrem Mediencharakter gedeutet.[2] Den Funktionen der Spülflüssigkeit als dem Medium der Bohrung nachzugehen, liefert einen Gesamtüberblick dessen, was diese technisch ist.

Die einfachste und erste Aufgabe des Spülkreislaufs ist der Transport des vom Bohrkopf zerkleinerten Gesteins aus dem Bohrloch. Innerhalb des rohrförmigen Bohrgestänges wird die Flüssigkeit mit hohem Druck nach unten gepresst. Außerhalb strömt sie zwischen Bohrgestänge und Gestein gemeinsam mit dem sogenannten Bohrklein wieder nach oben. Sie bildet also eine Art flüssigen Förderkorb. Zugleich erfüllt das Mittel einen zweiten Zweck, nämlich die Kühlung des Bohrkopfes, um dieses mechanisch und thermisch besonders beanspruchte und besonders teure Bauteil zu schonen.

Diese Aufgabe – zwischen den Technikern über Tage und dem Einsatzort unter Tage zu vermitteln, gewissermaßen sich zwischenzuschalten – könnte auch reines Wasser übernehmen. Durch Zusätze lassen sich jedoch weitere Effekte erzielen. Im Wasser gelöster Ton kann die Bohrlochwand verkleistern und gegen das Nachfallen von Gestein abdichten. Mit Zuschlagstoffen wie Schwerspat beziehungsweise Baryt lässt sich zudem das Gewicht der Spülung im Bohrloch erhöhen, um unkontrollierte Ausbrüche durch pure Last zu unterdrücken. Trotz Tondichtung auftretende Verluste, also ein Druckabfall in der wieder nach oben gedrückten Bohrspülung, zeigen zerklüftetes Gestein an. Die Spülung wirkt hier also nicht nur als ein Transport- und Dichtungsmittel, sondern auch als Messinstrument. Ebenfalls über Zuschlagstoffe lässt sich der Effekt erreichen, dass in Bohrpausen die Spülungssäule wie ein Gel versteift und bereits emporgespülte Gesteinsteile durch dieses Thixotropie genannte Verfahren am erneuten Absinken gehindert werden.

Nochmals anders stellt sich die Rolle der Spülung bei Turbinenbohrungen dar. Im Gegensatz zum klassischen Rotary-Verfahren, wo über einen Drehtisch an der Erdoberfläche das Bohrgestänge und damit der Bohrer in Rotation versetzt werden, treibt hier weit unten im Bohrloch eine
→205 Turbine den Bohrer an [→Frontier der Technosphäre]. Auf diese Weise lassen sich auch abgelenkte, selbst horizontale Bohrungen realisieren, um Lagerstätten passgenau zu erreichen und aufzuschließen. Und es ist hier die unter Druck gesetzte Spülflüssigkeit, die die Turbine im Bohrloch antreibt. Als »mud motor«, als Schlammmotor, wird das Aggregat auf Englisch bezeichnet. Neben Bohrklein wird hier also auch Energie über die Spülung transportiert.

Zusätzlich zu Materie und Energie überträgt die Flüssigkeit aber auch Information. »Mud logging« – die unmittelbare, materielle Untersuchung der an die Erdoberfläche gespülten Gesteinsbestandteile – ist dabei noch eine vergleichsweise einfache Art und Weise, geologische und geochemische In-
→016 formationen aus dem Bohrloch zu gewinnen [→Bohrprotokoll]. Als eigener Zweig der Hochtechnologie gilt »measurement while drilling« (MWD), die geophysikalische Vermessung des Bohrlochs während der Bohrung. Elektrische Leitfähigkeit des Gesteins, Porosität, aber auch die Reflexion von Schall- und Ultraschallwellen sowie von eigens erzeugten Röntgenstrahlen im Gestein werden gemessen, dazu die exakte räumliche Position des Bohrkopfes. Zum Einsatz kommen künstliche chemische Elemente aus der Nuklearphysik und Atomtechnologie, wie Americium (eingesetzt als Americium-Beryllium) und Californium – mit einem kolportierten Grammpreis von bis zu fabelhaften 60 Millionen US-Dollar[3] das mit Abstand teuerste chemische Element auf dem Plane-

ten [→ Unbezahlbar] –, die als Neutronenquellen in einem Messgerät Daten liefern. All diese Daten werden per Spülflüssigkeit übertragen: Speziell im Bohrgerät positionierte Ventile funktionieren als Impulsgeber, mit denen sich die von den Messgeräten gesammelten Informationen als Druckwellensignale codieren und übertragen lassen. Umgekehrt dient diese Technik auch von oben nach unten zur Fernsteuerung des Bohrkopfes. → 131

Die Flüssigkeit übernimmt also gleich mehrere, voneinander unterscheidbare Funktionen als Übertragungsmedium. Sie überträgt an zentraler Stelle Bohrklein und Motorenenergie, sie sorgt für die Dichte und Standfestigkeit des Bohrlochs und garantiert damit die Medienfunktion dieses Kanals, und sie dient als Überträger geologischer Information, die in einem eigenen, hochtechnischen Medienverbund atomphysikalisch ermittelt und dann hydraulisch codiert wurde.

Zusätzlich zum Übertragen von A nach B wird in der Spülflüssigkeit aber noch eine weitere, weniger in der Physik als vielmehr in der Chemie und Biologie[4] gebräuchliche Medienfunktion erkennbar. Als Medium werden in diesen Wissenszusammenhängen auch Umgebungen und Milieus verstanden, Letzteres schon etymologisch eine Ableitung von *medius locus*, worauf etwa Walter Seitter in seinen Arbeiten zum Wasser als Medium der Organismen hingewiesen hat.[5] Und tatsächlich wie in einer Art Nährlösung scheint die gesamte metallische Apparatur in der Bohrflüssigkeit zu schwimmen, jede Verrichtung muss durch sie hindurch. Sie bildet das flüssige Milieu, den Blut-, Hormon- und Plasmakreislauf, in dem diese Technik erst operieren und gedeihen kann.

Dies alles leistet eine der unauffälligsten aller denkbaren Substanzen, eine hellgraue, formlose Flüssigkeit. Und hat

dieses weitgehend unbekannte, doch unerlässliche Medium des Bohrwesens und damit der Petromoderne seine Schuldigkeit in der hochtechnischen Apparatur getan, kann es tatsächlich wie eine gewöhnliche Tonlösung aus einer lehmigen Pfütze an einem Arbeitsschuh landen.

Pferdekopfpumpe

Bedächtig heben und senken sie ihre Köpfe. Allenfalls leises Surren von Elektromotoren ist zu hören und das rhythmische Quietschen der Apparatur der Gestänge, Kolben, Klappen und Pleuel. Man nennt sie Pferdekopfpumpen oder »Donkey Pump«, also Eselspumpe, und sie gehören in den Ölrevieren im Mittleren Westen oder in Oregon, am Kaspischen Meer oder in Rumänien, in Niedersachsen oder wie auf dem nachfolgenden Bild im österreichischen Weinviertel mittlerweile mehr zur Landschaft als ihre tierischen Namensgeber.

Standorte, Hersteller und Bauarten zeigen eine erstaunliche Vielfalt. In Steppen und Wüsten, im ölgetränkten Weidegebiet von Schafherden [→ Tiere im Ölfeld], in Kornfeldern, → 199
Weinbergen und Waldstücken, in Obst- und Vorgärten, in Hinterhöfen und in Baku sogar auf einem Museumsvorplatz sind Apparaturen im Einsatz, die mehrere Jahrzehnte technisch-industrieller Evolution dokumentieren. Sie stehen einzeln, manchmal in losen Gruppen, manchmal in Reih und Glied. Älteste Exemplare laufen noch im Zentralantrieb, bei dem ein Motor per geschmiertem Seilzug mehrere Pumpen antreibt. Neueste stehen via Glasfaser und Wi-Fi gleichzeitig auf einem Acker und im Cyberspace.

Das Grundprinzip aber bleibt das gleiche. Wenn der Druck innerhalb einer Lagerstätte nicht zur Eruptivförderung ausreicht, muss das Erdöl mechanisch an die Erdoberfläche gepumpt werden. Es gibt Gasliftverfahren, bei dem Gas

ins Bohrloch eingepresst und damit Öl nach oben gedrückt wird, es gibt Exzenterschneckenpumpen, in denen eine Art archimedische Schnecke das Öl nach oben presst. Am verbreitetsten aber ist das bis zu einer Tiefe von 2700 Metern leistungsfähige System der Pferdekopfpumpen aus Röhren, Kolben und Ventilen, bei dem die Ölsäule im Bohrloch Stück für Stück von einer Pumpenstange nach oben gehoben wird. Eine kleine Menge Energie wird investiert, um eine sehr viel größere Menge an Energie aus der Erde herauszusaugen.

Als Symbol für einen Energiehunger, der tiefste Schichten anzapft, ohne Wurzeln zu schlagen, ist die Apparatur global lesbar [→ Durchbohrte Erde] → 105. Ob in den in Reih und Glied stehenden Pumpen des von James Dean verkörperten Emporkömmlings Jett Rink im Film *Giganten* aus dem Jahr 1956 oder in den auf den Granit der Wall Street Manhattans versetzten Pumpenskulpturen im *Manhattan Oil Project* der Künstlerin Josephine Meckseper aus dem Jahr 2012.

Die Überlistung von Naturkräften durch vergleichsweise kleine, mit Hebeln und Rädern vervielfachte mechanische Kräfte hat eine lange Tradition. Hydraulische Schöpfräder und archimedische Röhren sind Meilensteine der Technikgeschichte ob in Babylon, Ägypten, China oder Europa. Der technische Aufbau der Pferdekopfpumpen erinnert aber an eine jüngere Revolution: Mit Dampfkraft betriebene Pumpen hatten im Kohlebergbau um 1800 als Schrittmacher einer energetischen Kettenreaktion gewirkt. Sie ermöglichten das Abpumpen von Grubenwasser. So konnten einerseits sehr viel tiefer liegende und sehr viel größere Mengen an Kohle gefördert werden. Andererseits war mit der Dampfmaschine ein neues, immer mehr Kohle verschlingendes Antriebsaggregat in der Welt [→ Terminator] → 237. Die Rotation als

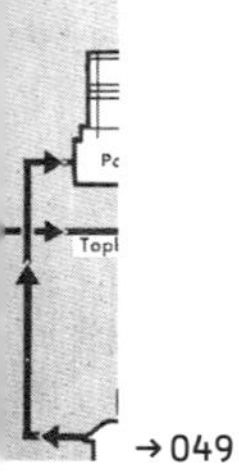

Symbol der Maschine wird erst später hinzukommen, aber schon mit dem sich hebenden und senkenden, »Balancier« genannten Querbalken von Newcomens Dampfmaschine von 1712 war ein expansiver, immer rascher laufender, sich selbst beschleunigender Kreisel aus immer mehr Kraftstoff und aus immer mehr und immer schnelleren Maschinen an-
→049 gelaufen. [→ Molekulare Mobilisierung]

Die surrenden Pferdekopfpumpen in der Landschaft wirken als fernes, vielleicht letztes und erstaunlich agrarisches Echo dieses Urknalls der fossilen Moderne. Ob die Pumpen von der Vergangenheit träumen oder – in Anlehnung an das von Walter Benjamin dem Passagenkapitel »Eisenkonstruktion« vorangestellte Zitat »Chaque époque rêve la suivante«[1] (Jede Epoche erträumt die nächste) – von der Zukunft mit Windturbinen oder Geothermie, ist ungewiss. Von keinem neuen Ventiltyp jedenfalls, von keiner per Glasfaser vernetzten Mess- und Steuereinheit ist hier Innovation zu erwarten, wenn das Gesamtsystem auf die unverzichtbare Leistung von »Lasttieren« baut.

Und der massive Charakter der Pumpen, ihre Höhe, das Gewicht der Schwungräder und Gegengewichte zur Pumpstange zeigen an, dass nur ein kleiner Ausschnitt des Lasttiers zu sehen ist. Horizontal liegen an jeder Pumpe Röhren bis zum nächsten Zwischentanklager, das Kapillarnetz zu den Schlagadern der interkontinentalen Pipelines. Vertikal erstreckt sich das Gerät mehrere Tausend Meter in die Tiefe. Mit jedem Hub wird eine entsprechend lange, mehrere Dutzend Tonnen schwere Pumpstange samt Ladung bewegt. Von Zeit zu Zeit muss der gesamte, durch Gewicht und Reibung beanspruchte Strang der sogenannten Sonden im Rahmen einer »Sondenbehandlung« ausgebaut und erneuert werden.

Die ausgedienten und zum Schrottwert verkauften Pumpstangen kann man als Zaunpfähle, Torbögen, Spielplatzeinfassungen und sonstige Basteleien in den Ölrevieren beobachten. Im Niederösterreichischen »Ölviertel« landen sie etwa in den Weingärten, um den rund um die Pferdekopfpumpen angebauten Reben Halt zu bieten.

Pipeline

Eines der spektakulärsten Bauwerke Mitteleuropas wurde in den 1960er-Jahren durch die Alpen gelegt, die Central European Line (CEL), eine Ölleitung, die bis 1997 den Hafen von Genua über den Bodensee und Ulm mit der Erdölraffinerie Ingolstadt verband. Mit Seilbahnen wurden die einzelnen Rohrstücke auf die zu überquerenden Bergzüge gehievt. Dem Bau des »Oleodotto« – schon sprachlich eine schöne Referenz an die Aquädukte der alten Römer – ist der später weltberühmte Regisseur Bernardo Bertolucci im dritten Teil seines vom staatlichen italienischen Erdölkonzern ENI finanzierten, neorealistischen Frühwerks *La via del petrolio*
→ 214 von 1967 gefolgt.[1] [→ Gesang vom Styrol]

Die mächtigste Fernleitung Europas führt aber nicht über die Alpen, sondern reicht über 5300 Kilometer aus der eurasischen Landmasse heraus. In Westsibirien, hinter dem Ural bei Tjumen, liegen die Ölfelder, die seit den 1960er-Jahren via »Drushba« (russ. »Freundschaft«) die RGW-Staaten und damit auch das ehemalige Petrochemische Kombinat in Schwedt mit Erdöl versorgten. Anfang der 1970er-Jahre wurde der Bau einer weiteren Pipeline beschlossen, diesmal für Erdgas und unter Beteiligung der sozialistischen Bruderstaaten beim Bau. Sie trug den Namen Sojus und verband Gasfelder in Westsibirien mit Zentraleuropa. Eher weniger bekannt ist der historische Umstand, dass dieses Projekt auf einen Vertrag zurückging, den der Außenhandelsminister der UdSSR im Februar 1970 mit dem Wirtschaftsminister der BRD abgeschlossen hatte: Pipelinerohre aus bundesdeutscher Produktion gegen russisches Erdgas.[2]

Schon 1980 wurde zwischen den beiden Ländern ein ähnlich geartetes Folgeabkommen geschlossen, das den Bau weiterer 4500 Kilometer Gasleitungen vorsah, diesmal bis nach Ostsibirien und nach Kasachstan. Die Tatsache, dass die von der DDR bewerkstelligten Abschnitte beider Erdgasleitungsprojekte ebenfalls unter dem Namen Drushba geführt wurden, sorgt bis heute für Verwechslungen. Die als »Zentrales Jugendobjekt der FdJ« organisierten Baustellen an der Drushba-Erdgastrasse waren ein Mittel der Kommunikation und der Propaganda und entwickelten sich zu einem realsozialistischen Mythos. [→ Großer Sprung nach vorn] Vermutlich keine Pipeline wurde öfter fotografiert, gefilmt, gemalt und besungen. Noch heute schwärmen ergraute ehemalige DDR-Schweißer von ihren Abenteuern in der ukrainischen Steppe. → 125

Neben Ingenieuren und Bauarbeitern wurden auch Musiker*innen, Performer*innen, DJs (im »Diskomobil«) und Künstler*innen an die Pipelinebaustellen geschickt. Zu ihnen gehörte der Maler Wolfgang Liebert, den wir auf der Fotografie seines Künstlerkollegen Armin Herrmann bei einer extremen Form der *plein air*-Malerei vor den massiven Rohren einer Gasverdichtungsanlage im Ural sehen. Beide, der Maler und der Fotograf, waren zwischen 1981 und 1987 jedes Jahr mehrere Wochen an Baustellen der großen Erdgaspipeline aus Sibirien nach Zentraleuropa tätig. Die Gemälde Lieberts – meist ausgeführt in Ölpastellen, aus Mangel an Terpentin verwendete er Petroleum als Lösungsmittel – zeigen eine petromodern aktualisierte Form der Kulturlandschaftsmalerei. Die Fotografien Herrmanns fangen die verwegenen Gesichter und Posen der Schweißbrigaden ein. Beide beschrieben diese Aufenthalte im Gespräch mit uns als Zeiten großer Freiheit und künstlerischer und persönlicher Selbstfindung, trotz der ideologisch motivierten Auftraggeberschaft durch die FDJ. Die entlegenen Gegenden in den Weiten Russlands seien für sie der »Wilde Osten« gewesen. Die Arbeiter*innen an dem mit modernsten Maschinen und Materialien aus den sozialistischen Ländern, aber auch aus der BRD, Finnland, Italien, Frankreich, den USA und Japan realisierten Riesenprojekt – die Stahlrohre stammten von Mannesmann – hätten Freiheiten und Selbstbestimmungsrechte gehabt, die in der Enge der kleinen Republik DDR undenkbar gewesen wären.[3]

Das Pipelinesystem ist eines der größten und wichtigsten Verkehrssysteme des Planeten. Als »stählerne Adern für die Energie« und Kapillaren zu jedem Bohrloch und zu jeder Pumpe produzieren die Fernleitungen den Pulsschlag, aber auch die satte oder blasse Gesichtsfarbe der Weltökonomie. Selbst ohne die lokalen Leitungen in Ölfeldern, über deren Streckenlängen keine Daten zu erhalten sind, ist derzeit ein weltweites Netz von 3,5 Millionen Kilometern im Einsatz, davon 2 Millionen Kilometer allein in den USA.[4] Zum Vergleich: Die Gesamtlänge aller Schienenwege der Erde beträgt circa 1,3 Millionen Kilometer.[5] Mit ihrem flüssigen Transportgut und ihrem geschlossenen Systemcharakter verkörpern die Pipelines fast das Ideal einer verkehrstechnischen Infrastruktur. Einmal verlegt, sieht man sie nur noch, wenn man weiß, wo sie liegen – anhand von unauffälligen Zeichen in der Landschaft wie kleinen gelben Hütchen oder schnurgerade freigerodeten, im Winter oft frostfreien Schneisen.

Als politische Projekte, ob als Nord Stream 2, Baku-Tiflis-Ceyhan (BTC) oder Keystone XL, sind sie umgekehrt Musterbeispiele der politischen Reibung. Wie kaum ein anderes Systemstück der petrotechnischen Verarbeitungsstrecke macht ausgerechnet die unsichtbare Pipeline Zusammenhänge von Ökonomie, Technik, Ökologie und Politik offensichtlich.[6]

Erste Rohrleitungen für Öl lagen schon in den 1860er-Jahren im legendären Titusville.[7] 1907 verknüpft der Bau einer Pipeline die Erdölstadt Baku mit dem Schwarzen Meer und globalen Schifffahrtswegen. Um nicht auf durch U-Boote gefährdete Tanker angewiesen zu sein, wird in den 1940er-Jahren die Interkontinentalpipeline »Big Inch« zwischen Texas und dem Großraum New York verlegt. Insgesamt sind 1940 schon 187 000 Kilometer Pipeline im amerikanischen Boden vergraben. [→Louisiana] Und auch der Vormarsch →149 der US-amerikanischen Truppen in der Normandie wird von temporären Systemen wie etwa PLUTO (Pipeline Under the Ocean) am Ärmelkanal unterstützt.[8]

In Westeuropa bauen Erdölunternehmen nach dem Krieg Pipelines, um die enormen Tonnagen aus immer größeren Rohöltankern aus immer tieferen Hafenbecken in Rotterdam, [→Greenhouse] im neuen Erdölterminal Wilhelmshaven, →092 in Marseille und Triest reibungsfrei – und das heißt vor allem ohne Probleme der Binnenschifffahrt durch Eisgang oder Niedrigwasser – ins Hinterland zu transportieren. Nicht mehr die natürlichen Strömungssysteme der Flüsse, sondern die künstlichen Ströme der Pipelines versorgen die ursprünglich wegen des Schiffsverkehrs an großen Flüssen erbauten industriellen chemischen Zentren in Wesseling, Karlsruhe, Ingolstadt oder Wien.

In Osteuropa spielt die Drushba-Pipeline auch nach dem Ende der Sowjetunion eine zentrale Rolle. So müssen an das System angeschlossene Länder wie die baltischen Staaten, die Ukraine und Polen Erpressungsversuche durch die Ölfördernation Russland fürchten. In Weißrussland (Belarus), dessen Ökonomie bis heute maßgeblich auf der Weiterverarbeitung russischen Öls beruht, das auch nach dem Ende der Sowjetunion weiter zu Binnenmarktpreisen geliefert wurde, stellt das Auslaufen eines diesbezüglichen bilateralen Vertrags mit Russland und das drohende Scheitern der Verhandlungen über dessen Verlängerung sogar eine existenzielle Bedrohung dar. Erstmals musste Anfang 2020 die jahrzehntelang von Ost nach West pumpende Drushba in die umgekehrte Richtung genutzt werden, um Öl aus anderen Weltgegenden via Polen in die staatstragende Raffinerie in Nawapolazk zu liefern.

Pipelines gehören zur abgeschotteten Welt der Ölindustrie, ihre Hunderte von Kilometer langen Stahlröhren funktionieren als technisches Transportmedium, weil sie im Kleinen wie im Großen zugleich als Teil von Landschaft fungieren. Tunnelbau, Materialtechnik, Bodenmechanik und Grundwassermanagement müssen im Verbund und ebenso naturwissenschaftlich wie technisch betrieben werden, um die Stahlröhren mit ihrem Material- und Temperaturverhalten in Böden, Gesteine, Witterungszonen und Grundwasserströme einzupassen und einen permanenten Durchfluss zu garantieren.

Umgekehrt ist auch das Transportgut nur scheinbar einfach, weil flüssig. Unterschiedliche Erdölregionen liefern unterschiedliche Gemische von Kohlenwasserstoffen mit unterschiedlichen Viskositäten und Flusseigenschaften. Wenn dazu nicht nur Rohöl, sondern auch Raffinerieprodukte über eine Pipeline verschickt werden sollen – nacheinander und durch Abstandhalter getrennt –, dann sind noch weitere, molekulare Unterschiede im Bauwerk einzuplanen. [→ Science-Fashioned Molecules] → 058 In den Betrieb geht die Überwachung des technisch-landschaftlichen Systems ebenso ein wie der nach technisch-ökonomischen Gesichtspunkten optimierte Beschickungsplan der Pipeline mit unterschiedlichen Produkten. Selbst schwankende Strompreise entlang der Strecke sind in die Kalkulationen einzubeziehen, welche Pumpe mit welcher Geschwindigkeit wann welchen Stoff transportiert.[9]

Bei allen Komplexitäten bleiben die wechselnden Bedingungen der Landschaft, Infrastruktur und des Transportguts technisch beherrschbar. Aber Pipelines verlaufen nicht nur durch Böden und Gebirge, sondern auch durch politisch sensible Räume und über Grenzen. Sie erschließen die einen und umgehen die anderen Regionen, sie begünstigen die einen und benachteiligen die anderen Verbraucher. Oft funktionieren sie nach Konzernregeln außerhalb lokalpolitischer und umwelttechnischer Kontrolle. Umgekehrt können ganze Staaten vom Energiefluss der Pipelines abgeklemmt oder via Energiefluss erpresst werden. Nicht nur die enormen Mengen an Energie, die sich pro Sekunde in Durchmessern von bis zu 120 Zentimetern transportieren lassen, sind per Pipeline über alle Grenzen hinweg beim Empfänger präsent. Auch die unterwegs – ob in Sibirien, im Mittleren Westen, in Georgien oder in Nigeria [→ Petroporn] – im wörtlichen Sinne → 155 durchlaufenen gesellschaftlichen Probleme und Widersprüche sind jederzeit gefährlich nahe.[10]

Ignorieren ist in einem vernetzten Organismus keine Option. Wenn Pipelines in diesem Sinn als sensible Medien für den Zustand des globalen Petroorganismus gelesen werden, wenn eine kritische Öffentlichkeit an ihnen den Fieberpuls des Planeten abzulesen lernt, dann könnte die Präsenz des Problems zum Vorteil werden. »Hier endet meine Geschichte«, sagt die Off-Stimme des selbst aus der argentinischen Erdölstadt Comodoro Rivadavia stammenden Dichters Mario Trejo am Ende von Bertoluccis *La via del petrolio,* »wo bayerisches Rokoko auf das Öl trifft, ob aus Persien, der Sahara oder vom Sinai«. Trejo bietet eine historische Lesart dieses Weges an:

> Das Öl, von den Geologen aus der Wüste in den Schnee verfrachtet, hat enorme Wirkung, auf die Wirtschaft, die Technologie und die Soziologie. Es verändert die Existenz der Menschen wie einst das Rad, wie die ersten Metalle, wie das Schießpulver, das Dampfross, die Elektrizität. Für uns Normalsterbliche ist nach Tausenden von Kilometern entlang der Pipeline durch Europa wenigstens eine Erkenntnis klar geworden: Das Öl, es bedeutet Vergangenheit, Gegenwart, Zukunft.[11]

Diesen letzten Punkt müsste man heute anders verhandeln und als Zukunft der unsere Existenz definierenden Pipelines auch ihren Rückbau ins Auge fassen. Die Strecken abgehen, nicht nur, um zu wissen, wie diese »Oleodukte« als versteckte Monumente unserer Zeit entstanden, sondern auch, was man davon wieder loswerden oder umnutzen müsste und → 182 wie das zu bewerkstelligen wäre. [→ Weltkulturerbe]

Molekulare Mobilisierung

Band 5 aus dem *ABC des Erdöls* der Shell-Bücherei von 1955, *Erdöl-Spaltung*, besticht durch elegante Flussdiagramme (Abbildung Seite 52/53). Eines skizziert das Gesamtprinzip der Raffination. Am Anfang steht ein Tank voller (vermeintlich) roher, fossiler Natur. Dann geht es hinein in ein System aus Röhren und chemischen Reaktoren. Unterschiedliche Funktionseinheiten erscheinen als Piktogramme. Und am Ende stehen exemplarische Elemente des modernen Lebens: Fortbewegung in Luft-, Wasser- und Landfahrzeugen, Heizbrenner, Schweißgas, Farben und Lacke. Rohöl markiert also die Schnittstelle zweier technischer Bemühungen, in der Sprache der Industrie von Upstream zu Downstream. Nach Seismik, Geologie und Bohrtechnik beginnt das Prozessuniversum der industriellen Chemie, und erst dahinter liegt automobilisierte Geschichte. [→Sprawl, →Cannonball]

→077
→275

Historisch und systematisch beginnt die Raffinerietechnik mit Techniken der Destillation. Der Naturstoff Erdöl bildet je nach Lagerstätte ein sehr unterschiedliches Gemisch von Abertausenden unterschiedlichen Molekülen, von geschlossenen und offenen Kohlenwasserstoffketten, von Verbindungen dieser Kohlenwasserstoffe mit Sauerstoff und Stickstoff, aber auch von Gemischen mit anderen Elementen, etwa Schwefel. Durch Destillation wird er je nach Siedepunkt sortiert, längere Moleküle werden von kürzeren, leichtere von schwereren getrennt.

Seit den 1920er-Jahren werden Kohlenwasserstoffmoleküle aber nicht nur als Naturstoffe durch Destillation in verschiedene Qualitäten aufgeteilt, sondern mittels chemisch-industrieller Verfahren gezielt zu Kunststoffen umgebaut. »Science-fashioned molecules for top performance« benennt ein Werbefilm der Standard Oil of Indiana von 1948 treffend das Ziel dieser Technik im Untertitel.[1] Lange Molekülketten werden aufgebrochen: »gecrackt«, sie werden umgruppiert: »reformiert«, zu Ringstrukturen geschlossen: »cyclisiert« oder »aromatisiert«, sie werden aneinandergekoppelt: »polymerisiert«, und sie werden mit Wasserstoff angereichert: »hydriert«. Besonders dem Wasserstoff gilt das Interesse. Durch Hydrieren kann sogar aus fester Kohle ein flüssiges Kunstöl erzeugt werden, und aus minderwertigen Fraktionen von Öl ein hochwertiger Kraftstoff, in dem zusätzlich zum Kohlenstoff auch Wasserstoff Energie liefert.

Das wichtigste Werkzeug dieser Baukastenchemie ist die chemische Katalyse – in der Grafik prominent und doch abgekürzt erwähnt als »Katal. Krackanlage«. Katalysatoren sind Stoffe, die chemische Reaktionen beschleunigen, ohne im Produkt dieser Reaktion aufzutauchen. Erstmals beschrieben wurde das Phänomen als eine Art »Kontaktwirkung« zu Beginn des 19. Jahrhunderts: Ein Knallgasgemisch aus Wasserstoff und Sauerstoff kann scheinbar durch die bloße Gegenwart von Platin zur Reaktion gezwungen werden – vorgeführt in spektakulären Experimenten des Goethe-Freundes Johann Wolfgang Döbereiner in den 1820er-Jahren in Weimar und kommerziell umgesetzt in einem Tischfeuerzeug. Goethe selbst bedankt sich beim Erfinder, »da Ihr so glücklich erfundenes Feuerzeug mir täglich zur Hand steht und mir der entdeckte wichtige Versuch von so tatkräftiger Verbindung zweier Elemente, des schwersten und des leichtesten, immerfort auf eine wunderbare Weise nützlich wird«[2].

1836 benennt der schwedische Chemiker Jöns Jakob Berzelius diesen Typus einer Reaktion analog zur »Analyse« mit dem Kunstwort »Katalyse«. Zum Motor der Chemieindustrie wird das Prinzip aber erst am Ende des 19. Jahrhunderts. Vor dem Hintergrund einer neuen, thermodynamisch informierten Chemie [→ Terminator] definiert der Leipziger Chemiker Wilhelm Ostwald den Katalysator als Beschleuniger einer an sich möglichen Reaktion neu.[3] 1909 wird er dafür mit dem Nobelpreis für Chemie geehrt. → 237

Aus einer rätselhaften, unheimlichen Kraft wird mit Ostwalds Definition ein messbares Ereignis und ein Universalwerkzeug chemischer, industrieller und schließlich gesamtgesellschaftlicher Beschleunigung. Die Brisanz der Innovation wird sofort erkannt: »Überlegt man, daß die Beschleunigung der Reaktionen durch katalytische Mittel ohne Aufwand an Energie, also in solchem Sinne *gratis* vor sich geht«, so Wilhelm Ostwald in einem Vortrag 1901, »und daß in aller Technik, also auch in der chemischen, Zeit Geld ist, so sehen Sie, daß die systematische Benutzung katalytischer Hilfsmittel die tiefgehendsten Umwandlungen erwarten lässt.«[4] Tatsächlich, die Stoffe, die innerhalb weniger Jahrzehnte mithilfe von Katalysatoren produzierbar werden – in der Stickstoffchemie Düngemittel und Munition, in der Kohlenwasserstoffchemie Kraftstoffe, Pharmaka und Lösungsmittel –, ziehen in einer dromologischen[5] Kaskade weitere Vorgänge der Beschleunigung, der »Great Acceleration« nach sich: in der Mobilität, der Kriegsführung, im Bevölkerungswachstum, in der Ökonomie und im Tourismus. Oder umgekehrt formuliert: Am Grunde der sichtbaren und für die

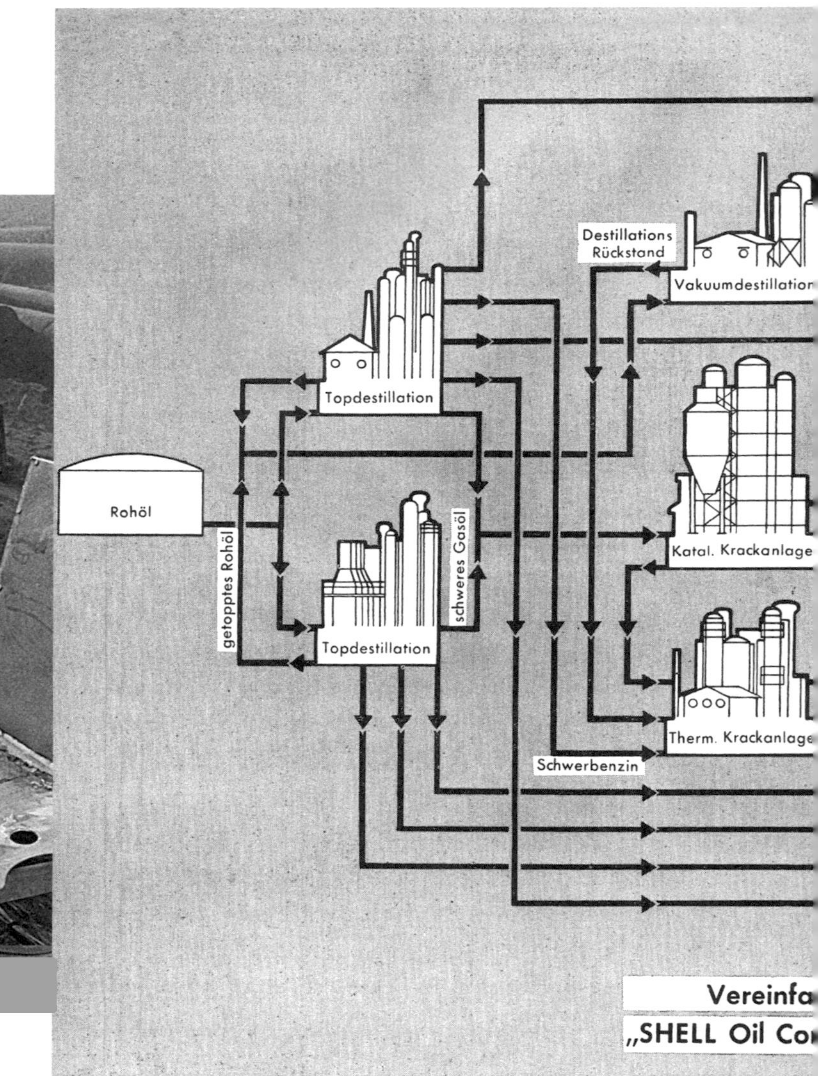
Destillations Rückstand
Vakuumdestillation
Topdestillation
Rohöl
getopptes Rohöl
schweres Gasöl
Katal. Krackanlage
Topdestillation
Therm. Krackanlage
Schwerbenzin
Vereinfa
„SHELL Oil Co

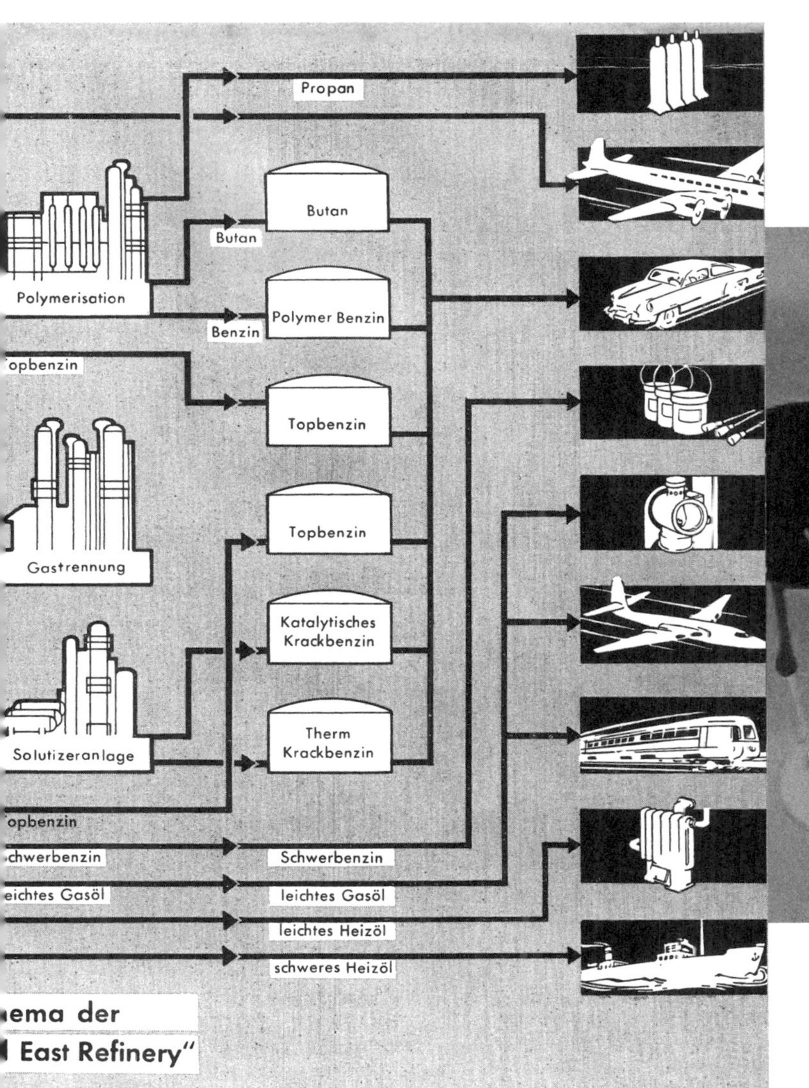

ema der
East Refinery"

modernen Gesellschaften im 20. Jahrhundert charakteristischen, von Autoren wie Ernst Jünger als »total« beschriebenen »Mobilmachung« von Fahrzeugen, Gütern, Personen und ganzen Volkswirtschaften,[6] ja tatsächlich von erdsystemischen Prozessen,[7] wirkt eine molekulare Mobilmachung → 221 in chemischen Fabriken. [→ Zeitabgrund]

Der Fokus auf Katalyse als Kern dieser chemischen Mobilmachung zeigt, dass Rohstoffe wie Kohle oder Öl nur im Verein mit einem ganzen System aus weiteren Stoffen und Infrastrukturen Geschichte machen. Genau so werden Energieträger zur – mit Jane Bennett – »lebhaften Materie«[8]. Katalysatoren setzen andere Stoffe genau als solche in Gang, über die Bildung instabiler und gerade darin produktiver Zwischenverbindungen: »In abwechselndem Eingewickeltwerden und Sichauswickeln, in Eingeschaltetwerden und Sichausschalten«[9], wie der Ostwald-Schüler, BASF-Laborleiter und Katalysephilosoph Alwin Mittasch bemerkt.

Entscheidende Innovationen der frühen katalytischen Industrie stammen aus der Schwefelsäure- und Nitratchemie. Es ist jedoch die Kohlenwasserstoffchemie, in der synthetische Katalysatoren zum Werkzeug nicht nur der Beschleunigung, sondern der Lenkung von chemischen Reaktionen werden und die oben benannte Baukastenchemie entsteht.[10] Je nachdem, ob die Ausgangsmaterialien CO und H über Eisen, Zinkoxid/Chromoxid oder Zinkoxid/Chromoxid/Alkali gelenkt werden, entstehen Methan, Methanol oder Isobutylalkohol – und damit ganz unterschiedliche, aus den Grundbausteinen Kohlenstoff und Wasserstoff bzw. aus ihrerseits schon künstlichen Bausteinen wie Ethen (C_2H_4) zusammengesetzte Moleküle. Katalysatoren dienen als Mittel molekularer Gestaltung. Und Katalysatoren als Kraftstoffe höherer Ordnung sind ihrerseits das Ergebnis molekularer Gestaltung, indem sie in vielen Industrieanwendungen nicht aus Naturstoffen, sondern aus synthetisch und systemisch aneinandergekoppelten Stoffgemischen bestehen.

Spektakulär ist die Entwicklung regelrecht dialektisch-synthetischer Katalysatoren ab den 1920er-Jahren in Projekten zur Erzeugung von Kohlebenzin. Um das als Katalysatorengift gefürchtete, aus Kohle und Erdöl kaum entfernbare Element Schwefel zu bändigen, entwickelt die BASF Sulfidkatalysatoren, in denen das Gift schon enthalten ist.[11] Wie ein Doppelagent wird Schwefel umgedreht und arbeitet ab jetzt für anstatt gegen den Katalysator. Und auch auf unternehmerischer Ebene besteht eine Kooperation vormaliger Widersacher: von Kohlechemie und Erdölwirtschaft, von IG Farben und Standard Oil Company. US-Geld muss 1929 das deutsche Projekt retten. Patente und Aktienpakete werden geteilt, in Baton Rouge entstehen gemeinsame Labore und Strukturen wie die Catalytic Research Associates (CRA).

Als interkontinentale, interfossile Allianz beginnt eine neue Phase der Petromoderne – wenige Jahre bevor sich die Partner auf verschiedenen Seiten der Fronten eines Weltkriegs wiederfinden. Aus dieser Kooperation heraus entsteht in Baton Rouge noch 1942 der erste katalytische Fließbettreaktor (*fluid bed reactor*) der Geschichte [→ Louisiana], bei dem → 149 die im praktischen Prozess anders als in Theorie verbrauchte Katalysatormasse in einem kontinuierlichen Wirbelstrom in einem zweiten Reaktor regeneriert und neu in den Prozess eingespeist wird. Im Krieg triumphiert – zugespitzt formuliert – massenhaft derart gecracktes Erdöl über nie in ausreichender Menge produzierte Kohlebenzine aus Leuna, Pölitz, Wesseling, Blechhammer, Scholven etc.

Aber zugleich entsteht aus dieser mehrfach widersprüchlichen Konstellation das für die Nachkriegszeit so typische Zeitalter der »science-fashioned molecules«. Nicht mehr rohe fossile Ressourcen aus der Erdgeschichte definieren den Spielraum von Technik, Politik, Konsum und Wohlstand, sondern der Grad ihrer inneren, molekularen Mobilmachung.

Dieser Zugriff auf das Molekül hängt von Anfang an und bis in die Gegenwart an planetarischen Kalkülen. Schon die Synthese von Ammoniak folgt um 1900 globalen, geostrategischen Plänen zur Ersetzung von chilenischem Salpeter für Munition und Dünger, das leicht von der englischen Kriegs- →085 marine blockierbar war. [→Munition] Und die interkontinentale Entwicklung von Kohlebenzin seit den 1920er-Jahren beruht auf der zu dieser Zeit in allen Industriegesellschaften verbreiteten Angst vor einem für 1940 prognostizierten Ende allen Öls – eine Angst, die sich periodisch wiederholen →262 →275 wird. [→Burning Man, →Cannonball] Erst diese größtmöglichen Perspektiven auf Weltmärkte und Weltkriege mobilisieren die Mittel, die für die Ebene der molekularen Mobilmachung notwendig sind und die dann im Umkehrschluss planetarische Kalküle verändern.

Katalytische Chemie hat als Werkzeug der molekularen, inneren Mobilisierung den Reichtum der fossilen Rohstoffe erst erschlossen. Ungefähr 20 bis 30 Prozent des globalen Bruttosozialprodukts hängen aktuell an ihren Produkten. Aber bei aller Effizienz der katalytischen Prozesse hängen auch 80 Prozent des Energiebedarfs und 75 Prozent der Treibhausemissionen der Chemieindustrie an katalytischen Verfahren. Nicht nur neue Katalysatoren, sondern neue Prozessarchitekturen sind notwendig, um etwa nach dem Modell biochemischer Prozesse mehrere Reaktionen bei niedrigen Temperaturen gleichzeitig ablaufen zu lassen. Aber auch hier gilt: Erst planetarische Notwendigkeiten, erst der politische Wille, fossile Energie systemisch durch andere Formen der Energie zu ersetzen, kann eine neue Mobilisierung der Mikroebene anstoßen – in Richtung nachhaltiger Stoff- und Energiekreisläufe.

Als »solare Raffinerie« bezeichnet der Katalyse-Chemiker und Max-Planck-Direktor Robert Schlögl den hier anzustrebenden Komplex.[12] Regenerativ erzeugter Strom soll – mit irgendwann sogar höheren Ausbeuten als bei natürlicher Fotosynthese – zur Wasserspaltung und damit zur nachhaltigen Wasserstofferzeugung genutzt werden. Dieser dient zur Herstellung synthetischer Kohlenwasserstoffmoleküle, die dann als chemische Energiespeicher in bestehenden Infrastrukturen gehandelt und klimaneutral in bestehenden Motoren verbrannt werden könnten. Chemische Technik als Klimaretter und »Gelddruckmaschinerie«[13]. Ob ein durch Technik verursachtes Problem mit technischen Mitteln zu lösen ist, kann nicht sicher vorausgesagt werden. Fest steht jedoch, dass, wenn es gelingen soll, man die molekularen und die planetarischen Ebenen des Problems und der Lösung zusammendenken muss. Nur so kann mit den Mitteln und Infrastrukturen der fossilen Chemie über fossile Chemie hinausgedacht werden.

Science-Fashioned Molecules

In Werbungen der 1930er- bis 1960er-Jahre, der Phase der ersten großen Verbreitung des Automobilismus, werden Kraftstoffe oft in vermenschlichter Form inszeniert. »Mein Name ist Shell Benzin. Ich stamme aus der Familie der Ottokraftstoffe. Die meisten Leute kennen mich nur vom Ansehen – wenn ich zum Beispiel aus der Zapfpistole in den Tank → 007 fließe«, erklärt der Kraftstoff im *Shell-Atlas* [→ Atlas] von 1962.[1] Und weiter:

> Meine eigentliche Arbeit beginnt im Vergaser. Hier werde ich mit Luft vermischt und fein vernebelt, weil mich ein Ottomotor nur in diesem Zustand verdauen kann. Einmal im geschlossenen Zylinder, drückt mich der Kolben so zusammen, daß meine Körpertemperatur bis zu 600 Grad ansteigt. Dann funkt es plötzlich, die Zündkerze entfaltet meine Lebensgeister zu voller Kraft. Ich verbrenne.

Und in »The Inside Story of Modern Gasoline«, einem Werbefilm der Standard Oil of Indiana von 1948, stellen sich fröhliche Kohlenstoffatome mit vier Armen vor, die gemeinsam mit ihren einarmigen Wasserstofffreunden die gesamte Welt der Kohlenwasserstoffe zusammensetzen (Abbildung Seite 61). Im Motor komme es besonders auf Teamarbeit an. Ungezähmte, störrische Naturstoffe arbeiteten oft gegen- statt miteinander und erzeugten so Fehlzündungen. Deshalb sei das disziplinierte Zusammenwirken von »science-fashioned molecules« entscheidend. Aller Anthropomorphisierung und Verniedlichung der ablaufenden chemischen Prozesse zum Trotz wird hier richtigerweise vermittelt, dass es sich bei den im Motor verbrannten Kraftstoffen keineswegs um Natur-, sondern um komplexe und hochtechnische Kulturprodukte handelt – auch wenn deren Ausgangsbasis eine sogenannte natürliche Ressource sein mag. Zum anderen visualisiert der Film eine Kontaktaufnahme unter Lebensformen über Jahrmillionen von Erdgeschichte hinweg. Diese Inszenierung bringt mehr Wahres über das Verhältnis zwischen petromodernen Menschen und Kraftstoffen zum Ausdruck, als die werbestrategische Ästhetik vermuten lässt. Denn was und wer man selbst ist, sieht und lernt man im Spiegel der Partner. Aus sozialpsychologischer Sicht nimmt es deshalb nicht wunder, dass uns menschenartige Wesen anblicken, wenn Menschen in den Spiegel der Technik blicken. [→ Schwarzer Spiegel] → 225 Spiegelndes und Gespiegeltes formen sich jedoch wechselseitig, auch wenn nur eine Seite diesen Prozess aktiv betreibt. Ebenso wichtig wäre es darum, die Technikförmigkeiten, in diesem Fall »Kraftstoff-Förmigkeiten«, in den Blick zu nehmen, welche aus diesen Spiegelungsprozessen erwachsen.

In ihrem *Manifest für Gefährten* hat die amerikanische Philosophin Donna Haraway über die Koevolution unterschiedlicher Lebensformen spekuliert.[2] Bestimmte Fähigkeiten von Arten bilden sich nur im Verein mit anderen Lebewesen aus. Und nicht nur Hunde sind Kunstwesen der Züchtung, auch Menschen wären nicht Menschen, hätten sie nicht über Jahrtausende mit Hunden gelernt, was Gemeinschaft ist. Diese Denkfigur der Koevolution macht nicht bei treuen Hundeaugen halt. Elementarste Lebensvorgänge etwa des Stoffwechsels sind nur in unbewusster Partnerschaft mit

Wesen möglich, von deren genauer Milliardenvielfalt in unseren Organismen Bakteriologen und Biologen längst nicht alles wissen.[3]

Von der Existenz und Wirkung von Kohlenwasserstoffen an unserer Seite wissen wir vermutlich sehr viel mehr. Die kurze, radikale Evolution weg von einem in geschlossenen, solaren Wirtschaftszyklen lebenden Homo sapiens zu dem Erdballgeschichte verändernden Anthropos des Anthropozäns
→105 [→Durchbohrte Erde] war nur durch die parallele Entwicklung neuer Kohlenwasserstoffe für Treib- oder Kunststoffe möglich, als Erweiterung der etwa von Olivia Judson beschriebenen Evolution der Energieregime der Erde.[4] Eine sich selbst verstärkende Dynamik zwischen den Kulturen der »Kohlenwasserstoffmenschen«[5] einerseits, die immer mehr Energie nachfragen und sich damit rasant weiterentwickeln, und den stetig steigenden Fördermengen, Optimierungsgraden und chemischen Umformungen der fossilen Kraftstoffe andererseits trägt diese Entwicklung. Die Moleküle der Shell-Raffinerien sind wie die petromodernen Techniken, Ökonomien und Lebensweisen buchstäblich im Wechselspiel aus Menschenkultur und Kohlenwasserstoffmaterialität entstanden.

Die befremdlich aufschlussreiche Kumpanei mit unseren molekularen Freunden ist in den imaginären Welten der Werbung irgendwann wieder abgeebbt. Die Bestätigung im Realen, dass Kohlenwasserstoffe die eigentliche und wichtigste *companion substance* der Gegenwart sind, hat seit den 1960er-Jahren aber immer weiter zugenommen. Jede Plastiktüte, die im Marianengraben von einem dieselbefeuerten Tauchboot fotografiert wird, zeigt die partnerschaftliche Reichweite von Kohlenwasserstoffmenschen und Menschen-
→214 kohlenwasserstoffen. [→Gesang vom Styrol]

Männer und Erdöl

»Er bohrte seine Löcher. Eins ums andere, ein jedes mit derselben Ordentlichkeit, und er tat es mit Leidenschaft.« Rivalität um eine Frau bildet den Hintergrund dieser Lobrede eines Erdölunternehmers über seinen Ersten Ingenieur in Lukas Bärfuss' Drama *Öl*. Das erklärt die karikaturhafte Überzeichnung des Bildes auf dem Höhepunkt der Rede: »Mit Liebe trieb er Tag für Tag sein langes Rohr in Mutter Erdes
→ 105 Schoß, und dabei lächelte er verzückt.«[1] [→ Durchbohrte Erde]

Eines der populärsten Versprechen der Petromoderne lautet, dass ihre Fortschritte jedem Individuum zugutekommen und damit zu mehr Gleichheit zwischen den Menschen führen würden, egal welchen Geschlechts oder welcher Herkunft.[2] Doch die Hartnäckigkeit, mit der sich in der Darstellung petromoderner Kerntechnologien – von der Bohrplattform bis zum SUV – heteronormative und auch rassistische Klischees halten und eine toxische Maskulinität propagiert wird, die in anderen Bereichen längst mehr als fragwürdig geworden ist, spricht dagegen. Zwar sind die Zeiten längst vorbei, in denen US-amerikanische Ölarbeiter wie Cowboy-Machos auf den Ölfeldern und -plattformen der Welt ein-
→ 237 ritten. [→ Terminator] Die Arbeit im Ölfeld bleibt gleichwohl bis heute eine Männerdomäne. Frauen waren lange allenfalls als Paläontologinnen zugelassen. Ebenfalls bis heute bilden schweres Gerät und schwere körperliche Arbeit den wichtigsten Gegenstand von fotografischen und filmischen

Repräsentationen dieser Arbeit, obwohl Erdölförderung und -extraktion genauso wesentlich auf filigraner Messtechnik, aufwendiger Datenverarbeitung und wissenschaftlicher Expertise beruhen. [→Bohrprotokoll] →016

Ein sprechendes Genre ist in dieser Hinsicht der deutschsprachige Rohstoffroman, der in den 1930er- bis 1950er-Jahren große öffentliche Aufmerksamkeit und Millionenauflagen erreichte. Ihm ist im weiteren Sinne auch der für diesen Eintrag titelgebende, 1956 in Österreich veröffentlichte Roman *Männer und Erdöl* von Othmar Franz Lang zuzurechnen, der die Geschichte der österreichischen Mineralölwirtschaft erzählt (Abbildung folgende Seite). [→Abenteurer] →113 Zentraler Gegenstand der Rohstoffromane war eine Geopolitik der Materialien. Die Romane liefern sowohl Wissen über die strategische Rolle von Rohstoffen als auch einen ideologischen Überbau. Die Protagonisten, geniale Chemiker und wagemutige Ingenieure, sind durchweg männlich. Materie ist prinzipiell formbar und setzt dem ingeniösen Geist keine Grenzen, ganz einer patriarchalen, auf die antike Naturphilosophie zurückgehenden Hierarchie entsprechend, die Materie als weiblich und passiv und Form oder Geist als männlich und aktiv auffasst [→Science-Fashioned Molecules]. →058 »Und die Idee ist Stoff geworden, durch Einfall, Glauben und Arbeit«, resümmiert in einem späten Roman Karl Aloys Schenzinger, einer der bekanntesten und erfolgreichsten Vertreter des Genres.[3]

»Make yourself happy – fuck the world« heißt eine Grafik des niederländischen Comic-Zeichners Theo van den Boogaard vom Beginn der 1970er-Jahre, die Klaus Theweleit in *Männerphantasien,* seiner klassischen Untersuchung »gepanzerter Männlichkeit« reproduziert.[4] Sie zeigt einen verträumten jungen Mann, der buchstäblich die Erdkugel

OTHMAR FRANZ LANG
MÄNNER
UND
ERDÖL
Rösch

umarmt und mit seinem erigierten Penis penetriert. Ob gewaltvoll oder zärtlich lässt die Vorlage erstaunlich offen, in der Petromoderne jedenfalls hat jede*r die Möglichkeit, egal welchen Geschlechts, welcher sozialen Schicht und welcher Hautfarbe, mit einer dicken Benzinschleuder »die Erde zu ficken«, so die vulgäre Kehrseite des Versprechens auf Wohlstand für alle. Die Frage nach Männern und Erdöl umfasst die Geschlechterperformances – also das Ausagieren von sozial definierten Geschlechterrollen[5] – sowohl von »Männern« als auch von »Frauen« (wie auch von allen anderen (un-)möglichen Geschlechtsidentitäten). Und sie zielt nicht nur auf Erdöl-Arbeitswelten, sondern vor allem auch auf die von ihm eröffneten Lebenswelten.

Die stereotyp maskuline und »harte« Männlichkeit, wie sie in den Rohstoffromanen verkörpert wird, findet sich auch in den klassischen Petro-Filmen. Man denke an Filme wie *Lohn der Angst* von 1953,[6] *Giganten* von 1956[7] oder *Die Unerschrockenen* von 1968, in dem John Wayne in der ihm typischen Männlichkeitsperformance den legendären Feuerwehrmann Red Adair (im Film: Chance Buckman) spielt, der auf das Löschen brennender Ölquellen spezialisiert war.[8] [→ Brennender Acker] Eine fast schon karikaturhafte Überzeichnung der Petromännlichkeit findet sich aber auch noch in dem Science-Fiction-Film *Armageddon – Das jüngste Gericht* von 1998, in dem Bruce Willis einen Ölbohringenieur verkörpert, der zur Rettung der Welt auf einen Asteroiden transportiert wird, der auf die Erde zurast. Kulminationspunkt der Handlung ist, dass der zu vernichtende Asteroid mit Bohrtechnik penetriert und damit gesprengt wird.[9] → 209

Es scheint, als ob es heute noch einmal besonders darauf ankäme, die Petromännlichkeit der Öl-Pioniere in all ihrer

Skrupellosigkeit und Brutalität auszustellen, um damit unserem Zeitalter den Spiegel vorzuhalten. Die Wiederkehr oder Persistenz politischer Machotypen wie Wladimir Putin und Donald Trump bestätigen diese Befürchtung. Die Koppelung von Trumps obszönem Playboytum mit dem Petroregime ist offensichtlich.[10] Und auch Putin verkörpert am Steuerknüppel echter Kampfjets fast phänotypisch petromoderne Männlichkeit. Politisch stehen beide für ein Festhalten an fossiler Macht in all ihren Facetten, über staatliche Großkonzerne wie Gazprom oder wenn mit Rex Tillerson ein ehemaliger Exxon-Vorstand als Außenminister der USA installiert
→098 wurde. [→Oleoviathan] Offen bleibt, ob diese Überzeichnungen den Kern der komplexen, techno-sozio-mentalen Konstellation der Petromoderne treffen oder nur jenen Teil des Personals, der von den Gesellschaften für »das Grobe« abgestellt ist. Zu fragen bleibt, wie patriarchal und chauvinistisch die Petromoderne als Ganzes war und wie hoch die in ihr entwi-
→119 ckelten Emanzipationsdynamiken zu bewerten sind. [→Baku]

Immer wieder wurde die Bedeutung des Automobils für die Emanzipation der Frauen hervorgehoben. So waren einige der wichtigsten Pioniere des Autofahrens und des Flugzeugfliegens Frauen, wie Bertha Benz, die Ehefrau des Autoerfinders Carl Benz, die im Jahr 1888 mit ihren Söhnen im Gepäck zur ersten längeren Automobilfahrt der Geschichte aufbrach, die Industriellentochter Clärenore Stinnes, die zwischen Mai 1927 und Juni 1929 zusammen mit dem Fotografen Carl-Axel Söderström als Erste die Erde mit einem Automobil umrundete,[11] oder die Flugpionierin Elly Beinhorn, die zwischen Dezember 1931 und Juli 1932 mit einem Kleinflugzeug einmal um die Welt flog.[12] Doch wo sind die Frauen an der Spitze von Energie- oder Automobilkonzernen? Und was geschah mit all den anderen Frauen, die nicht zu der verschwindend kleinen Gruppe von wagemutigen Abenteurerinnen zählten?

Ölverbrauchstechnik bahnt in den liberalen, demokratischen Ländern, in denen »der Kunde König ist«, den Weg für die Logiken der Konsumgesellschaft. Der Aufstieg der petromodernen Konsumkultur zum vorherrschenden Gesellschaftsmodell erfolgte parallel zum Erblühen der Werbebranche. Gemeinsam verkaufen sie ein sich als modern, fortschrittlich und emanzipativ gebendes, im Kern aber reaktionäres Geschlechterbild, in dem Hausfrauen schön und attraktiv sein sollen wie Hollywood-Göttinnen und höchstens das Zweitauto verwenden, um die Kinder und den Einkauf zu erledigen, und Männer den großen Wagen, in den alle hineinpassen, sowohl kaufen als auch steuern.

Ein bislang wenig beleuchtetes Vermächtnis der Petromoderne ist Kosmetik und die damit einhergehende Verschiebung und gleichzeitige Zementierung von Geschlechterrollen. Vaseline, auch *Petrolatum* und *petroleum jelly* genannt, ein salbenartiges Gemisch aus Kohlenwasserstoffen, das durch Destillation aus Erdölabfällen gewonnen wird und bereits 1872 in den USA patentiert wurde, ist bis heute der wichtigste Grundstoff von Kosmetikprodukten. Automobil und Schminke teilen also ihre Abhängigkeit vom Erdöl. Trugen noch um 1900 nur relativ wenige Frauen aus beruflichen Gründen Schminke auf, um als *Grandes Dames* zu repräsentieren, als Schauspielerinnen Rollen zu verkörpern oder als Prostituierte ihren Körper zu Markte zu tragen – oder alles drei –, so gehörte es in den USA bereits ab Ende der 1920er-Jahre zur Vorstellung der »natürlichen« Schönheit einer Frau, dass sie geschminkt war, auch zu Hause. »Sie tragen ihr Teil bei, indem sie ihre Weiblichkeit pflegen. Das ist einer der Gründe, warum wir kämpfen«, heißt es in einer Werbung aus den Jahren des Zweiten Weltkriegs über dem Bild einer mit Wimperntusche perfekt zurechtgemachten Hausfrau, die einen Brief an ihren Mann an der Front verfasst.[13] Die Werbung stammt von der Firma Maybelline, die mit Mascara das Urprodukt des Make-ups erfunden hat, bei dem mit *Carbon Black* ein aus Erdgas hergestellter Rußfarbstoff den erdölhaltigen Grundstoff und damit den Blick veredelt. Als es aufgrund der Kriegswirtschaft zur Einschränkung der Lieferungen von Petroleumprodukten an nicht militärische Bereiche kam, erging eine Warnung aus dem Pentagon an das Weiße Haus, dass »der Krieg keinen Glamour-Mangel hervorrufen sollte«, da »ein Verlust an Schönheit die nationale Moral senken könnte«.[14] Die Intervention war erfolgreich, die solcherart zur kriegswichtigen Ressource erklärte Kosmetikindustrie konnte weiter produzieren. →085 [→Munition] In ihrer Maskenhaftigkeit trifft sich die petromoderne Schminkkultur, die den Frauen abverlangt, »Weiblichkeit« durch Arbeit vor dem Spiegel herzustellen, mit dem »blackfacing« der Ölarbeiter im heroischen Erdöl-Film. Als Ausdruck der Freude oder des Triumphs sind ihre Gesichter mit Öl übergossen oder bestrichen, wie das von James Dean in *Giganten* oder wie in einem sowjetischen Film von 1953, der den Bau der Plattformen von Neft Daşları im Kaspischen →182 Meer vor Baku feiert.[15] [→Weltkulturerbe] Freudig und durchaus zärtlich beschmieren sich zwei Ölarbeiter gegenseitig die Gesichter mit dem Öl, das aus der frisch angezapften Ölquelle sprudelt, als ob sie eine Kriegsbemalung auftrügen. Die Bilder erzählen weniger von Männern und Technik als von magischen Ritualen, besessenen Körpern und spirituellen

Beziehungen. [→Burning Man] Sie wecken Assoziationen, die →262 den Rahmen einer einfachen Technikgeschichte sprengen und das Feld der gewohnten Identitätseinordnungen durch-*queer*en,[16] das heißt zu anderen als den heteronormativen Lesarten einladen.

Angesichts der Persistenz der sexualisierten und Geschlechterrollen zementierenden Bilder der Petrotechnik scheint es umso wichtiger, diese Bildprogramme infrage zu stellen und durch andere zu ersetzen. [→Petroporn] Weder ein →155 Gefährt wie der neue Tesla *Cybertruck*, dessen Design von den Tarnkappenbombern inspiriert ist, noch die jüngsten Bestrebungen großer Energieunternehmen, durch *pinkwashing* ihr Image aufzupolieren, indem sie sich für LGBQT-Rechte einsetzen[17], werden Substanzielles zu dem geforderten Mentalitätswechsel beitragen, auch wenn Ersteres als elektrogetriebenes Fahrzeug die post-petromoderne Zukunft verspricht und Letztere sich als Motoren einer sozial gerechten und toleranten Gesellschaft präsentieren. Eine *queere* Sicht auf die gesellschaftlichen Bilder für Energie und Technik eröffnete dagegen die Chance, ein anderes Verhältnis zwischen Industrie, Körpern und Natur zu entwerfen, eines der vielfachen Verflechtungen mit unbestimmten Macht- oder Kontrolloptionen, ein multidirektionales und polyzentrisches Geschehen, in dem »Männer« nur noch einer von zahlreichen Vektoren sind.

Motor

»Vor uns liegt der Motor. Tot, gefühllos anscheinend, aber wenn er erwacht, ein Gigant in seiner Arbeit.« Die sechsteilige Werbekampagne »Shell führt durch den Motor« aus der Auto-Zeitschrift *DDAC motorwelt* von 1938 inszeniert den Motorraum als Parcours für eine interessierte Besuchergruppe:

> Wir sind im Verbrennungsraum des Motors. Hier wird unaufhörlich und unerbittlich Qualität geprüft. Geballte Energie wird hier ausgelöst. Gigantisch die Wirkung: etwa 6000 Kolbenhübe in der Minute – bei jeder Zündung drücken etwa 2000 kg und mehr auf den Kolbenboden bei Temperaturen von über 2000 Grad Celsius.[1]

Tatsächlich handelt es sich bei dem hier Heraufbeschworenen, handelt es sich bei Ort und Zeitpunkt, an dem die Energie der Kraftstoffe im Akt der Explosion in die Bewegung der Kolben und des Getriebes und damit in menschliche Verfügung übergeht, um eine Schlüsselszene der Petromoderne. Unzählbar oft wird sie täglich wiederholt, in Milliarden von Verbrennungsmotoren auf der Erde.

Anders als in Dampfmaschinen als ersten Kraftmaschinen der Industriemoderne wird chemische Energie im Verbrennungsmotor nicht über den Umweg von Wärme und Wasserdampf in Bewegungsenergie umgesetzt, sondern direkt. Dies hat Auswirkungen auf die hier möglichen Kraft-

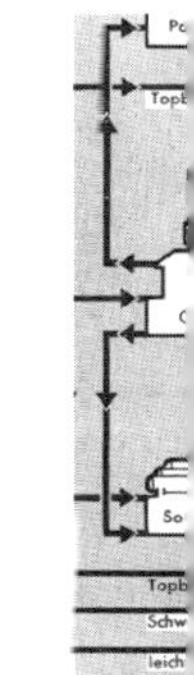

stoffe. Während man Dampfkessel mit nahezu allen Brennstoffen beheizen könnte und tatsächlich beheizt hat, mit Kohle, Torf, Holz, alten Autoreifen oder sogar organischem Abfall, funktionieren Verbrennungsmotoren nur mit mehr oder weniger eng definierten und in chemischen Verfahren hergestellten Stoffen. »Benzin« und »Diesel« sind, anders als »Kohle« oder »Öl«, keine Begriffe der Erfahrung, sondern Produkte der Chemie, künstlich durch Destillation hergestellte Ausschnitte, Fraktionen aus der Summe der Rohölmoleküle. [→ Molekulare Mobilisierung] → 049

Und mit der »Oktanzahl« findet sich an jeder Tankstelle ein subtiler Hinweis darauf, dass Motoren mit nochmals ausgesuchteren Substanzen, mit regelrechten »chemischen Individuen«[2] betankt werden. Das für die Oktanzahl namensgebende »Isooktan« – oder 2,2,4-Trimethylpentan – ist ein Kohlenwasserstoffmolekül der Summenformel C_8H_{18}. In nochmals engerem Sinn ist es genau eine der zahlreichen, unter dieser Summenformel möglichen Strukturen. 1926 wurde diese individuelle Substanz wegen ihrer optimalen Verbrennungseigenschaften in Ottomotoren zum Standardstoff erklärt.[3] Das andere Ende der Skala als maximal zu Fehlzündungen (»Motorenklopfen«) neigender Kraftstoff besetzt ein anderes chemisches Individuum, n-Heptan (C_7H_{16}). Alle anderen Kraftstoffe werden von diesem Eichmaß aus in ihrer Qualität bestimmt, 98-Oktan-Benzin wirkt wie ein Stoff aus 98 Prozent Isooktan und 2 Prozent n-Heptan.

Nichts, bis hin zur exakten Struktur der Moleküle, darf dem Zufall überlassen werden, wenn es darum geht, Feuer in technische Bahnen zu lenken – ob selbstentzündet wie im Dieselmotor oder mit Zündkerzen wie im Ottomotor. Man kann die Shell-Werbung beim Wort nehmen: »Wir stehen unter der Zündkerze – ein greller Funke zwischen ihren Elektroden entzündet das Gasgemisch und löst eine gewaltige Arbeitsleistung aus. Nur 1/150 Sekunde dauert der ganze Vorgang. Voraussetzung für die augenblickliche Entzündung und gute Verbrennung sind unbedingt zuverlässige Betriebsstoffe.«[4] Entsprechend ist seit den ersten Jahrzehnten des 20. Jahrhunderts ein rückgekoppeltes, technisch-wissenschaftliches System aus Eichbenzinen und Prüfmotoren im Einsatz. Ziel sind optimale Mischungen wie das von Walter Ostwald, Sohn des Katalyse-Chemikers Wilhelm Ostwald, aus Aromaten und Aliphaten entwickelte ARAL und künstliche Moleküle oder Additive wie Tetraethylblei ($C_8H_{20}Pb$), die die Leistung der Grundkraftstoffe noch steigern.

Der Freiheitsgewinn des kompakten, leichten, nicht von schwerfälligen Kollektiven, sondern paradigmatisch von Individuen steuerbaren Verbrennungsmotors – ob im Automobil, Jetski oder Hubschrauber, im Partystromgenerator oder Gartengerät – verdankt sich damit einem Maximum an molekularer Kontrolle. Die Werbeserie »Shell führt durch den Motor« ist in diesem Punkt – trotz oder wegen ihres zeithistorisch beklemmenden Kontexts in einem während des Nationalsozialismus gleichgeschalteten Publikationsorgan – besonders klarsichtig: Nur weil im Motorraum im Gleichtakt
→058 geschaltete, chemische Individuen [→ Science-Fashioned Molecules] in einem präzisen Moment und ohne Fehlzündung chemische Energie an einen Kolben abgeben, werden Subjekte motorisiert.

Gerade die Kontrolliertheit eines hinter Stahlwänden versteckten Vorgangs erschwert aber seine Wahrnehmung – so wichtig, so ubiquitär, so kennzeichnend für Geschichte und Gesellschaften des 20. Jahrhunderts er auch sein mag.

SHELL führt durch den Motor
Nr 2
1/150 Sekunde entscheidet über Qualität
Wir stehen unter der Zündkerze — ein greller Funke zwischen ihren Elektroden entzündet das
Gasgemisch und löst eine gewaltige Arbeitsleistung aus. Nur 1/150stel Sekunde dauert der ganze
Vorgang. Voraussetzung für augenblickliche Entzündung und gute Verbrennung sind unbedingt
zuverlässige Betriebsstoffe. Weltweite Erkenntnisse und Erfahrungen schufen Qualitäten wie
SHELL Kraftstoffe
Sie vergasen leicht, verbrennen vollkommen und gewährleisten die mathematisch genaue Wieder-
holung jeder Verbrennung. Die volle Kraftausnutzung wird gesichert durch den reibungsmindernden
reißfesten Schmierfilm der hochwertigen SHELL AUTOOELE. Sie sind abgestimmt auf alle Motor-
typen und werden nach modernsten Verfahren in deutschen Fabriken hergestellt. Immer und überall
SHELL AUTOOELE
SHELL hat für jeden Motor den richtigen Kraft- und Schmierstoff

Und die Werbekampagne »Shell führt durch den Motor« führt vor, welcher Aufwand gestalterisch und perspektivisch notwendig ist, um diesen Vorgang ins Bewusstsein zu rufen, indem sie den Motor nicht nur aufbohrt, sondern das brisante Geschehen aus der Perspektive der Moleküle selbst zu zeigen scheint.

Transparenz wäre aber nicht nur ein Anliegen für Technikfreaks. Seit Bertha Benz 1888 zur ersten Automobilfahrt der Geschichte aufbrach, entwickelte sich der Motor zu einem Schlüsselstück petromoderner Subjektivität und →062 Potenz. [→ Männer und Erdöl] Die Grundlage dieser Potenz entzieht sich aber mehr und mehr, ob hinter Stahlzylindern oder hinter der Bordelektronik. Liegt hier ein erster Schritt in Richtung einer anthropologischen Verschiebung vor? Muss den kulturell und evolutionär vom Feuer gemachten Menschen das Motorenfeuer wieder neu erklärt werden, weil sie es als selbstverständlich voraussetzen und nicht mehr verstehen? Gaston Bachelards *Psychoanalyse des Feuers* würdigt die zentrale Bedeutung der Kulturtechniken des Feuers und deren →262 Nachleben in der Moderne [→ Burning Man], beschäftigt sich aber nicht mit den unsichtbar gehegten Feuern der Verbrennungsmotoren.[5] Doch die in modernen Gesellschaften massenhaft entfesselten, als immer verfügbar vorausgesetzten und solcherart ins Selbstbild integrierten, fossil-industriellen Motorenkräfte haben zweifellos auch psychologische Aspekte. Mit ihnen gilt es sich auseinanderzusetzen. Wenn Motorenkraftstoffe – wie Peter Sloterdijk annimmt – »nicht nur unsere Motoren treiben, sondern auch in unseren existenziellen Motiven, in unseren vitalen Begriffen von Freiheit brennen«, wenn wir uns tatsächlich »keine Freiheit mehr vorstellen [können], die nicht immer auch Freiheit zu riskanten Beschleunigungen einschließt, Freiheit zur Fortbewegung an fernste Ziele, Freiheit zur Übertreibung und zur Verschwendung, ja schließlich auch Freiheit zur Explosion und zur Selbstzerstörung«,[6] dann scheint das Verhältnis von Mensch und Motor verdreht.

Zu ermitteln wäre, ob Freiheit, die sich nur motorisiert denken lässt, noch Freiheit ist – oder vielmehr eine Fassade der Abhängigkeit. [→True Oil] Wenn es jetzt und in Zukunft →230 darum geht, fossil befeuerte Freiheit als solche zu erkennen und zu bewerten, um die als wertvoll erachteten fossil motorisierten Freiheiten in ein postfossiles Zeitalter zu überführen, wird man nicht darum herumkommen, nicht nur Motoren, sondern auch motorisierte Subjekte neu aufzubohren. [→Cannonball] →275

Sprawl

Der bayerische Künstler, Filmemacher und Autor Herbert Achternbusch, den der ostdeutsche Dramatiker Heiner Müller einst als »Klassiker des antikolonialistischen Befreiungskampfes auf dem Territorium der BRD« titulierte, schrieb 1981 aus der Perspektive der niederbayerischen Provinz über die Autobahn: »Auch wo ich lebe, ist inzwischen Welt. Früher ist hier Bayern gewesen. Jetzt herrscht hier die Welt. Auch Bayern ist wie der Kongo oder Kanada von der Welt unterworfen, wird von der Welt regiert.«[1]

Als *oil encounter* (wörtlich: Begegnung mit dem Öl) bezeichnet die englischsprachige petrokritische Theorie das Aufeinandertreffen lokaler Kulturen mit den Möglichkeiten, Ansprüchen und Praktiken der (westlichen) Petromoderne. Der Begriff geht zurück auf einen Aufsatz von Amitav Ghosh mit dem Titel »Petrofiction. The Oil Encounter and the novel«[2]. Der indische Schriftsteller nimmt die Besprechung der Romantetralogie *Salzstädte* des jordanischen Autors Abdalrachman Munif, der die Umwandlung der Gesellschaft Saudi-Arabiens infolge der Erschließung seiner gigantischen Ölvorkommen beschreibt, zum Anlass, um über die in seinen Augen mangelhafte Repräsentation der Bedeutung des Erdöls in der westlichen Literatur des 20. Jahrhunderts zu reflektieren.

Es sei dahingestellt, ob seine Analyse den Kern der Sache trifft. Oder ob die von Ghosh bemängelte Abwesenheit der großen »Petrofiction« sich nicht zuletzt daraus begründet, dass im 20. Jahrhundert andere Genres, wie die Science-Fiction, und vor allem andere Kunstformen, wie der Film, aber auch die Fotografie, als Leitmedien gesellschaftlicher Auseinandersetzungen mit den Auswirkungen der technischen Moderne fungieren.

Keineswegs jedenfalls ist der *oil encounter* nur an den Peripherien des Westens zu suchen. Er traf vor allem auch die Menschen der Länder, in denen die petromodernen Entwicklungen ihren Anfang genommen hatten. Jene fanden sich zuallererst in Landschaften und Interieurs wieder, die buchstäblich vom Öl überformt wurden, in Siedlungsformen, Arbeits- und Lebenswelten, die als Produkt des Öls zu lesen sind.

Es sind insbesondere Perspektiven des Unterwegsseins →275 mit dem Auto [→Cannonball] oder mit dem Flugzeug, die den Einbruch »der Welt«, und damit des Öls, in die physischen und mentalen Landschaften ins Bild fassen. Als eine Ikone dieser Bildtradition kann William Egglestons Fotografie »En route to New Orleans« aufgefasst werden. Zu sehen ist ein verheißungsvoll orange-bernsteinfarbener Drink mit Eiswürfeln in einem transparenten Plastikbecher auf dem Klapptisch eines Passagierflugzeugs. Von rechts ragt ein Arm in den Bildausschnitt. Sonst ist die Person nicht zu sehen, aber ihre Hand rührt grazil mit einem Strohhalm im Getränk. Diese Geste gibt der Szene, obgleich die Oberflächen des Flugzeuginterieurs ein wenig schäbig wirken, eine festliche und vornehme Stimmung. Durch das Flugzeugfenster fällt schräges Sonnenlicht, es lässt die Flüssigkeit im Plastikbecher erstrahlen und einen kristallinen, farbigen Schatten werfen, fast wie in einer spätmittelalterlichen Verkündigungsdarstellung. Im Fenster verschiedene Abstufungen von Blau und Weiß: Himmel, Horizont, Meer und darüber ein Film von locker verteilten Schäfchenwolken.

Das Bild stammt aus der zwischen 1966 und 1974 entstandenen Werkgruppe *Los Alamos,*[3] einer Reise auf den Spuren der sich ausbreitenden petromodernen Sphäre in den Südstaaten der USA. Es ist das einzige Bild dieser Serie, das jene Sphäre aus der erhabenen Positionierung des Flugzeugs fasst. Alle anderen zeigen, was auf dem Weg zum Flughafen gelegen haben könnte: Einkaufswagen, Tankstellen, bis zum Bildrand reichende versiegelte Flächen, leuchtend farbige Getränke, Autohäuser, eine Ansammlung von Plastikpuppen auf einer Kühlerhaube. Schon in den Farben kontrastiert die Petromoderne mit der sehr viel älteren und blasseren Palette der traditionellen Häuser und der Vegetation des Südens.[4]

Knapp ein halbes Jahrhundert Petromoderne später, 2008, inszeniert die aus Los Angeles stammende Fotografin Alex Prager mit der diesem Eintrag vorangestellten Aufnahme »Nancy« ein explizites Remake von Egglestons Freiheitsszene. Auch bei Prager, die ihre erste Begegnung mit den Fotografien Egglestons als Initiationsereignis bezeichnet hat, leuchtet der Drink im Plastikbecher auf dem Klapptisch. Doch der Arm der voll ins Bild gerückten, aber im Halbdunkel gelassenen Person, der der Drink gehört, einer Frau mit langen roten Haaren, ruht auf der Lehne. Das Getränk, das bei Eggleston noch ein Stück Himmel verheißen hatte, bleibt unberührt. Durch die zwei im Bild angeschnittenen Fenster leuchtet kein transzendentales Blau, sondern irdenfarbener *sprawl,* im Wortsinn wucherndes Raster aus Häusern und Straßen eines Suburbs. *The Big Valley,* so der Name der Serie, zu der dieses Bild gehört, ist keine Naturformation, sondern eine Wucherung menschlicher Siedlungsaktivität, konkret: des Großraums von L. A. – der petromodernen Metropole schlechthin –, der sich schier endlos erstreckt, Asphalt, Vorgärten, Beton.

Zwischen den Aufnahmen Egglestons und Pragers scheint sich ein mentalitätsgeschichtlicher Graben aufzutun. Kein Luftozean mehr. Kein transzendentales Versprechen. →142 [→Rakete] Stattdessen ein Meer aus Vorstadt. Geschlossene Welt. Puppenlandschaft aus Öl. Warum Fliegen, wenn man noch nicht mal die Wolken sieht? Was ist in den 40 Jahren, die zwischen beiden Bildern liegen, geschehen? Tatsächlich bringt gerade dieser Blick nach unten, wie im Bild Pragers, auf eine vom Öl überformte Landschaft, die Wucht der petromodernen Epoche besonders auf den Punkt.

In einem »Atlas der Petromoderne« nimmt das Fliegen eine mehrfach herausgehobene Rolle ein. Zunächst steht es für ein Maximum dessen, was mit den soziotechnischen Mitteln dieser Zeit möglich ist. Es steht für Freiheit, für das ölbefeuerte Einlösen der Träume von Ikarus und Phaeton, von illuminierten sibirischen Schamanen und Ausritten zum 
→249 Hexensabbat. [→Raumfahrt]

Darüber hinaus sind Flugwesen und Raumfahrt maximale Mittel für eine der zentralen wissenschaftlichen Techniken aller Erderkundung und Atlantenmacherei, für die Kartografie. Während Karten den idealen göttlichen Blick und den Blick der Macht, der sich den Göttern anzunähern trachtet[5], nur imaginieren, während Geodätiker diesen Blick von oben auf die Erde nur von unten und mit allerlei umständlicher Apparatur, mit Längenmaßen und Theodoliten, mit Stiften und Papier künstlich herstellen, so ermöglicht es die Fliegerei, diese Position wirklich einzunehmen. Dies ändert das Verhältnis zwischen Erde und Karte. Luftbildfotografie und Fotogrammetrie bilden bald nach ihrer Einführung während des Ersten Weltkriegs ein kartografisch unverzichtbares Werkzeug nicht nur der militärischen Aufklärung. Das Orthofoto, ein entzerrtes, exakt senkrechtes Lufbild, wird zum Standard jeder Karte.[6] Mit dem in den Nachkriegsjahrzehnten einsetzenden Massenluftverkehr, der sich in den 1990er-Jahren entgegen jeder ökologischen Logik zum subventionierten Billigflugverkehr für Wochenendausflüge, Berufspendler*innen und Tageseinkaufstouren erweitert, wird der Blick von oben zum Massenerleben.

Und hier erschließt sich eine dritte Ebene, auf der das Fliegen zum Atlas gehört. Erst der Blick von oben erlaubt es, die Landschaft als Produkt petromoderner Technik zu erkennen. Alex Pragers Blick auf den *sprawl,* bei dem nicht klar ist, ob das Flugzeug im Begriff ist, diese Gegend zu verlassen, ob es zu ihr zurückkehrt oder ob es möglicherweise niemals in der Lage sein wird, sich von dieser Erde zu lösen, ist hier exemplarisch. »Luftverkehr findet am Boden statt«[7], so Lars Denicke in seiner Forschung zu *Global/Airport*, logistisch und technisch. Buchstäblich sind zum Abheben von Flugzeugen Pisten aus petromodernen Materialien nötig, aus bituminösem Asphalt oder dem auch im Siedlungsbau allgegenwärtigen Beton. Letzterer ist für etwa acht Prozent der weltweiten CO_2-Erzeugung verantwortlich, wegen der chemischen Reaktion der Zementerzeugung selbst, aber auch, weil dabei ungeheure Mengen an Kohle, alten Autoreifen und Petrolkoks – ein kohleförmiger Rückstand der Raffinerietechnik – verfeuert werden.

Wenn sie sich von derart planierter Erde erhoben haben, dann sind die Luftfahrzeuge mit allem, was man unten sieht, weiterhin verknüpft und verwandt. Zu allererst mit den Flughäfen, die als interkontinentale Hubs längst die Komplexität ganzer Städte verkörpern und die als paradigmatische Orte der Petromoderne zwischen Denver, Istanbul, Dubai und Beijing auf die globale Landkarte gestellt werden. Dann mit den Fernstraßen, die wie bis an den Horizont verlängerte Startbahnen in der Landschaft liegen. Die Autos selbst erscheinen als in der Entwicklung stecken gebliebene Flugzeuge. Man sieht Gewerbegebiete, in einst aus dem Flugzeugbau entwickelter Leichtbauweise, von denen immer eine weitere Hälfte in Bau zu sein scheint, eine Unzahl von Lichtern, die aber keine Hangars und Hindernisse, sondern nachts die Leere der *sprawls* beleuchten. Man sieht Dörfer, in denen kein unmotorisiertes Leben möglich ist, weil die nächsten Arbeitsplätze, Schulen, Läden Dutzende Kilometer entfernt liegen. Man sieht Regionen, die es ohne Flugzeuge in ihrer sozioökonomischen Konstitution gar nicht gäbe, touristische Reservate von Mallorca bis zu den Malediven, aber auch scheinbar gediegene Hauptstädte, die sich über einen Lifestyle-Wettbewerb definieren, der zwischen mehreren, per Flugzeug verknüpften Kontinenten ausgetragen wird.

Selbst wenn man aller Zivilisation entflogen zu sein scheint, kann man von oben Blicke auf mit dem Flugverkehr verknüpfte Rohstoffdistrikte erhaschen, die auf dem Boden von Zäunen und Wachpersonal verhindert werden würden. Auf Pipelines in der Tundra, auf gewaltige Ölsandareale in Kanada, auf die auf Google Maps gesperrte Förderplattform
→182 Neft Daşlari im Kaspischen Meer [→Weltkulturerbe]. Und über Grönland sieht man schmelzende Gletscher.

Von der ätherischen Spitze der technischen Pyramide, von der Luftfahrt aus, wird ihr erdenschweres Fundament sichtbar. Die Maximalform dieser neuen Positionierung bildet die Raumfahrt. Auch ihr Blick definiert einen neuen Standard der Kartografie, also des Blicks zurück auf die Erde, ob für *war rooms* oder Smartphones. Just in den Jahren, als William Eggleston für *Los Alamos* unterwegs ist, gelingen die ersten Raumfahrtmissionen und mit ihnen die ersten Bilder der Erde. Damit manifestiert sich der Globus erstmals nicht mehr nur als mit buntem Papier beklebtes Modell, sondern als fotografische Spur eines realen Anblicks. Das Bild des »blauen Planeten« wird zur Ikone einer neuen, ganzheitlichen, das heißt ökologischen Sicht auf die Erde.[8] Die maximale Übersicht offenbart ihren Gegenstand gerade nicht vereinfacht, sondern in seiner Verwobenheit und Fragilität, einen von Menschen überformten, anthropozänen Planeten.[9]

Walter Benjamin hatte die Stellung der Menschen nach der erschütternden Erfahrung des Ersten Weltkriegs – des ersten industriellen und petromodernen Kriegs – folgendermaßen charakterisiert: »Eine Generation, die noch mit der Pferdebahn zur Schule gefahren war, stand unter freiem Himmel in einer Landschaft, in der nichts unverändert geblieben war außer die Wolken, und in der Mitte, in einem Kraftfeld zerstörender Ströme und Explosionen der winzig gebrechliche Menschenkörper.«[10] [→Munition] Nach heutigem →085 Wissensstand kann man sicher sein, dass auch die Wolken keine Kontinuität mehr signalisieren, sondern dass Menschen und ihre Kraftstoffe an ihnen mitgewoben haben – ob man sie aus einem Flugzeug en route nach New Orleans sieht, von einer Appollo-Mission oder von Achternbuschs Bayerischem Wald aus.

In war-time Esso products turn up with the most unexpected assignments. Here are just a few more examples of how civilian oil is helping to win Victory for the United Nations.

ESSO MARKETERS

OIL TO ALCOHOL TO PLASTICS AND POWDER. Alcohol for use in making artificial fabrics, plastics, and explosives comes largely from molasses, sugar, or grain. Now petroleum can be used as a source and Esso Marketers will make 30% of the petroleum alcohol produced in this country. Thanks to that production we save for America's sweet tooth 300,000 tons of sugar a year which would otherwise be needed for munitions.

ASPHALT IN THE ARMY. New Army airfields that are now being rushed to completion take immense quantities of asphalt --the asphalt that used to go into road construction and repairs. And asphalt has many other uses in the Army. For instance, it has proven highly satisfactory as a waterproofing agent applied to paper sleeping bags. And it furnishes protection to the spiral containers in which certain shells are shipped.

WE'VE GOT 'EM ON THE RUN. That enemy of all armies, the body louse, has, it appears, met his Waterloo. Esso Laboratories have recently developed a petroleum product which we believe will kill all lice, fleas, ticks, and chiggers, on the skin or in clothing seams. If present Army and British tests prove as conclusive as ours, the only safe place for such vermin will be behind Axis lines.

THREE SPEEDS FORWARD. Petroleum Wax, one of our refinery products, goes into all three grades of wax which are supplied to the ski troops of the United States Army. One is especially made for climbing up slopes, another for running, and one for high-speed, down-grade travel.

SABOTEUR No. 1. Rust has been routed. Today your Army and Navy are using an Esso product called Rust-Ban to prevent corrosion of metal parts in use, in transit, and even in manufacture. One grade protects and lubricates the clips of the fast-firing Garand rifle. Another Rust-Ban is applied to tank engines that may be idle for seventy-two hours or more. Rust-Ban qualities have also been incorporated in oils that lubricate as well as protect. This has made possible the smallest anti-friction bearing ever used--an aviation instrument bearing of less than 1/10 of an inch in diameter.

NO MILDEW. Under certain conditions tents and tarpaulins contract mildew which injures the fabric and lets rain in. This can be avoided by treating the canvas with copper naphthenate, made from naphthenic acids of which we are producing large quantities.

MISSIONS OF MERCY, TOO. Not all Esso products are used in engines of destruction. Some of our petroleum jellies, white oils, and alcohols find their way into healing lotions and disinfectants which are used by the Medical Corps of the United States Army and Navy.

 **OIL IS AMMUNITION**  **USE IT WISELY !** 

Munition

»Oil is ammunition, use it wisely!« – 1942, zum Kriegseintritt der USA, zeigt die *Esso War Map* Petroleum und Petrochemie als eigentliche Waffe des Krieges: als Kraftstoff, Schmierstoff, selbst als Skiwachs der Gebirgstruppen, als Rohstoff für Kunstgummi und Medikamente der Militärärzte, als Rostschutz, sogar als Entlausungsmittel. Grafisch im Mittelpunkt steht eine regelrechte Feier des Bombenkriegs: »Bombs for Berlin, Terror in Tokyo!« Auch der für TNT-Bomben zentrale Bestandteil, Toluol, werde neuerdings aus Erdöl gefertigt, wie die *War Map* erklärt.

Erdöl ist im 20. Jahrhundert Kriegsziel und Kriegswaffe, es ist Treibstoff und Sprengstoff. Gemeinsam bilden diese Aspekte ein expansives System: Öl liefert die Energie zur Eroberung weiterer Energie. Es treibt die Motoren von Panzern und Kampfflugzeugen an und bildet damit die Grundlage der für das Jahrhundert wichtigsten Waffensysteme. Dass ein Verkehrssystem selbst eine Art Waffe sein kann, wird schon mit Heinrich Heines viel zitiertem Ausspruch von 1843 deutlich: »durch die Eisenbahnen wird der Raum getötet, und es bleibt nur noch die Zeit übrig«.[1] Verkehrssysteme, die abseits von festen Infrastrukturen wie Schienen oder Straßen, also querfeldein oder durch die Luft operieren, schalten den Faktor Raum in seiner Widerständigkeit nochmals radikaler aus. Kein Sumpf und keine Hügelkette, keine Mauer oder Wüste bieten dann Schutz. Eine Front kann überall eröffnet werden, wohin ein Fallschirmjäger abspringt, wo ein Hubschrauber oder Marschflugkörper landet oder wo ein Raupenfahrzeug das Gelände durchpflügt. Der Motor ist die Plattform dieser ubiquitär möglichen Gewaltanwendung, er ist aber noch mehr, gleicht er doch mit dem Kraftstoffchemiker Walter Ostwald »einem utopischen Maschinengewehr, das sich für jeden Schuß das Schießpulver erst selbst mischen wollte«.[2]

Einige der bekanntesten und gewaltigsten Waffen entfesseln zielgerichtet die im Erdöl konzentrierten Kräfte. Ab dem siebten nachchristlichen Jahrhundert wurden, wie Arno Schmidt in einem historischen Denkstück beschreibt, Kohlenwasserstoffe in Form von Griechischem Feuer – einer durch weitere Ingredienzen unlöschbaren Wunder- und Geheimwaffe – von den Byzantinern mit Brandsätzen und Flammenwerfern eingesetzt, bis arabische Chemiker auf ein Gleichgewicht des Schreckens gleichzogen.[3] Moderne Flammenwerfer wurden bis weit ins 20. Jahrhundert genutzt und sind mittlerweile geächtet. Als industriell produzierte Handwaffe fanden Molotowcocktails an der finnischen Front des Zweiten Weltkriegs und seither in selbstgebastelter Form in Straßenkämpfen Verwendung. Als Fassbomben erlangten unter anderem mit Heizöl gefüllte Sprengkörper in Syrien traurige Berühmtheit. Und auch das aus dem Vietnamkrieg geächtete Napalm ist eine Kohlenwasserstoffwaffe.

Mit rauchlosem Pulver beginnt am Ende des 19. Jahrhunderts das Zeitalter moderner Munition. An die Stelle von chemisch wenig effektiven Stoffgemischen treten jetzt brisante Moleküle. Zwischen Nitrat- und Kohlenwasserstoffchemie entstehen Substanzen wie Nitroglyzerin ($C_3H_5N_3O_9$), die ohne Rauch – und das heißt vollständig, mit einem Höchstmaß an Sprengkraft pro Raumeinheit – explodieren, weil, wie der Chemikerphilosoph Jens Soentgen schreibt, »jedes Atom in Dienst genommen ist«.[4] Aber auch andere Kohlenwasserstoffe dienen, wie Methanol [→Weltkulturerbe], als →182 Grundstoff für Munition oder sind selbst explosiv, wie die zur Zerstörung von Bunkeranlagen in Afghanistan oder im Irak genutzten Aerosole.

Als historisch erster, epochemachender Einsatz des Erdöls als Militärtreibstoff gilt die Umstellung der britischen Flotte von Kohle auf Ölfeuerung durch den ersten *Sea Lord* und späteren Premierminister Winston Churchill im Jahr 1911. Vor allem verkürzt der flüssige Treibstoff die Zeit zum Anheizen der Maschinen, was einen entscheidenden strategischen Vorteil liefern kann. Außerdem können ölbetriebene Schiffe im Unterschied zu kohlebetriebenen auch auf hoher See – wie Flugzeuge in der Luft – betankt werden.

Die bekannte atlantische Innovation hat aber einen Vorläufer. Ab den späten 1870er-Jahren wurde schon die zaristische Kaspische Flottille mit Öl befeuert [→Baku]. Über die →119 Entwicklung spezieller Einspritzdüsen war es gelungen, das vergleichsweise schwere Erdöl aus Baku in Dampfmaschinen zu nutzen. 1893 war sowohl die russische Flotte wie auch die russische Eisenbahn auf Öl umgestellt. [→Schwarzes Quadrat] →242 Erstmals – und durch die Kooperation aserbaidschanischer und internationaler Unternehmer – wurde bis dato vergleichsweise harmloses Lampenöl zum Motorenkraftstoff und damit zum strategischen Faktor.[5] [→Oleoviathan] Geostra- →098 tegie ist seither nahezu gleichbedeutend mit dem Blick auf die geografische Verteilung von Kohlenwasserstoffen.

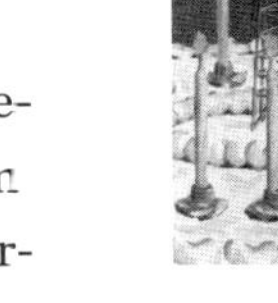

Schon der Erste Weltkrieg wurde im Rückblick mit Öl gewonnen – »Die alliierte Sache ist auf einer Woge von Öl zum Sieg geschwommen«, so ein bekanntes Bonmot von Lord Curzon auf der Alliierten Petroleumkonferenz 1918.[6] Nur mühsam konnten die deutschen U-Boote mit galizischem und rumänischem Dieselöl versorgt werden – um den Preis abgedunkelter Petroleumlampen in Wien –, während der Entente globale Versorgungswege offenstanden.

Mit dem Zweiten Weltkrieg rücken motorisierte Verbände in den Mittelpunkt. Deutsche Blitzkriegerfolge in Mittel- und Westeuropa gelingen mit sowjetischem Öl, erst nach der Kündigung des Hitler-Stalin-Paktes und dem Überfall auf die Sowjetunion im Juni 1941 werden die kaspischen Ölfelder zum nicht wieder erreichten Kriegsziel – einer bekannten Filmaufnahme zum Trotz, in der Adolf Hitler zum Geburtstag das Kaspische Meer als Schokoladensee und Baku als Tortenstück serviert wird. Rumänisches, österreichisches, ungarisches Erdöl und vor allem künstlich in Hydrierwerken produziertes Kohlebenzin halten die Kriegsmaschine am Laufen. Doch selbst mit den größten chemisch-industriellen Anstrengungen lässt sich der Rückstand gegenüber den petromilitärischen Riesenreichen USA und UdSSR nicht →173 →049 dauerhaft kompensieren. [→Posidonienschiefer, →Molekulare Mobilisierung] Aus Mangel an Treibstoff bleiben mit der deutschen Me 262 selbst die Prototypen der Nachkriegsdüsenjäger auf dem Boden. Der von Deutschland entfesselte »Totale Krieg« hinterlässt umgekehrt ein von alliierten Bombern zerstörtes Land.

Seit 1945, seit Hiroshima und Nagasaki, markiert atomare Bewaffnung die Grenzen des militärisch Machbaren. Aber unterhalb des kosmischen Drohpotenzials von Uran- oder Wasserstoffbomben mit der Sprengkraft von bis zu 50 Millionen Tonnen TNT-Äquivalent bleiben molekulare Energiespeicher zentral, nicht zuletzt als Kraftstoff für die Träger der atomaren Bombenfracht, als luftbetankte B52-Bomber, als Marschflugkörper, aber auch in 24 Stunden täglich um den Erdball kreisenden Aufklärungsmaschinen und Hubschrauberflotten.

Kalter Krieg und *pax americana* zementieren einen Zustand, in dem Öl zum Grundnahrungsmittel der Weltwirtschaft aufsteigt. Im Schatten der Blockkonfrontation wird der Nahe Osten zum Garanten wie zum Unsicherheitsfaktor einer auf Ölimport gebauten Supermacht.[7] [→ Unbezahlbar] → 131 Erklärte und unerklärte kriegerische Konflikte aller Intensitätsstufen lassen sich zwischen Venezuela, Irak, Iran, Ägypten, Libyen, Nigeria, Angola und in jüngerer Zeit im Zuge des von den USA wie Russland betriebenen »Kriegs gegen den Terror« in Afghanistan und Tschetschenien auf die in der Nachkriegszeit geschaffene Geopolitik des Öls zurückführen. Lokale Despotien werden gestützt oder gestürzt, aufgerüstet oder geächtet, je nachdem, was dem Kalkül der Versorgungssicherheit besser dient.

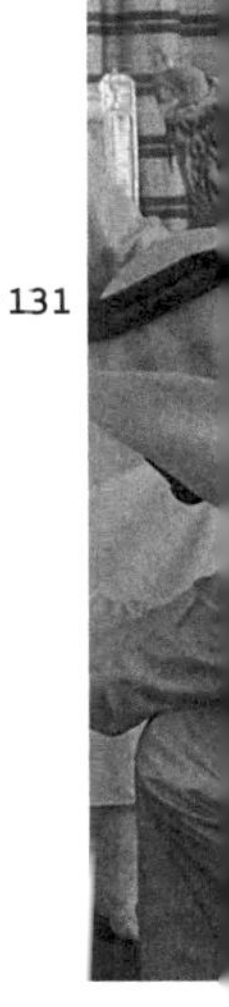

Einen Spitzenplatz in der militärischen Kohlenwasserstofftechnologie markieren die in den 1960ern entwickelten Treibstoffsysteme von Überschallflugzeugen wie der Lockheed SR-71.[8] Für Geschwindigkeiten von Mach 3 – also ungefähr die dreifache Schallgeschwindigkeit – und den dabei auftretenden thermischen Verformungen der Maschinerie wurden sie am Boden mit dem durch Additive extra schwer entzündlichen Spezialkerosin JP-7 aufgetankt, bis sich durch Reibungshitze die absichtlich undichten Tanks schlossen und der Treibstoff durch die chemische Aufnahme von Reibungswärme seine gewünschte molekulare Form annahm, um dann in den Triebwerken mithilfe von Katalysatoren zur chemischen Reaktion gezwungen zu werden. Um

die bei diesen Hitzebereichen eintretende Ionisierung der Atmosphäre und die entsprechende Sichtbarkeit im Radar zu verschleiern, war dann aber wieder Atomphysik und die Zugabe von nur in Reaktoren erzeugbarem Cäsium zu den → 205 Abgasen notwendig. [→ Frontier der Technosphäre]

Wegen der enormen Kosten insbesondere für die Lagerhaltung von JP-7 wurde das Programm nach dem Ende des Kalten Krieges eingestellt. Und asymmetrische Kriege werden mit Napalm oder Überschalltechnologie eher verloren als gewonnen. Mehr oder weniger smart geführte, auf fossile Kraftstoffe angewiesene Luftschläge galten dennoch sowohl in den Jugoslawien- wie auch in den Irak- und Afghanistankriegen als Mittel der Wahl.

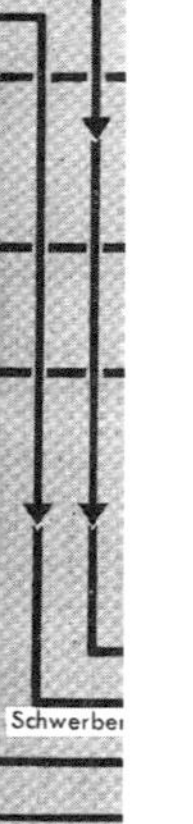

Kohlenwasserstoffe als kompakteste chemische Energiespeicher werden einer nicht auf Info- oder Cyberwar reduzierten Kriegstechnik aber auch dann erhalten bleiben, wenn irgendwann trotz Fracking kein Erdöl mehr zu fördern ist. Mit Atomreaktoren bestückte Flugzeugträger können schon jetzt, wie Projekte der US-Navy erprobt haben, in bordeigenen Chemiefabriken den Treibstoff JP-5 für ihre fliegende Fracht herstellen, und zwar mithilfe von Meerwasser. Aus dort gelöstem CO_2 und aus ebenfalls dort per Elektrolyse gewinnbarem Wasserstoff lässt sich – genügend Energie vorausgesetzt, ob atomar, hydraulisch oder solar – fast jeder Kohlenwasserstoff chemisch-katalytisch zusammensetzen. → 049 [→ Molekulare Mobilisierung]

Die radikalstmögliche Innovation im kriegerischen Umgang mit Kraftstoff aber beschreiben weder Militär noch Chemiker, sondern der oft verharmloste Münchner Kabarettist und Avantgardekünstler Karl Valentin. »Ich lese heute überall in der Zeitung, dass ein großer Benzinmangel herrscht«

lässt er, selbst schon ausgebombt, 1944 sein Publikum wissen, und weiter:

> Kein Wunder. Die Deutschen tanken ihre Flugzeuge auf, beladen sie mit Bomben, fliegen nach England, werfen die Bomben ab, fliegen zurück. Wie viel Benzin wird verbraucht? Was machen die Engländer? Sie tanken auch ihre Flugzeuge auf, beladen sie mit Bomben, fliegen nach Deutschland, werfen sie ab, fliegen zurück, brauchen auch viel Benzin. Wäre es da nicht viel einfacher, die deutschen Flugzeuge würden nur über Deutschland aufsteigen und dort ihre Bomben abwerfen und die englischen Flugzeuge nur über England und dort ihre Bomben abwerfen. Der Erfolg wäre doch derselbe. Aber wie viel Benzin hätte man gespart?[10]

Greenhouse

Das Satellitenbild auf der folgenden Doppelseite zeigt den Hafen von Rotterdam. Gut 100 Millionen Tonnen Rohöl pro Jahr erreichen den größten Hafen Europas und den weltgrößten Umschlagplatz für Rohöl. Die eine Hälfte wird vor Ort verarbeitet, die andere Hälfte per Pipeline in belgische und deutsche Raffinerien verschickt. Das Hinterland ist ganz Europa. Aber weniger der berühmte verkehrstechnische als vielmehr der kaum bekannte, petrochemisch-agrarische Aspekt dieser Geografie soll hier interessieren. Tatsächlich zeigt das Bild zugleich ein europäisches Zentrum des fossilorganischen Stoffwechsels.

Stoffwechselvorgänge bilden ein Kriterium alles Lebendigen. Lebewesen übersetzen flüchtige Strahlungsenergie in chemische Energiespeicher, andere Lebewesen verstoffwechseln diese chemischen Energiespeicher, um mit der freiwerdenden Energie Bewegung und Wärme zu erzeugen. →205 [→Frontier der Technosphäre] Einen quantitativen Begriff des menschlichen Stoffwechsels gibt es, seit die Chemiker Antoine de Lavoisier und Armand Séguin um 1790 menschliche Probanden für einige Tage in Wachstuchanzüge gesperrt und minutiös alle ihre chemischen Produkte gewogen und vermessen haben.[1] Tiere, Pflanzen, Pilze, Protozoen, Bakterien nehmen ihre unterschiedlichen Rollen in der Klassifikation des Lebendigen ein, weil sie unterschiedliche Formen von Stoffwechsel betreiben: Fotosynthese oder Vergärung, Aufnahme und Abgabe von Atemluft, von Nahrung und Exkrement. Im Bezug dieser Stoffwechsel aufeinander, im Veratmen des von Pflanzen produzierten Sauerstoffs durch Tiere und im umgekehrten Bereitstellen von CO_2 für das Wachstum der Pflanzen, werden die Kreisläufe der Stoffwechsel gebildet. Das Abfallprodukt des einen ist das Ausgangsprodukt des anderen Prozesses.[2]

Das Stoffwechselsystem der Menschen entspricht einerseits dem der anderen Tiere. Wir atmen und benötigen Sauerstoff, wir sind Fleisch- oder Pflanzenfresser. Andererseits hat die Kunst des Feuermachens und -hegens das menschliche Stoffwechselsystem entscheidend erweitert und bis in die Biochemie und Bakteriologie der Verdauung evolutionäre Spuren hinterlassen. Seit frühester Keramik, Metallurgie und Pharmazie umfasst der chemische Haushalt der technischen Spezies Mensch weit mehr als Nahrung und Atemluft. In die Stoffwechselökonomie noch der einfachsten gekochten Mahlzeit wären seitdem auch das in Wärmeenergie umgewandelte Feuerholz und der Stoffumsatz der Tonschalen und anderer Werkzeuge hineinzurechnen, wenn man sie vollständig beschreiben wollte.[3]

Mit dem Anzapfen fossiler Ressourcen erweitert sich diese Perspektive noch einmal. Sowohl in die technischen wie in die biologischen Kreisläufe des Menschen werden jetzt auch fossile Energie und Moleküle eingebaut: »Die gute kalorische Versorgung sowie der hohe Fleischanteil an der Nahrung sind heute in erster Linie darauf zurückzuführen, daß in die Landwirtschaft mehr fossile Energie investiert wird, als sie an Biomasse liefert. De facto verzehren wir also Kohle und Erdöl.«[4]

Das Satellitenbild vom Hafen Rotterdam zeigt dies in Zuspitzung. Der Hafen ist nicht nur Umschlagplatz, sondern

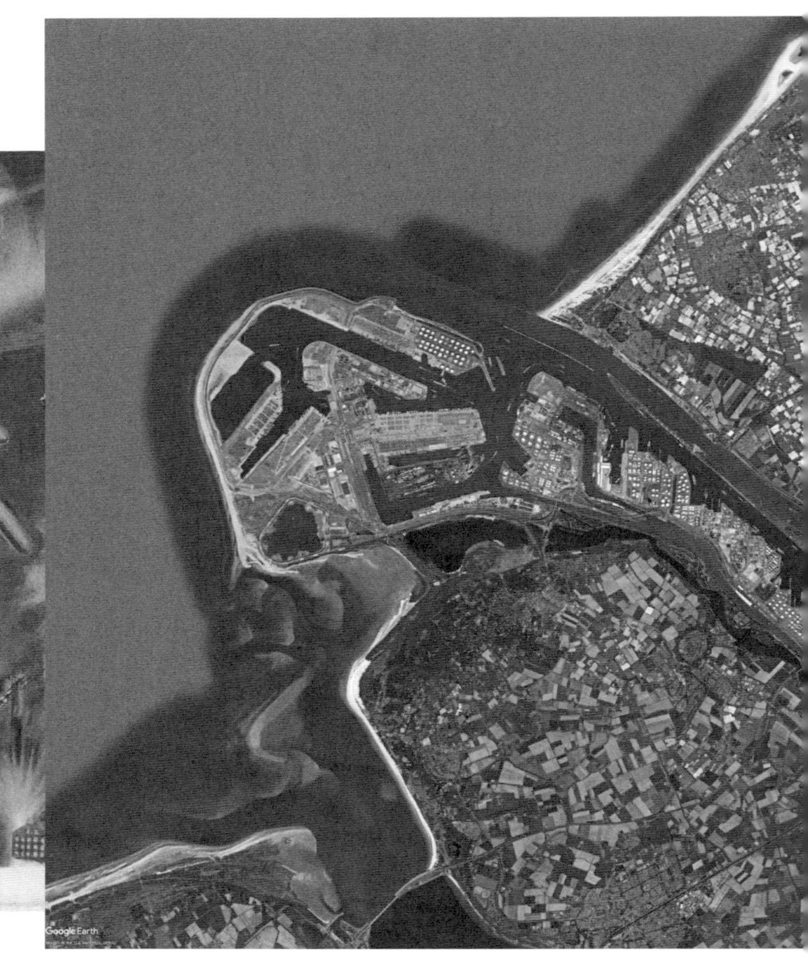
Google Earth

→149 auch Prozesslandschaft. [→ Louisiana] Südlich von Maas beziehungsweise Rhein reihen sich auf über 40 Kilometern zwischen Stadtrand und der künstlich aufgeschütteten Erdöl-Terminal-Insel Maasvlakte 2 Tanklager an Tanklager, Raffinerie an Raffinerie. Nördlich des Flusses liegt auf einer kompakteren, aber vergleichbar großen Fläche (die auf dem Satellitenbild an den silbrigen Strukturen zu erkennen ist) eine der größten Gewächshauslandschaften Europas. Gemeinsam bilden sie ein fossil-ökologisches System.

Denn in den Raffinerien fallen nicht nur Produkte an, sondern auch massenweise CO_2, und wie in jedem Stoffwechsel kann der Abfall des einen als Rohstoff des nächsten Prozesses dienen. Hunderttausende von Tonnen CO_2 werden durch ein mehrere Hundert Kilometer langes Pipelinesystem unter der Maas hinweg in die Gewächshäuser am nördlichen Ufer gepumpt und dort von Tomaten, Gurken und Salat verstoffwechselt. Buchstäblich essen wir auf diese Weise Öl. Also nicht nur indirekt über die Energiebilanz der industrialisierten Landwirtschaft, die über Transport, Kunstdünger, Heizung und Maschineneinsatz längst weniger vom Sonnenlicht als von fossiler Energie lebt, wie in obigem Zitat bereits zum Ausdruck gebracht.[5] Mit den Produkten derartiger Gewächshäuser nehmen wir konkret fossilen Kohlenstoff aus Öl in
→230 unsere Körper auf. [→ True Oil]

Auf 400 000 Tonnen Industrie-CO_2 pro Jahr schätzt die Linde Group den Beitrag der Shell Raffinerie zum holländischen Gemüse. Und anders als sonst haben petrochemische Unternehmen hier ein besonderes Interesse, ihren Eingriff in die Ökosysteme der Umgebung zu preisen. Aus einem gefährlichen wird ein nützliches *greenhouse gas*: »Um zu wachsen, brauchen Pflanzen Kohlendioxid. Je mehr sie bekomnen, desto besser«, wird im Projektumfeld stolz berichtet.[6] Der Verbrauch einer Großstadt mit 150 000 Einwohner*innen werde vermieden, wie es auf der Website der Linde Group heißt,[7] seit die Raffinerien ihr CO_2 nicht mehr in die Atmosphäre abgeben und die Gewächshäuser nicht mehr zur Wachstumsförderung und CO_2-Erzeugung selbst Erdgas verbrennen – was impliziert, dass wir auch schon zuvor, ebenfalls ohne es zu wissen, fossilen Kohlenstoff, dann eben aus Erdgas, gegessen haben.

Der ökologische Wert der Rotterdamer Intervention leuchtet einerseits ein. Ein verschwenderisches und umweltbelastendes System wird durch das Verlegen einer Pipeline geschlossen und seine Emission vermindert. Andererseits muss man sich fragen, wo das eigentlich hinführt und wie nachhaltig es ist, wenn die metabolische Nische der Spezies Mensch systematisch und mit vollem Bewusstsein um fossile Nahrungsmittel erweitert wird. Dass Sellerie-Erzeugnisse in Lebensmitteln gekennzeichnet werden müssen, Raffinerie-Erzeugnisse im Salat aber unerwähnt bleiben, sollte evolutionär besorgte Verbraucherschützer alarmieren.

1859
1945
1947
1957
1958
1959

Oleoviathan

Feiern Stoffe Geburtstag? Im Jahr 1959 jedenfalls erschien eine Werbung zum Jahrestag der legendären Bohrung des Colonel Drake in Titusville im Stile einer Geburtstagspostkarte. Das Geburtstagskind muss einhundert Kerzen ausblasen, die, wie die Werbung erklärt, im Jahr 1959 nicht mehr aus Bienenwachs oder Walöl [→ Plankton] geformt sind, sondern aus modernem, erdölbasiertem Stearin. → 194

Angesichts der urzeitlichen Herkunft des Öls und auch angesichts einer langen Kulturgeschichte dieses Stoffes, die von ersten babylonischen Bitumen-Skulpturen über das Griechische Feuer der Antike, die burmesischen Öldynastien des Mittelalters bis zu den parallel zu und teils sogar früher als Titusville verlaufenen Industriegeschichten Niedersachsens, Galiziens und Aserbaidschans reicht, mag die Fiktion eines datierbaren »Geburtstages« des Öls absurd erscheinen. Zumal die Sondernummer der Zeitschrift *Petroleum Engineer* von 1959, aus der die Werbung stammt, einen der wichtigsten Vorläufer des Drake'schen Gründungsakts durchaus indirekt erwähnt.[1] Immer wieder ist in den hier versammelten Grafiken ein heute fast vergessener, aber historisch unverzichtbarer Schrittmacher der ersten Phase der Petromoderne zu sehen, die vom Lemberger Apotheker, Erfinder und politischen Aktivisten Ignacy Łukasiewicz 1853 entwickelte Petroleumlampe. Fast als Symbol der Aufklärung taucht die Lampe im *Petroleum Engineer* auf, als Öllicht, das an seinem »Geburtstag« 1859 paradoxerweise schon gebrannt haben muss.

Dennoch lässt sich die Torte als wertvolles Zeitzeugnis lesen. Dass zwar unscharf erinnerte, aber wiederholt vorgetragene Erzählungen Fakten schaffen, gehört bekanntlich zu Familienfesten und runden Geburtstagen dazu. Wenn man nur lange und oft genug an die pennsylvanische Geburtsstunde des Erdölzeitalters erinnert hat, dann ist sie irgendwann Fakt, wie die bis heute kanonische Fassung der Ölgeschichtsschreibung zeigt.[2] Andererseits ist ab 1859 in Pennsylvania und später an den Stränden Kaliforniens und in den Ebenen von Texas, tatsächlich ein Wesen herangewachsen, das etwas grundlegend Neues darstellte, ein technisch-sozialer Lebensstil, der auf der Verausgabung von möglichst viel Energie basiert, der *American Way of Life*.

Anders als bekannte Formen der Zeitrechnung, egal ob das römische »ab urbe condita« oder das »nach Christi Geburt«, definiert die Torte aber keine Stunde Null. Die Aus-
→ 262 schließlichkeit religiöser neuer Zeitalter [→ Burning Man] wäre hier nicht angebracht. Immerhin ist dieser Spross der Geschichte eng mit parallelen, knapp vorher oder nachher auftretenden Gestalten verwandt, wie etwa der »Moderne«, dem »Industriezeitalter«, dem »Zeitalter der Kohle«. Und alle Besucher des Familienfestes wissen um die Verwandtschaften dieses besonders vitalen Sprosses.

Die Umstände seiner Geburt und seines Heranwachsens sind Teil der modernen Mythologie und darum weithin bekannt. Er entstand aus dem Zusammenspiel des Rohstoffs Erdöl mit einer auf allen Ebenen – technisch, wirtschaftlich, wissenschaftlich, militärisch – expandierenden US-amerikanischen Gesellschaft, die sich anschickte, zum mächtigsten

Land der Erde aufzusteigen und das 20. Jahrhundert als amerikanisches Jahrhundert in die Geschichte eingehen zu lassen. Die Personifizierung des Erdölzeitalters, von der die Torte im heiteren Medium der Werbegrafik handelt, ohne die Person selbst im Bild zu zeigen, kann entsprechend als symptomatischer, aber darin treffsicherer Hinweis auf die Urwüchsigkeit, die Lebendigkeit, die Handlungsmacht dieses Wesens gelesen werden. Was hier gefeiert wird, ist ein technisch-organischer, fossil-moderner, gesellschaftlich-politischer Superorganismus, ein – in Anlehnung an die schon alttestamentarische Chiffre für unheimliche Allmacht – Oleoviathan.[3]

Nach Menschenbegriffen mag der hundertste Geburtstag bereits das Greisenalter anzeigen, im Fall des Erdölzeitalters markiert er den Eintritt in eine Phase allerhöchster Vitalität. In alle Lebensbereiche, nicht nur in Krieg und Mobilität, sondern auch in Pharmazie, Kosmetik und Design ist das Erdöl in den 1950er-Jahren hineingewachsen. Nach Überzeugung des in den Vereinigten Staaten lehrenden britischen Historikers Ian Morris besteht ein notwendiger Zusammenhang zwischen der Ausbreitung der Nutzung fossiler Rohstoffe und der Durchsetzung freiheitlicher und egalitärer Werte. Er schlägt vor, diese »Fossilenergiewerte« zu nennen, statt sie wie üblich als »westliche Werte« zu bezeichnen: »Freiheitliches Denken und Demokratie haben sich in aller Welt verbreitet, weil die Industrielle Revolution die ganze Welt erfasst hat, und weil freiheitliche und individualistische Werte in Industria am besten funktionieren, haben Menschen in aller Welt sie in unterschiedlichem Maße übernommen.«[4] Der Oleoviathan wäre demnach ein lupenreiner Demokrat. Der an der Columbia University lehrende Politologe und Arabist Timothy Mitchell zeichnet dagegen ein deutlich anderes Bild.

Nach seiner Analyse führten die spezifischen Förder-, Verteilungs- und Verwertungsmöglichkeiten des Erdöls mit ihren dezentralisierenden Tendenzen zu einer schrittweisen Zurücknahme der demokratischen Errungenschaften, die im Zeitalter der Kohle erkämpft wurden, das durch zentralisierte Großtechnologien und entsprechende Verwundbarkeit durch Streiks und Sabotage gekennzeichnet war.[5]

Die Werbegrafik jedenfalls imaginiert den Geburtstagsriesen als einen den Menschen dienstbaren Geist, den man gern mit an den Festtisch bittet. In seinen jungen Jahren muss er aber ein ziemlich ruppiger Geselle gewesen sein. Der Name John D. Rockefeller, der sich mit der ersten Boomphase des industriellen Amerika verbindet und den großen Einfluss der Erdölindustrie auf die US-amerikanische Innen- und Außenpolitik begründet, steht bis heute sprichwörtlich für Monopolkapitalismus und skrupellose Geschäftspraktiken. Die von Rockefeller 1870 gegründete Standard Oil Company ist so etwas wie das Gespenst des aufziehenden globalen Kapitalismus, das Pablo Neruda 1940 in seiner Gedichtsammlung *Canto General* folgendermaßen beschwört:

> Ein Präsident, ermordet / wegen eines Tropfens Erdöl, / eine Hypothek auf Millionen / von Hektaren, eine übereilte / Erschießung an einem versteinten / Morgen voll tödlichen Lichts, / ein neues Konzentrationslager / für Rebellen in Patagonien, / ein Verrat, ein Waffengeplänkel / unterm Petroleummond, / ein findiger Ministerwechsel / in der Hauptstadt, ein Gerücht / wie eine Erdölflut, / und dann der Tatzenhieb, und du kannst sehen, / wie über den Wolken, / über den Wassern, an deinem Haus / die Buchstaben glänzen der Standard Oil, / ihre Machtgebiete erhellend.[6]

Ein anderer wichtiger literarischer Text, der die petrokapitalistischen, neokolonialen Mechanismen in jenen frühen Jahren der Petromoderne beschreibt, ist der 1929 erschienene Roman *Die weiße Rose* von B. Traven. In ihm geht es um die skrupellose Übernahme einer mexikanischen Hazienda und deren Umwandlung in ein Erdölfördergebiet durch ein US-amerikanisches Erdölunternehmen. Über diese (fiktive) Firma heißt es gleich zu Anfang:

> Da die Condor Oil Company nicht durch ihr Kapital und nicht durch die Zahl und den Reichtum ihrer produzierenden Brunnen in die vorderste Reihe der gigantischen Ölkompanien konnte, so mußte sie den zweiten Weg einschlagen: mehr ölverdächtiges Land zu gewinnen, als irgendeine andere große Kompanie besaß. (...) So läßt sich leicht erklären, daß es keine Untat gab und kein Verbrechen, das die Agenten, die im Auftrag der Kompanie des Land heranschaffen sollten, nicht verübt hätten, um, wenn es der Kompanie notwendig erschien, das gewünschte Land zu erhalten.[7]

Als integrierter, multinationaler Erdölkonzern, als mit vielen Organen ausgestatteter Superorganismus, der sich in Politik, Militär und Geheimdienste einmischt, ist die Standard Oil die vielleicht griffigste Verkörperung der dunklen Seite des Oleoviathan. Selbst nach deren Zerschlagung durch den Obersten Gerichtshof der Vereinigten Staaten im Jahre 1911 blieb er durch ihre Abkömmlinge quicklebendig. Die Standard Oil of New Jersey (Esso), Standard Oil of New York (Socony), Standard Oil of Indiana (Amoco), Standard Oil of Ohio (SOhio) und Standard Oil of California (Chevron) rangierten weiterhin unter den größten Ölunternehmen der Welt. [→ Atlas] →007

Ende der 1940er-Jahre überschwemmten neu erschlossene, gigantische Ölquellen auf der Arabischen Halbinsel den →131 Markt. [→ Unbezahlbar] Die Lebensform des Oleoviathan spitzte sich noch einmal auf entscheidende Weise zu. Erstmals in der Geschichte der Menschheit gab es signifikant mehr Energie, als mit bis dahin gewohnten Verhaltensmustern verbraucht werden konnte. Über extra große Motoren und massenhaft hergestellte petrochemische Produkte wurde Öl in allen Lebensbereichen verankert, erhöhte Absätze sollten den Preis stabil halten.[8] Als »größte Explosivkraft der Menschheitsgeschichte« beschreibt Georges Bataille 1949 die US-Industrie mit ihren kaum mehr abzubauenden Überschüssen.[9]

Nicht Knappheit, sondern Überfluss wird zum Problem, das nur über einen zum Prinzip erklärten Kult der Ver- →230 schwendung gebändigt werden kann. [→ True Oil] Dieser Kult wirkt bis heute. Mit nur fünf Prozent der Weltbevölkerung verursachen die USA 20 Prozent des Weltenergieverbrauchs. Noch kein amerikanischer Präsident konnte den Oleoviathan bändigen, der letzte, der es als Reaktion auf die Ölkrise der 1970er-Jahre versuchte, und nicht zuletzt darüber stolperte, war Jimmy Carter. Seit seinem Nachfolger Ronald Reagan sind Verbrauch und Produktion wieder ungebremst. Der aktuelle Öl-Boom durch Fracking – eingeleitet durch die Politik Barack Obamas und zu alter, ungezügelter Größe ge- →062 bracht durch den Ölpräsidenten Trump [→ Männer und Erdöl] – hat die USA erneut an die Spitze der erdölproduzierenden Länder befördert.[10]

Mit dem Abstand von mittlerweile wiederum 60 Jahren ist also mehr als unklar, ob 1959 ein freundliches Geburtstagskind geladen war oder eine schwer zu besänftigende »Hydrocarbon-Hydra«, der eine gigantische Torte geopfert werden musste, damit nicht noch Schlimmeres passiert.

Durchbohrte Erde

Ist das die Rache für die dauernde Verwechslung von Austria und Australia? Schoeller-Bleckmann Tiefbohrtechnik aus Wien, noch heute als Schoeller-Bleckmann Oilfield Equipment AG (SBO) Weltmarktführer bei nichtmagnetischen Bohrstrangkomponenten, wirbt in den 1960er-Jahren mit einer Bohrung durch den gesamten Erdball für seine »Anlagen und Werkzeuge für den modernen Bohr und Förderbetrieb«.

Die Werbegrafik, zu sehen auf der nächsten Doppelseite, trifft einen zentralen Punkt planetarischer Technik. Unter den diversen Phänomenen, die im Rahmen der Anthropozän-Diskussion als Marker für den Eintritt des Planeten in ein neues Erdzeitalter vorgeschlagen wurden, befindet sich neben der Verteilung radiokativer Isotope infolge von Atombombenexplosionen [→ Exploration] → 023 oder der globalen Sedimentierung des Plastiks [→ Gesang vom Styrol] → 214 auch das Bohren tiefer Löcher. Es ist eine weniger bekannte, aber ebenfalls über lange Zeiträume kaum mehr zu tilgende Aktivität. Hier geht es nicht um den Eintrag einer menschengemachten Substanz, sondern im Gegenteil um das Herausarbeiten von Stoffen. Während Dachse und Kaninchen einige wenige Meter tief graben und Krokodile auf maximal zwölf Meter tiefe Höhlen kommen, sind Menschen seit den frühesten Steinzeiten auch als Bergleute aktiv. Ganze Gebirgszüge wurden über Jahrtausende auf der Suche nach Salzen und Erzen durchlöchert.

Mit der Moderne aber etabliert sich eine neue, deutlich intensivierte Form des Löchermachens und damit auch des unterirdischen Landschaftmachens, der Bergbau auf Ener- → 269 gieressourcen. [→ Hl. Barbara] Während der Kohlebergbau im Tage- wie im Stollenbau zwar ganze Landstriche umgräbt, aber doch auf bestimmte Reviere begrenzt bleibt, verteilt sich die Öl- und Gasextraktion auf unterschiedlichste Landschaften in zahllosen Regionen rund um den Globus und produziert im Boden, auf dem Land und auf dem Grund der Meere charakteristische, beinahe unverwüstliche Zeichen: kreisrunde Bohrlöcher, oft bis in mehrere Kilometer Tiefe. Und während an der Oberfläche Erosion die Spuren von Menschen vergleichsweise schnell zu verwischen vermag, werden diese tiefen, unterirdischen, künstlichen Strukturen → 182 über geologische Zeiträume kenntlich bleiben. [→ Weltkulturerbe] Zusätzlich zu der schichtbildenden Aktivität des Menschen kommt damit eine schichtenverbindende.

Der Umfang dieser Menschentätigkeit sprengt fast die Vorstellungskraft und benötigt entsprechend kosmische Vergleiche. Seit Beginn der Erdölmoderne wurden allein im Bereich der Bohrungen auf Kohlenwasserstoffe – die allerdings den weitaus größten Teil aller Bohrungen ausmachen – ungefähr 50 Millionen Kilometer Bohrlochstrecke produziert.[1] Eine derartige Schätzung ist möglich, weil nicht nur Firmen gern den 200 000sten gebohrten Meter einer Bohranlage feiern, sondern weil auch staatliche Bergbaubehörden derartige Angaben sammeln, die dann in jährlichen Berichten veröffentlicht werden. Die gesamte Länge aller globalen Straßen- → 249 netze oder die Entfernung von der Erde zum Mars [→ Raumfahrt] wurde damit von Bohrern auf der Suche nach Öl und Gas durchquert. Pro Erdenmensch sind das gut sieben Meter.

Um sich ein Bild von dieser Strecke zu machen, erscheint Schoeller-Bleckmanns Werbegrafik aus den 1960er-Jahren also eher unter- als übertrieben. Nicht nur einmal durch den gesamten Globus, sondern ungefähr viertausendmal von Austria nach Australia wurde von Angehörigen der Spezies *Homo sapiens perforans* hindurchgebohrt.

Schlumberger

Auf dem Betriebsgelände der Schlumberger Limited in Punta Arenas in Chile steht, wie auf dem Bild auf der Folgeseite zu sehen, ein Messtruck: eines jener Fahrzeuge, mit denen der Weltmarktführer seit den Pioniertaten des elsässischen Firmengründers Conrad Schlumberger aus den 1920er-Jahren Bohrlochmessungen vornimmt. Ebenso improvisiert wie sorgfältig steht das Fahrzeug auf einer Kunststofffolie, um den mit feinem Schotterbruch verfüllten Abstellplatz nicht zu berühren.

Die Paradoxie ist offensichtlich. Eine massive technische Vorrichtung, die dazu dient, kilometertief in die Erde hineinzumessen [→ Exploration], um geophysikalisch und mittels aus- →023
gefeilter, global vernetzter Rechentechnik das Innerste von Gesteinsschichten lesbar zu machen, wird wie auf dem Operationstisch von ihrer konkreten Umgebung abgeschirmt. [→ Gesang vom Styrol] Der technische Riese macht sich zum →214
schüchternen Zwerg.

Das Kalkül ist folgendes: Der kontrollierte, wissenschaftlich exakte und juristisch abgesicherte Eingriff in den Untergrund soll nicht dadurch gefährdet werden, dass Spuren schädlicher oder gar toxischer Substanzen, mit denen die Truckräder in der Nähe der Bohrlöcher in Kontakt geraten sein könnten [→ Spülung], unkontrolliert verbreitet werden. →028
Die Sorge um die Proliferation materiell-chemischer Spuren auf einem Parkplatz konterkariert die globale Zirkulation

Schlumberger
7044
Schlumberger

und Kontamination mit den Produkten der Industrie, die aus dem hier gewonnenen Wissen schöpft. Aber tatsächlich bilden genau die Abschirmung, Diskretion und das penible Einhalten von Regeln einen Kern des Funktionierens dieser Art von Unternehmen.

Was in den 1920er-Jahren mit vergleichsweise einfachen Messsonden an langen Stahlseilen begann, die über Taster die elektrischen Widerstände im Gestein des Bohrlochs und damit die Art des Gesteins vermessen konnten, hat nicht nur eine Wissenschaft gestiftet, sondern bildet einen tragenden Pfeiler der Ölindustrie. Die von den Tankstellen und Börsennachrichten bekannten Konzerne sind ohne Spezialunternehmen wie Schlumberger und die hier akkumulierten Kompetenzen nicht handlungsfähig. Nach Marktkapitalisierung und öffentlicher Wahrnehmung führende Marken haben die technologische Vorherrschaft längst verloren und müssen die entsprechenden Leistungen bei *hidden champions* einkaufen.

Der kommerzielle Erfolg dieses Spezialwissens, davon berichtet der Messtruck im aseptischen Plastikkleid, hängt aber mittlerweile nicht mehr nur an der möglichst lückenlosen, möglichst vollständigen Erschließung von Öl- und Gaslagerstätten allein. Nur ein minimalinvasiver Eingriff in den Erdkörper ist eine gute Invasion. Ohne Rücksicht auf ökologische Umgebungen wäre global engagierten und damit auch global beobachteten Unternehmen oft kein Abbau von Öl und Gas mehr möglich. Es liegt im eigenen Interesse gerade der lukrativsten und innovativsten Unternehmen, möglichst wenige Spuren abseits der geplanten Eingriffe zu hinterlassen. Immerhin geht es ja um derart massive Aktivitäten, dass gezielte Verbesserungen auch große Unterschiede machen

können. Im Effekt kann das dazu führen, dass ausgerechnet Unternehmen der Erdölwirtschaft in Weltgegenden mit nur lückenhafter staatlicher Kontrolle als Vorreiter umwelttechnischer Regularien auftreten, weil an ihren Standorten sehr →113 viel strengere Regeln eingehalten werden müssen als außerhalb.[1] [→Abenteurer]

Die Schutzhülle, mit der Industrie gegenüber lokalen Umwelten abgeschirmt werden soll, die von genau dieser Industrie nachhaltig gestört werden, wird damit selbst als Mittel der Proliferation, als Membran lesbar. Sie transportiert ganz praktisches Umweltwissen in eine oft von derartigen Sorgen noch kaum behelligte Umgebung hinein. Umgekehrt zeigt sie an, dass inzwischen Kernbereiche einer ihrerseits in der Vergangenheit völlig sorglosen Industrie vom Gedanken infiziert sind, dass wenn überhaupt nur eine veränderte Erdölwirtschaft noch eine Zukunft haben kann.

Abenteurer

Comodoro Rivadavia, Patagonien, 1921. »Ein Wasserfall von Öl das dem Brunnen No 128 den ich mitbohrte entstammt. Ein Selbstspringer war der Brunnen. Wurde nach seiner Produktion der reichste Südamerikas.« Der Verfasser dieser Zeilen auf einer Postkarte ist Otto Ritter von Oppolzer, 1898 in Prag geboren, als Sohn eines 1907 mit nur 38 Jahren an Blutvergiftung verstorbenen Astronomen. Der kinderreichen, nach dem Krieg verarmten Familie in Wien war Otto 1920 nach drei Semestern an der Technischen Hochschule entflohen – und damit auch dem zerfallenen Habsburgerreich –, um am anderen Ende der Welt, im aufstrebenden Weltreich des Öls sein Glück zu suchen. In Argentinien angekommen geht er die Adressbücher nach im Spanischen nicht gebräuchlichen Anfangsbuchstaben durch und landet unter K bei einem deutsch-österreichischen Unternehmen und dann in den 1907 entdeckten Ölfeldern um Comodoro Rivadavia. Als Hilfsarbeiter heuert er an und erwirbt ein auf keiner Universität gelehrtes Praxiswissen. Als er 1934 nach Weltwirtschaftskrise und diversen unternehmerischen Abenteuern nach Österreich zurückkehrt, trägt er den Titel des Ingenieurs und Bohrmeisters. In den zeitgleich im Wiener Becken erschlossenen Ölfeldern [→ Bohrprotokoll] wird er schnell unersetzlich. → 016 Ohne »Ariernachweis«, aber mit NS-Spezialdokumenten des »Beauftragten für die Förderung der Erdölgewinnung« Prof. Alfred Bentz ist er in Kriegszeiten in Österreich,

Italien und Albanien unterwegs. Partisanen im Apennin entkommt er als »Argentinier«. Beim Einmarsch der Sowjets in Niederösterreich evakuiert er strategisch wichtiges Bohrgerät und stillende Mütter. Der Macho, Raufbold und hochgeachtete Fachmann ist bis zu seinem Tod 1969 in allen wichtigen Wiener Firmen aktiv. Als einer der schillerndsten Ölpioniere Österreichs wird der »Ziegelwerksbesitzer, Bohrmeister, Zirkusartist« in Nachrufen gewürdigt. 1956 wurde er als »Ing. Pacher« sogar Hauptfigur eines Romans, in Othmar →062 Langs *Männer und Erdöl*[1] [→Männer und Erdöl].

Und Oppolzer ist in guter Gesellschaft. Gleich mehrere schillernde Biografien hängen in Österreich am Öl. So etwa die des kanadisch-österreichischen *Oilman* Richard Keith van Sickle. Mitteleuropa ist hier weniger der Ausgangs- sondern vielmehr der Zielpunkt abenteuerlicher Reisen. 1899 kommt er in der rumänischen Ölstadt Câmpina zur Welt, als Spross einer ursprünglich schottisch-hugenottischen Familie. Vater und Onkel hatten in den 1880er-Jahren erste Bohrerfolge in der Ortschaft Petrolia im kanadischen Ontario gefeiert, waren dann über Reviere in Polen und Australien nach Rumänien gezogen. Mitte der 1930er-Jahre erwirbt Keith van Sickle Claims in Österreich, aber schon 1937 muss er unter Druck einen Teil an die Deutsche Petroleum AG abtreten. Just hier und in deren Auftrag erbohrt van Sickle dann nach dem »Anschluss« St. Ulrich 1, die ergiebigste Ölquelle auf dem Gebiet Großdeutschlands. Während eine Doppelvollmacht an seine Geliebte Elfriede Krasa und an Verwalter Hermann Fritsche den Kriegsbetrieb regelt, kämpft er selbst auf der anderen Seite der Front genau gegen dieses Öl. Schon aus dem Ersten Weltkrieg hatte er ein Training als Pilot, ab 1939 ist er als Major der British Army im Corps der Royal

Engineers in Nordafrika und später als Oberstleutnant und Öl-Attaché in Bagdad und Teheran. In London legt derweil die deutsche Luftwaffe die einst als Hypothek für die österreichischen Claims genutzte Villa der Gattin in Schutt und Asche. Über Indonesien kehrt van Sickle 1945 nach Wien zurück. Seine Ölfelder liegen in der sowjetischen Zone, aber van Sickle ist aus Teheran den Umgang mit Sowjets gewohnt und bietet Paroli. Aufgrund russischer Tipps erwirbt er eine prächtige Villa in Baden und wird namentlich im Staatsvertrag genannt, der 1955 die Unabhängigkeit Österreichs garantiert. [→ Bohrprotokoll] 1961 stirbt er, das Unternehmen wird → 016 noch in die nächste Generation weitergeführt.[2]

Öl treibt Motoren an, es treibt aber auch Biografien, gestern und heute. Die Ressource ist flüssig und erfordert im Gegensatz zum Kohlebergbau nur wenig Personal. Aber auch Öl strömt nicht von selbst aus der Tiefsee, Wüste oder Tundra in die urbanen Zentren, Tankstellen und Chemiefabriken. Um den Rohstoff zu fördern, sind einerseits lokale und oft schlecht bezahlte Hilfskräfte im Einsatz, dazu kreisen globale Spezialisten von Förderplattform zu Förderplattform, von Firmenzentrale zu Chemielabor. [→ Schlumberger] → 109

Der Einsatz mobiler Techniker ist im Rohstoffwesen kein nur modernes und kein nur auf Wildwestzeiten beschränktes Phänomen. Bergbaustädte ziehen schon im Mittelalter wagemutige Gestalten von überall her in entlegene Regionen. Allein die Vokabel »Bergbau« lässt ahnen, dass besondere Ressourcen eher an unwegsamen Peripherien als in bequemen Ebenen zu finden sind. Sich an den geografischen und sozialen Rändern der Zivilisation durchzuschlagen, das Risiko, fern der Heimat zu stranden, gehört zum Mythos der Goldgräberbiografie wie plötzliches Glück.

Ein Monument der Gestrandeten ist *Lohn der Angst*[3]. Der Autor des Romans von 1950, Georges Arnaud, war selbst nach einem zweifelhaften Freispruch in einer Mordanklage nach Südamerika geflohen und hatte sich in der Ölwirtschaft Venezuelas verdingt. Schreibend kehrte er zurück und landete einen Beststeller, 1953 mit Yves Montand verfilmt von Henri-Georges Clouzot. Vier Desperados, die aus guten Gründen Europa den Rücken gekehrt hatten, die in Lateinamerika alles riskiert und alles verloren haben, lassen sich auf ein Himmelfahrtskommando ein, in der Hoffnung auf ein Flugticket nach Europa. Zwei LKW, beladen mit hochexplosivem Nitroglyzerin, sollen durch Dschungel und Wüstenei zu einer brennenden Ölquelle gesteuert werden, um diese
→062 per Sprengung zu löschen. [→Männer und Erdöl] Einer kommt durch, die Sprengung gelingt, aber selbst er wird nicht überleben. »Deine Anstrengung ist zu nichts mehr nütze, nur dem Petroleum hat sie gedient«, ruft Arnaud auf der letzten Seite dem in den Abgrund Gestürzten nach. Der Befund ist radikal: Technik und Energie dienen nicht dem Menschen. Ein Fazit, das auch B. Travens Roman *Die weiße Rose* zieht: »Was kümmert uns der Mensch? Wichtig ist nur das Öl.«[4] [→Oleoviathan])
→099

Umgekehrt treibt das Verheizen von Biografien eine Industrie voran. Arnauds Fabel folgt hier einem der dramaturgischen Grundprinzipien der Petrochemie: der Katalyse.
→049 [→Molekulare Mobilisierung] Auch Katalysatoren gehen nur in der Theorie unverbraucht aus einem Prozess hervor. In der Praxis sind sie nach einigen Zyklen verbraucht und müssen aufwendig wiederbelebt werden.

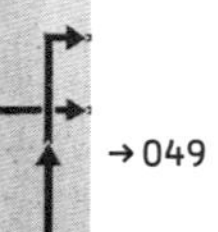

Kommandos wie in *Lohn der Angst* sind in der hochregulierten Erdölwirtschaft der Gegenwart kaum mehr denkbar. Jede Nervosität des Fahrers würde von der Bordelektronik

Ein Wasserfall von Öl das dem
Brunnen No 128 den ich
mitbohrte entstammt.

POST CARD

VELOX
PLACE
STAMP
HERE
VELOX

CORRESPONDENCE

ADDRESS

Ein Selbstspringer
war der Brunnen.

Wurde nach seiner Produktion
der reichste Südamerikas.
Ganz Argentinien schreit über
den Reichtum, den so oft
prahlerisch erwähnten, dieses Landes.

sofort registriert und als Sicherheitsrisiko eingestuft. Aber das Heer der in Diensten des Öls Gestrandeten war wohl nie größer als heute, rechnet man als Wiedergänger der Nachkriegseuropäer in Südamerika die aus Südost- und Südasien in die Extraktionsregime der Golfregion migrierten und dort unter üblen Bedingungen sich verdingenden Arbeitskräfte
→131 mit ein. [→Unbezahlbar]

Die Oppolzers und van Sickles der Gegenwart reisen anders. Sie pendeln nicht nur einmal im Leben sondern einmal im Monat um den Globus: *Fly-in, fly-out,* Migration im Wochentakt und ohne Romantik. Nach vierzehn Tagen in aseptischen Offshorecontainern stehen tagelange Rückflüge zum Familienwohnsitz an, bis ein neuer Zyklus beginnt. Ein globales Netzwerk an Lounges wird Beschäftigten in Öl und Gas in Form der *Flying Blue Petroleum Card* von KLM und Air France geboten, an 108 Standorten zwischen Edmonton, Taschkent und Buenos Aires, und insbesondere an Orten, deren technische Bedeutung ihre touristische Bekanntheit weit übersteigt und an denen westliches Ingenieursleben außerhalb geschützter Zonen schwer vermittelbar wäre: Antananarivo, Abuja, Bata, Cotonou, Douala, Entebbe, Lomé, Niamey, Nouakchott etc. Der *Flying Blue Petroleum Club* zeigt eine der wenigen globalen Businesslandkarten, auf denen Afrika mit 27 Destinationen eher über- als unterrepräsentiert ist. Exklusivität als Ausdruck extraktiver Brutalität.
→155 [→Petroporn] Nicht der Saloon oder die Spelunke, sondern die *Flying Blue Petroleum Lounge* markiert heute die *frontier* der konzernangestellten Goldgräber. Aber ob man hier noch Geschichten von Zirkusartisten, Ziegelwerksbesitzern und Glücksrittern hört, ist fraglich.

Baku

Sonnenschirme, Pelzmützen und Matrosenanzüge – wie in einer falschen Filmkulisse posiert eine multikulturelle bürgerliche Gesellschaft vor einem echten Höllenfeuer.

Marianne Zielinska-Wischin schreibt 1902 eine Postkarte aus Baku nach Leoben in Österreich, an ein damals wie heute akademisches Zentrum der Erdöl- und Montangeologie. Sie selbst ist – wohl mit ihrem Ingenieurs- oder Geologengatten – in Baku und damit im damaligen Weltzentrum dieser Wissenschaft angekommen. »Brennende Naphtaquelle« steht als Bildlegende am rechten oberen Rand der Postkarte. [→ Brennender Acker] →209

Wie eine brennende Erdölquelle aussieht, muss in Baku zu dieser Zeit niemandem erklärt werden. Im Jahr der Postkarte weist die Welthandelsstatistik für Baku Erdölproduktion im Volumen von 11 Millionen Tonnen aus, für das übrige Russland 500 000 Tonnen, die Vereinigten Staaten 10 Millionen Tonnen, die österreichische Provinz Galizien 573 400 Tonnen, die Sundainseln, also Indonesien, 380 000 Tonnen, Rumänien 320 000 Tonnen, Indien 180 000 Tonnen, Japan 120 000 Tonnen, weit abgeschlagen auch Deutschland mit 50 000 Tonnen, Südamerika mit 15 000 Tonnen etc. Knapp die Hälfte also der Weltjahresproduktion im Jahr 1902 von 23 141 200 Tonnen stammt aus der Stadt am Kaspischen Meer.[1] In der Geschichte des Öls hat es eine derartige Konzentration danach nie wieder gegeben.

In weiter zurückliegenden Jahrhunderten wäre wohl von einer nochmals herausgehobeneren Sonderstellung zu berichten gewesen, hätte es bereits Welthandelsstatistiken gegeben. Von schwarzem, gelbem, vor allem aber von weißem Öl – »wie Jasminöl« –, das sich im Umkreis der Stadt in zahlreichen Quellen finde, wird in orientalischen Schriften schon aus dem 10. und 13. Jahrhundert berichtet, und auch Marco Polo hat im Jahr 1270 Baku gesehen: »Nördlich von Armenien liegt Zorzanien. In der Nähe der Grenze dieses Landes gibt es eine Ölquelle, die große Mengen Öl abgibt, so daß man damit viele Kamele beladen kann. Im Nachbarland brennt man nichts anderes in den Lampen als dieses Öl, und die Menschen kommen von weither, um es sich zu holen.«[2]

Von zweihundert mit Öl bepackten Kamelkarawanen pro Tag berichtet Abd al-Rashid al-Bakuwi im 15. Jahrhundert, zu einem Zeitpunkt also, an dem zwar nachweislich schon an vielen anderen Orten der Welt Erdöl verwendet wird, aber doch in weitaus bescheideneren Mengen.[3] So wird etwa von vierzig Litern pro Tag berichtet, die die Benediktinermönche des oberbayerischen Klosters Tegernsee zu Heilzwecken an der St.-Quirins-Quelle schöpfen.[4]

Gegenstand religiöser Verehrung sind offen brennende Gasfelder rund um Baku schon seit Urzeiten, als »Land der brennenden Feuer« – so eine Übersetzung für »Aserbaidschan« – ist die Gegend seit Jahrhunderten auch eines der Zentren der Zoroastrier und Parsen. Bis ins 19. Jahrhundert ist der Zoroaster-Tempel »Atashgah« mit lokalen Gasflammen in Betrieb. Ausgerechnet die Ölbohrungen von Ludvig und Robert Nobel – Brüder des heute sehr viel bekannteren Dynamitmagnaten und Preisstifters Alfed Nobel – in unmittelbarer Nähe genau des Tempels, den sie sich zum Logo ih-

Baku, 1/XI. 14/XI. 1902.

Brennende Naphtaquelle

Grüße von,
Marianne Zelinska – Wienkin

Für Ihre liebe Karte besten Dank.
Die liebe Mama ist Gott sei Dank
schon wieder ganz gesund. Haben
die Unterhaltungen in Leoben
schon Ihren Anfang genommen.
Wünsche Ihnen recht viel Vergnügen zu denselben. Freundliche

rer Firma Branobel auserkoren hatten, drehen der spiritue
len Flamme das Gas ab. Heute brennen die Flammen wiede
im zum nationalen Kulturerbe erhobenen Tempel, allerding
mit Gas aus der städtischen Gasleitung.

Von der Peripherie dreier Weltreiche – des Osmanischer
des Persischen und des Russischen – rücken die Ölqueller
von Baku im 19. Jahrhundert ins Zentrum der Petromoderne
als auch der Rest der Welt das Erdöl als Wunderstoff entdeck
Die Nobels etwa waren auf der Suche nach kaukasischer
Walnusshölzern für eine ihrer Gewehrfabriken hierherge
kommen und am Öl hängengeblieben. Ob eigentlich Baku
und nicht das in allen Erdölgeschichten genannte Titusville
Pennsylvania, der Ort ist, »an dem das moderne Erdölzeital
ter begann«, wie der Energiehistoriker Vaclav Smil schreibt[5]
→099 sei dahingestellt. [→Oleoviathan] Fest steht, der Ort wird in de
zweiten Hälfte des 19. Jahrhunderts zur Erdölhauptstadt de
Alten Welt, zur Petropolis des Fin de Siècle. In Scharen kom
men internationale Spezialisten nach Baku sowie eine meh
und mehr selbstbewusste Arbeiterschaft aus den Staater
der Region, ein echter Schmelztiegel der Kulturen am Kreu
zungspunkt von Orient und Okzident, von Nord und Süd
von proletarischer und bürgerlicher Moderne. Lokales und
nationales Unternehmertum von Aserbaidschanern, Arme
niern und Russen profitiert ebenso von den juristischen Re
formen Zar Alexanders II., die eine bürgerliche Ölindustrie
erst ermöglichen, wie internationales Unternehmertum de
Rothschilds und Nobels. Technische Innovationen wie de
von den Nobels entwickelte »Zoroaster« – um 1878 der ers
te Öltanker der Geschichte, weitere heißen »Buddha«, »Mo
hammed« oder »Sokrates« – oder die erste Fernpipeline nach
→040 Batumi am Schwarzen Meer folgen. [→Pipeline]

Das in diesem Bereich durchaus funktionierende zaristisch-imperiale Staatswesen erweist sich als segensreich für die Stadt.[6] Innerhalb weniger Jahrzehnte wird aus einer staubigen Kleinstadt in der Wüste eine strahlende, international bewohnte und von internationalen Architekten erbaute Metropole.[7] [→ Tehran Museum of Contemporary Art, → Unbezahlbar] →164 →131 Fernleitungen führen Trinkwasser aus dem Kaukasus heran, Öltanker bringen auf ihren Leerfahrten von Astrachan fruchtbaren Wolgaboden für Parkanlagen mit. Der märchenhafte Reichtum der lokalen wie der internationalen Ölmagnaten ist vor Ort nicht nur sichtbar – in mit Natureis gekühlten Villen, in Casinos, Theatern und vergoldeten Palästen –, er wird auch nachhaltig investiert und fließt in den Aufbau einer modernen diversifizierten Industrie sowie moderner Institutionen der Wissenschaft, Bildung und Kultur. Muslimische Magnaten aus Baku investieren in Mädchenschulen und in eine freie Presse zwischen Syrien und Pakistan. [→ Männer und Erdöl] →062

Zur Revolution 1905 brennen dann die Ölfelder im großen Stil, aber diesmal posiert keine bürgerliche Gesellschaft mit Sonnenschirm vor den Feuern, die Katastrophe ist echt. In Massakern zwischen Armeniern und Aserbaidschanern finden Tausende den Tod. Hunderte von Bohrtürmen werden zerstört, eine Epoche der Blüte geht für die russische wie für die internationale Ölindustrie in Baku vorerst zu Ende. Dass 1907 bis 1909 unter seinem damaligen Kampfnamen »Koba« auch ein gewisser Iosif Dschughaschwili in Baku bei den Erdölarbeitern weilt, dass der spätere Josef Stalin just hier seine »zweite revolutionäre Feuertaufe« erhalten haben will, dass er mit Zeitschriften wie *Bakinski Proletari* und *Bakinskie Rabotschi* (»Der Proletarier von Baku«, »Der Arbeiter von Baku«) agitiert haben soll, passt ins Bild.[8]

Die Welt des alten Orients in all ihren bunten und brutalen Widersprüchen geht dann – wie der aserbaidschanische Schriftsteller Essad Bey schon in der Weimarer Republik in dem jetzt wieder aufgelegten und damals höchst umstrittenen Bestseller *Öl und Blut im Orient* beschrieben hat[9] – für immer verloren. Nach erneuten, von Bey drastisch beschriebenen ethnischen Massakern erklärt im Jahr 1917 die Demokratische Republik Aserbaidschan ihre Unabhängigkeit. Als einer der ersten Staaten weltweit führt das muslimisch pluralistische Aserbaidschan das Frauenwahlrecht ein, die von dem Ölmagnaten Zeynalabdin Taghiyev errichtete Mädchenschule wird Sitz des Parlaments. Nur zwei Jahre später endet die Unabhängigkeit. Baku und Aserbaidschan werden bis → 242 → 182 1991 Teil der Sowjetunion. [→ Schwarzes Quadrat, → Weltkulturerbe]

Großer Sprung nach vorn

Mitten im Winter, im Gestöber dicker Flocken, in wattierten Mänteln, mit Helmen oder Hauben, aber mit bloßen Händen ziehen chinesische Ölarbeiter, sechs Männer und – gemäß asiatisch-chinesischer Farbassoziation – in Rot vermutlich eine Frau, an dicken Tauen. Was sie ziehen und wohin, sieht man nicht. Im Hintergrund wird ein stählerner Bohrturm verlegt, eine ganze Reihe von Stalinez-Traktoren sind vorgespannt, noch weiter im Hintergrund werden weitere Bohrtürme sichtbar. Und nimmt man die Unterschrift ernst, dann ist das alles nur ein Vorgeschmack: »Kampf um die Schaffung von über zehn Daqing-Ölfeldern«, heißt es unbescheiden. Es handelt sich um ein chinesisches Propagandaplakat von 1978 zur Feier der Erdölheroen in der Mandschurei. Ebenfalls in den 1970er-Jahren zeigt Joris Ivens die Arbeitswelt dieser Pioniere in seinem dokumentarischen Mammutwerk *Wie Yü Gung Berge versetzt.*[1] [→ Abenteurer, → Pipeline] → 113 → 040

Unter den sieben größten Erdölproduzenten der Welt findet sich gegenwärtig nach den USA, Saudi-Arabien [→ Unbezahlbar] → 131, Russland [→ Schwarzes Quadrat] → 242, Kanada, Iran [→ Tehran Museum of Contemporary Art] → 164 und Irak auch China. Die Volksrepublik liegt noch vor als Erdölexporteuren weitaus bekannteren Ländern wie den Vereinigten Arabischen Emiraten, Venezuela, Nigeria [→ Petroporn] → 155 oder Kuwait.

Der Aufstieg Chinas in den Kreis der Ölförderländer beginnt noch zu Zeiten Mao Zedongs mit der Entdeckung der

Ölfelder von Daqing Ende der 1950er-Jahre. Nicht zuletzt die dort aus der unwirtlichen, in eiskalten Wintern kaum zugänglichen Steppenlandschaft der Mandschurei geförderte Energie – ungefähr 10 Milliarden Barrel Erdöl bislang – ermöglichte dem Land den Weg an die Spitze der produktivsten Volkswirtschaften der Gegenwart.

Tatsächlich gibt es kaum ein Erz oder Mineral, kaum ein häufiges oder seltenes chemisches Element, das in diesem geografischen Raum – fast so groß wie ganz Europa bis zum Ural – nicht in größtmöglichen Mengen abgebaut werden würde. Dies unterscheidet China von klassischerweise als Erdölökonomien wahrgenommenen Ländern und hebt das Riesenreich auf eine Ebene mit Ressourcengroßmächten wie USA oder Russland. Weltbergbaustatistiken zeigen Spitzenplätze bei Kohle und Eisen, aber auch bei Mangan, Molybdän, Aluminium, bei Gallium, Germanium und Indium. Was in gigantischen Industrierevieren etwa im Pearl River Delta produziert wird, hat hier seine Grundlage. Zudem sind chinesische Minenkonzerne weltweit höchst aktiv, auch auf dem afrikanischen Kontinent.

Die Bandbreite der Güter, die Bandbreite der Stoffe und das komplette Ausschöpfen von Energieressourcen zum Betrieb der industriellen Maschinerie gehören zusammen. Aktuell findet nahezu die gesamte Palette des Mendelejew'schen Periodensystem Anwendung in der Technik, über 70 chemische Elemente (von insgesamt 118, darunter 80 stabilen) sind in die allermeist chinesische Unterhaltungs- und Informationselektronik in unseren Hosentaschen und auf → 255 unseren Schreibtischen verbaut.[2] [→ Daten sind das neue Öl] Dabei ist das bergmännische Umgraben, das verkehrstechnische Umschichten, das chemisch-molekulare Umbauen ganzer Teile der Erdkruste faktisch nicht ohne fossile Energie möglich. Selbst wenn wir also kaum chinesisches Öl an der Tankstelle finden, mit jedem chinesischen Industrieprodukt saugen wir es in unseren Alltag hinein.

Die in den letzten Jahrzehnten mit beispielloser Geschwindigkeit geleistete Mobilmachung des chinesischen Anteils der Erdkruste zeigt, wie ungebrochen die petromoderne Dynamik ist. War etwa in Joris Ivens' Film aus den 1970er-Jahren noch sowjetische Technik in Form der auch auf dem Poster abgebildeten uralten Stalinez-Traktoren zu sehen, so hat das Land heute vormalige Lehrmeister längst hinter sich gelassen. Und wenn entgegen aller klimapolitischen Vernunft und Innovation die globalen Verbrauchszahlen von Öl und besonders von Kohle weiterhin nach oben schnellen und in den letzten drei Jahrzehnten weltweit so viel CO_2 emittiert wurde wie in der gesamten fossilen Moderne seit 1800, dann liegt das in ganz erheblichem Ausmaß an chinesischen Minen und Kaminen.[3]

Welches politisch-ökonomische System aber diese Kamine mit Kohle und Öl befeuert, ob chinesischer Kommunismus oder globaler Kapitalismus, ist eine erstaunlich offene Frage. Beides scheint wahr. Nur in einem Land mit Heerscharen an billigen Arbeitskräften und Ressourcen lässt sich nach alten Regeln des Manchesterkapitalismus produzieren, ob von Apple, Foxconn oder schwäbischen Mittelständlern. Nur durch die Nutzung aller globalen Marktmechanismen, die gewissermaßen autokatalytische Dynamik, nach der jedes Produkt eines Prozesses den Prozess selbst noch weiter exponentiell beschleunigt, kann China nach den Direktiven einer allgewaltigen kommunistischen Partei entwickelt werden – bis hin zur totalen elektronisch-sozialen Kontrolle.

为创建十来个“

庆”油田而斗争

Freiheit, Wachstum und Konsum haben offenbar andere Bedeutungen, wenn chinesische oder deutsche Familien im BMW über die Autobahn brausen.

Von heute aus gesehen kann man sich fragen, an welchem Strang die historischen Heroen von Daqing tatsächlich gezogen haben. Beförderten auch sie unwillentlich das kapitalistische Kalkül, weil nur die sich selbst verstärkende Dynamik des gewinnorientierten, in Produktionsmittel zurückinvestierten Kapitals die Spirale von Begehrensproduktion und
→099 Verbrauch antreibt? [→Oleoviathan]

Oder legt die chinesische Erfahrung, in der kollektive, kommunistische Anstrengung Ressourcen entwickelte, nahe, dass mit dem Verweis auf ubiquitäre kapitalistische Strukturen noch nicht die tiefste und härteste Schicht der Petromo-
→007 derne beschrieben ist? [→Atlas] Denn wer genau an der plakativen Oberfläche wen für sich einspannt, ob kommunistische Apparatschiks die Fäden der Kapitalisten ziehen oder umgekehrt, muss gar nicht eindeutig entschieden werden, wenn klar ist, dass unter gegenwärtigen Bedingungen jede Aktivität des Tauziehens die fossilen Hähne und Schleusen nur weiter öffnet.

لا يقدر بثمن[1]

Zwei in bodenlange weiße Thawbs gewandete Männer in einer Suite. Die Polstermöbel sind vergoldet, ein Gepard sitzt auf dem Sofa, einer der Herren hält einen Falken auf dem Arm. In *The Challenge*, einem Film des italienischen Künstlers Yuri Ancarani, aus dem das Bild auf der folgenden Doppelseite stammt, sehen wir eine Stunde lang katarischen Männern – Frauen tauchen keine Sekunde lang auf – beim Müßiggang zu.[2] [→ Männer und Erdöl] Wie sie den für die Falken- → 062
jagd gezüchteten Tauben in einer großen Halle hinterherblicken, wie sie mit ihren Jeeps über Dünen preschen. Wenige Momente der Spannung ergeben sich, wenn bei Auktionen Zehntausende Dollar für einen Vogel geboten werden, wenn der Kommentator bei einer Falkenjagd fast die Fassung verliert. Ansonsten herrscht majestätische Ruhe. Motorradrocker stellen zum Abendgebet in der Wüste ihre vergoldeten Harley-Davidson-Maschinen ab. Eine Gruppe von Männern nimmt das traditionelle Mahl im Zeltlager mit den Händen aus einer tischgroßen Schale in ihrer Mitte zu sich. Ein Mann lässt seinen Geparden im Lamborghini auf dem Beifahrersitz neben sich Platz nehmen. Dazwischen Momente, in denen Jeeps, Lager und Menschen aus der erhabenen Perspektive eines Falken zu sehen sind.

Dolce far niente findet in *The Challenge* nicht als Spaziergang zu Fuß oder Blick in den Sternenhimmel statt. Das Nichtstun muss mit Privatjets, Hunderten von Gelände-

fahrzeugen, mit Flutlicht und exotischen Tieren hergestellt werden. Im Zentrum aller Aktivitäten aber, als deren Königsdisziplin, steht die uralte Tradition der Falkenjagd, stehen große Lager in der Wüste, in denen sich Jagdgesellschaften
→ 199 versammeln. [→ Tiere im Ölfeld]

Ein isländischer Dokumentarfilm aus dem Jahr 2010 vermittelt unter dem etwas reißerischen, aber einleuchtenden Titel *Feathered Cocaine* die Zusammenhänge hinter den befremdlich anmutenden Bildern Ancaranis.[3] Er erzählt die Geschichte des Falkenspezialisten Alan Howell Parrot, der in den 1970er-Jahren für den persischen Schah und später für diverse arabische Herrscher Falken beschaffte und trainierte und in den 1990ern zu einem Vorkämpfer gegen den internationalen Falkenhandel wurde. Dabei kreuzten sich seine Wege nicht nur mit zahlreichen mächtigen Emirs und Scheichs sowie hochkarätigen Schmugglern, sondern auch mit Terroristen der al-Qaida.

Die Falknerei ist Bestandteil der Adelskultur und Weltliteratur[4], sie ist aber vor allem eine uralte, insbesondere von zentralasiatischen Nomaden gepflegte Jagdtechnik. Im offenen Gelände von Steppen, Halbwüsten und Wüsten lassen sich mit Falken und sogar Adlern andere Vögel, aber auch Wölfe und Gazellen jagen. Auch im arabischen Raum hat sie eine lange Tradition. Der König von Sizilien und Staufer-Kaiser Friedrich II. wurde im 13. Jahrhundert durch arabische Spezialisten zum Anhänger der Falknerei als einem Musterbild guter Herrscherkunst. Im Mittleren Osten gelten Falken bis heute als ultimatives Statussymbol und das wertvollste aller Geschenke. Sie werden auf Arabisch auch als »die Unbezahlbaren« bezeichnet, weil die Schönheit dieser Kreaturen jenseits aller Handelsware liegt.

Bezahlt wird trotzdem, so können wir in *Feathered Cocaine* lernen. Für besonders wertvolle Exemplare wechseln schon einmal über eine Million US-Dollar den Besitzer. Umgerechnet auf das Körpergewicht ist so ein Vogel also teurer als jedes Rauschgift. Wegen ihres weißen Gefieders bei Falkenliebhabern besonders begehrt sind die im Norden Europas und Asiens lebenden Gerfalken. Mit Privatjets und im Diplomatengepäck werden sie seit dem Ende der UdSSR aus zentralasiatischen Ländern nach Arabien geflogen. Dabei haben die an nördliches Klima gewohnten Tiere in der Wüste eine durchschnittliche Überlebensdauer von nur einem Monat. »Unbezahlbare« Lebewesen werden zur Ware und in erschreckend kurzer Zeit vernutzt und verbraucht. Innerhalb weniger Jahre sind durch diesen Raubbau an Wildtieren die Bestandszahlen in den Herkunftsländern um bis zu 90 Prozent zurückgegangen. Das Natur-Kultur-System Falkenjagd ist aus dem Gleichgewicht geraten und in seiner weiteren Existenz bedroht – durch Schmuggel und Hybridzüchtungen, durch seine Rolle in einer Luxusökonomie. Ein Schelm, wer hier Parallelen zum petromodernen Umgang mit allen natürlichen, fossilen oder biosphärischen Ressourcen sieht.

[→Frontier der Technosphäre, →Greenhouse] →205 →392

Was ist passiert? »Wir alle haben heute die Folgen des Ölfiebers auszubaden, das Saudi-Arabien im 20. Jahrhundert ergriff«, schreibt Alexander Ilitschewski in seinem am kaspischen Meer angesiedelten Roman *Der Perser,* in dem der Falkenversessenheit der Araber eine führende Nebenrolle zukommt, »die gestern noch als Hirten durch die Lande zogen, hat es im Verlaufe einer einzigen Generation an die Spitzen der Macht- und Wohlstandspyramiden gespült; von Mekka und Medina hinüber nach Las Vegas und Hollywood«[5].

Alle drei Parameter, das Wüsten- und Beduinenleben der noch jungen Vergangenheit, der Exzess und Luxus der Gegenwart und die fast blitzartige Entwicklung zwischen diesen beiden Zuständen, erscheinen als Maximalpunkt ethnologischer Fremde. Tatsächlich ist uns petromodernen westlichen Kulturen aber keine so fremde Gegend zugleich so nah wie die arabische Wüste. Die Fremdheiten bedingen sich gegen-
→ 225 seitig. [→ Schwarzer Spiegel] Nur weil wir, und mit uns die ganze dauerbeschleunigte Welt, seit 70 Jahren am Öl dieser Region hängen, herrscht dort die majestätische Zeitlosigkeit einer gleichermaßen feudalen wie hypermodernen Ordnung: in der die neueste Unterhaltungselektronik und das Köpfen von Straftätern mittels Säbelhieb, in der Formel-1-Rennen und Millionenspenden an radikale Koranschulen und islamistische Kämpferbanden ungleichzeitig gleichzeitig präsent sind, wo – wie in Saudi-Arabien – noch Mitte der 1950er-Jahre ein Siebtel der Bevölkerung als Sklaven lebte, weil erst 1963 die Sklaverei samt ihren Auswüchsen wie etwa des Kinder- und Konkubinenhandels gesetzlich verboten und sukzessive eingestellt wurde.[6] Dass diese Länder und Gesellschaften mit ihren schon durch Arbeitsmigration hoch internationalen und vielfältigen Bevölkerungen nichtsdestotrotz oder sogar wegen ihrer extremen Widersprüche einen zentralen Teil der Petromoderne ausmachen, wird aus westlicher Warte in der Regel ausgeblendet, wenn islamische Staaten als das schlechthin Andere der westlichen Zivilisation herhalten müssen.[7]

Der Grundwiderspruch aus »Zivilisation« und »Barbarei« ist für viele Aspekte der Petromoderne ebenso konstitutiv wie der Widerspruch aus fossilem, uraltem Rohstoff und den daraus gebildeten hypermodernen Lebenswelten

[→ Zeitabgrund] Als *Oil Encounter* ist die Konfrontation von petromoderner westlicher und arabischer Kultur beschrieben worden.[8] [→ Sprawl] Wobei hier eine sehr spezielle Spielart der kolonialen Begegnung vorliegt. Auch die forschesten importierten Eliten aus den USA oder Europa haben sich den durch konservative, steinreiche Königshäuser formulierten Gesetzen zu fügen. Wenn im Falle des Iran oder des Irak von westlichen Regierungen regelmäßig mit Menschenrechten argumentiert wird [→ Tehran Museum of Contemporary Art], so stören das Geschäft mit der Arabischen Halbinsel selbst Kreuzigungen oder Steinigungen nicht.

→ 221

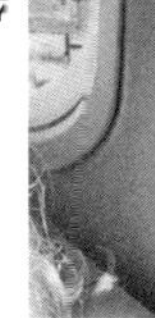

→ 077

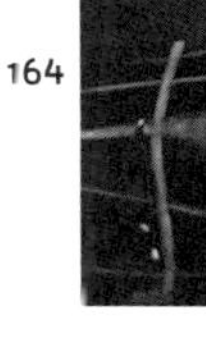

→ 164

Im März 1938 wurde in Saudi-Arabien das erste Öl gefunden. Bis dahin hatte die Haupteinnahmequelle des Landes in den Pilgerfahrten nach Mekka bestanden. Spätestens mit al-Ghawār, dem 1948 entdeckten und bis heute größten jemals erschlossenen Ölfeld der Welt, wird Saudi-Arabien, eine bis weit ins 20. Jahrhundert vor allem von Beduinen bewohnte Region, zum globalen Akteur. Riad, um 1900 eine Oase mit 16 000 Einwohner*innen fernab urbaner und intellektueller Zentren der arabischen Welt wie Damaskus, Bagdad, Beirut oder Kairo, wird zur Metropole, die ihre Einwohnerzahl in den letzten 40 Jahren auf heute 6,5 Millionen Einwohner*innen verzehnfacht hat. Mit dem Wahhabitentum ist eine ausgesprochen konservative Auslegung des Islam, die etwa Frauen keinerlei Teilhabe am öffentlichen Leben erlaubt, Staatsreligion in einer Ökonomie, die wegen der Öleinnahmen keine besteuerbare Produktivität des Staatsvolkes erfordert. Nicht nur das mehrere Tausend Mitglieder zählende Könighaus, das gesamte Staatswesen erscheint als vom Öl alimentierter Rentenstaat. Und der Wohlstand sickert aus den großen Städten ins gesamte Land. Auch in

kleinen Ortschaften in entfernten Wüstengegenden, wo di
Menschen noch vor wenigen Jahrzehnten hauptsächlich i
Zelten gelebt haben, findet man nach einem halben Jahrhu
dert sprudelnden Erdölreichtums beleuchtete geteerte Str
ßen, großzügige Häuser und Hunderte von ausländische
Arbeitnehmern, die die Service- und Dienstleistungen übe
nehmen, von Straßenreinigung über kleine Geschäfte bis zu
»allgegenwärtigen Stütze saudischer Haushalte, dem indon
sischen Dienstmädchen«[9].

Dem Flug der Falken zu folgen, zeigt zugleich die Spitz
der Pyramide und ihr Fundament, zeigt die Zusammenhäng
von Öl, Geld, Geostrategie und Wüste aus klarsichtiger Di
tanz. Das feudal-nomadische Vergnügen allerhöchster Kre
se erscheint als Indikator, der die Exzesse der Ölmärkte un
Ölpolitik in abgeleiteter, zugespitzter Form sichtbar mach
Auf den Falknercamps treffen sich nicht nur Falkenjag
enthusiasten aus allen gesellschaftlichen Bereichen, sonder
auch und vor allem die politischen Eliten der arabische
Welt und ausgewählte Gäste. Bis hin zu George W. Bush, be
kannt für seine Statements zur »Achse des Bösen« und durc
die Parole, dass sich die Länder zu entscheiden hätten, ob
sie »either with us, or against us« seien, gaben auch höchst
US-amerikanische Würdenträger arabischen Falknercamp
ihre Ehre, wo Strategien abgesprochen und Geschäfte ab
geschlossen werden – und große Geldspenden auch an rad
kal-religiöse und terroristische Gruppierungen die Händ
wechseln.

Selbst der historisch folgenreichste und noch immer ve
störendste Kontrollverlust innerhalb der petro- und geopol
tischen Allianz zwischen den Golfstaaten und den USA – di
Anschläge des 11. September 2001, als 19 Attentäter, davo

15 saudische Staatsbürger, vollgetankte Verkehrsflugzeuge zu Waffen umnutzten [→Munition] und damit die Türme des World Trade Centers in New York zum Einsturz brachten und einen Teil des Pentagons in Flammen aufgehen ließen – lässt sich über den Falkenflug in der Wüste anpeilen. →085

Osama bin Laden war weithin bekannt als begeisterter Anhänger der Falkenjagd. Der Sohn eines saudischen Bauunternehmers und Multimillionärs veranstaltete in seiner Zeit in Afghanistan selbst Jagden und war regelmäßiger Gast auf königlichen Falkenjagdcamps in der Wüste, etwa in den Vereinigten Arabischen Emiraten und in Saudi-Arabien, und das sogar noch in seiner Zeit als international gesuchter Terrorist.[10] In einem dieser Camps, das 1999 von hohen Gästen aus den Vereinigten Arabischen Emiraten in der Kandahar-Region organisiert wurde, hätte die CIA bin Laden beinahe aufgespürt und mit einem Marschflugkörper eliminiert. Doch der Präventivschlag auf das Wüstencamp blieb aus, der Anschlag auf die Manhattaner und Washingtoner Weltordnung fand statt. Was die Fundamente dieser Weltordnung 2001 bis *Ground Zero* erschüttert, kommt – aller präsidialen Rhetorik von absoluter Gegnerschaft zum Trotz – aus dem prekären Fundament dieser Weltordnung selbst, aus der vitalen Bindung des Westens an die Ölquellen der Arabischen Wüste. Wenn jede Form des Terrorismus passgenau an spezifische Grundfesten von Staaten rührt und diese damit auch für die Erkenntnis freilegt, dann ist der islamische Terrorismus von al-Quaida ein umgekehrter Petroterrorismus. Es liegt in der Logik des Extraktivismus selbst, dass, wie Friedrich Kittler in seinem Essay »Von Staaten und ihren Terroristen« ausgeführt hat,

> die Weltmacht ihrem ganzen Gegenteil immer näher auf den Leib [rückt]. Das Gegenteil des Meeres heißt die Wüste, das Gegenteil der Stadt die Steppe. Der zivilisatorische Prozess oder, besser gesagt, die militärische Infrastruktur der USA schiebt sich Schritt um Schritt in Regionen vor, denen the western civilisation (...) bislang verschlossen blieb. (...) Stadt stößt auf Steppe, Haus auf Zelt, die Nomaden sind verstört.[11]

Deshalb inszeniert sich bin Laden – der reiche, international sozialisierte Bürgerssohn – als Nomade hoch zu Ross und mit seinen Brüdern auf Falkenjagd. Symbolisch wird hier noch immer die uralte Konfrontation zwischen Sesshaften und Nomaden mobilisiert, aus der, so Kittler im Rückgriff
→119 auf Nietzsches Zoroasterforschung [→Baku, →Weltkulturerbe]
→182 sowie auf Foucault und Deleuze/Guattari, genau die Matrix aus Gut und Böse hervorgegangen sei, derer sich im Konflikt zwischen islamistischen Terroristen und US-amerikanischer Zivilisation beide Seiten bedienen.

Mit ähnlich tiefschürfendem Interesse ist auch Reza Negarestani in seinem Buch *Cyclonopedia* den Verflechtungen von Öl, Kriegsmaschinen und Monotheismen gefolgt. Im Öl der Arabischen Wüste, so der iranische Philosoph, begegneten sich Dschihad und Technokapitalismus wie in einer flirrenden Luftspiegelung.

> Während die Wüste im westlichen Technokapitalismus der Geöltheit der Kriegsmaschinen und dem Hyperkonsum in Richtung Singularität den Weg bereitet, ist das Öl für den Dschihad ein Katalysator, der das Kommen des Königreichs der Wüste beschleunigt. Daher liegt für den Dschihad die Wüste am Ende einer Ölpipeline.[12]

Wenn Stadt und Wüste, Petrodollars und feudale Traditionen zusammentreffen, entsteht eine explosive, mit höchster Vorsicht zu verwaltende geopolitische Lage. Luxus und Terrorismus sind gleichermaßen Abbild dieser Lage. Ein schmaler Grat entscheidet, in welche Richtung die Petrodollars fließen und welches Symptom der westlich-arabischen Kontaktallergie sich ausbildet: Falken und Geparden auf dem Beifahrersitz oder Gotteskrieger in Afghanistan, Syrien oder Manhattan, oder – wie im Falle Osama bin Ladens – beides.

Nimmt man die Sicht des Falken ein, dann werden unter dem flirrenden Himmel der Wüsten zwischen Saudi-Arabien, Katar und Kandahar in aller Schärfe Unschärfen erkennbar. Nicht nur kann ein luxuriöses royales Jagdcamp die Funktion wechseln und zum Terrorcamp werden – oder umgekehrt. Auch Opfer und Aggressor können wie in einer Fata Morgana verschwimmen. Und die bizarre Exotik der Fremde, das patriarchale Ausleben aller Träume der Wüstensöhne kann im Blick von oben auf die Wüste als Ort der Einkehr und Selbsterkenntnis sehr viel mehr über uns und über unsere spirituellen Leerstellen als über sie berichten. Rolex: 100 000 US-Dollar, Gerfalke: 1 000 000 US-Dollar, mit den Kumpels die Sau rauslassen: unbezahlbar.[13] [→ Burning Man] →262

Rakete

Eine Kinderrutsche in Raketenform, händisch zusammengeschweißt aus lackierten Stahlstäben. Bunt und pummelig statt weiß und kosmisch steht sie im Frühjahr 1999 keinen Meter über dem Boden eines St. Petersburger Hinterhofs, wie auf der folgenden Doppelseite zu sehen.

Die sowjetische Begeisterung für Raumfahrt und Raketen → 242 ist legendär. [→ Schwarzes Quadrat] Manifestiert in Mosaiken und martialischen Denkmälern, wie dem für Juri Gagarin in Moskau, aber selbst auf Teegläsern in gemütlichen russischen Eisenbahnen, ebenso auf Zigarettenschachteln, etwa der Marken »Kosmos« oder »Laika«, auf letzterer neben dem berühmten Porträt des ersten Hundes im Weltall. Während im Westen schnelle Autos und der sprudelnde Reichtum einer eben angebohrten Ölquelle als Zentralikonen petromoderner Kulte und Kultur dienten, kann im Osten die kollektiv errichtete Rakete als wichtigste Trägerin einer derartigen Sinn und Träume stiftenden Bildfunktion gelten.[1]

Weniger legendär, aber doch wichtig ist, dass zentrale sowjetische Raumfahrterfolge, etwa der Start des Sputnik 1957 und der Wostok 1 von Juri Gagarin 1961, mit ölbasierten Treibstoffgemischen aus Kerosin und flüssigem Sauerstoff erreicht wurden. Später kamen auch fossile Spezialtreibstoffe wie Syntin ($C_{10}H_{16}$) mit einer besonderen molekularen Struktur aus drei hochgespannten Cyklopropanringen zum → 058 Einsatz. [→ Science-Fashioned Molecules].

Das spezielle Antriebsprinzip der Hinterhofrakete wird erst beim Nachdenken erkennbar. Die Kinder rutschen ja nicht als kleine Kosmonauten an der Seite aus der Rakete heraus, sondern hinten, also als ihr Treibstoff oder besser als ihr Rückstoß. Das heitere Bild auf dem Hinterhof bekommt so etwas Melancholisches, auch wegen der Sinnlosigkeit des spielerischen Selbstopfers. Denn: Wie soll so etwas abheben? Hier erscheinen nicht Treibstoffe als Ersatz für menschliche Arbeitskraft, sondern menschliches Vergnügen erscheint als Treibstoff einer unmöglichen Maschine. Das Kinderspiel macht eine Logik rückgängig, die Technik im 20. Jahrhundert kennzeichnet, dass nämlich die industrialisierten Menschen gar nicht selbst die Energie für ihre Taten aufbringen, wenn sie sich horizontal beschleunigen oder vertikal in die Luft oder den Orbit erheben, sondern dass Kohle, Öl und Gas diese Taten befeuern.

Andererseits befindet sich das Kinderspielzeug in bester Gesellschaft der unmöglichen Maschinen der Science-Fiction. Seit deren Entstehen im letzten Drittel des 19. Jahrhunderts haben imaginäre und spekulative Konstruktionen maßgeblichen Einfluss auf kommende Technikvisionen und Technologien ausgeübt.[2] Mit einer Rakete ins Weltall flogen die Menschen erstmals 1865, dem Erscheinungsjahr von Jules Vernes Roman *Von der Erde zum Mond,* 1902 von dem Filmpionier Georges Melliès für seinen Film *Die Reise zum Mond* adaptiert. Unbedingt erwähnt werden muss in diesem Zusammenhang auch der 1928/29 gedrehte Stummfilm *Frau im Mond* von Fritz Lang. Denn bei der Konstruktion der Filmrakete in den Ufa-Ateliers Neubabelsberg in Potsdam waren zwei echte Pioniere der Raketentechnik, Hermann Oberth und Rudolf Nebel, beteiligt. Oberth war später Mitglied des

Konstruktionsteams von Wernher von Braun in Peenemünde. In der experimentierfreudigen Zeit vor der Oktoberrevolution und der Gründung der UdSSR schrieb der Philosoph, Bolschewik und Lenin-Rivale Alexander Bogdanov die utopische Fabel *Der rote Stern* (auch veröffentlicht unter dem Titel *Der rote Planet*), die mit einer Reise auf den Mars beginnt. Das 1908 erschienene Buch gilt als einer der Gründungstexte der späteren sowjetischen Science-Fiction.[3]

Kinder als Treibstoff – was makaber wirkt, handelt nicht nur von Fiktion. Um hochfliegende Technikträume zu realisieren, sind tatsächlich Menschen zum Kanonenfutter geworden. Die ersten Raketen, die den Orbit erreichten, waren die zu Tausenden von der Wehrmacht auf London und Antwerpen abgefeuerten Aggregate 3 und 4, bekannt als V1 und V2. Sie wurden von Häftlingen im unterirdischen KZ-Komplex Mittelbau-Dora zusammengebaut, Zehntausende
→ 182 starben. [→ Weltkulturerbe] Und die Industrialisierungs- und Technisierungsprogramme der Sowjetunion als erster echter Raumfahrtnation wurden unter Stalin mit mörderischer Konsequenz und unter Einsatz von Hunderttausenden von Zwangsarbeitern vorangetrieben, deren Tod man billigend in Kauf nahm. Das höhere Gut der Entwicklung einer sozialistischen Gesellschaft lieferte einen scheinbar gerechten Grund für Opfer: im Krieg ohnehin, aber auch bei Weltraumprogrammen und bei der Erschließung von Bodenschätzen als Antriebskräften aller Bestrebungen zu Höherem, ob auf Weltraumbahnhöfen und im Orbit oder ob im Kampf mit den Elementen auf frostigen Bohrstellen in Sibirien, in den Wellen des Kaspischen Meeres oder auf der erdbebengefährdeten Ölinsel Sachalin.

Um die Flagge des Systems in den Orbit zu heben, ist eine

kollektive Anstrengung, sind kollektive Opfer nötig, egal in welchem System [→Großer Sprung nach vorn, →Oleoviathan] und egal, ob man von ihnen wissen will oder nicht. Es gehört zu den besonderen, wenn auch vielleicht unfreiwilligen Leistungen des sowjetischen Russlands, dass sogar ein Kinderspiel diese tragische und tatsächlich systemübergreifende Komponente des petromodernen Fortschritts mitdenken lässt.[4]

→125
→099

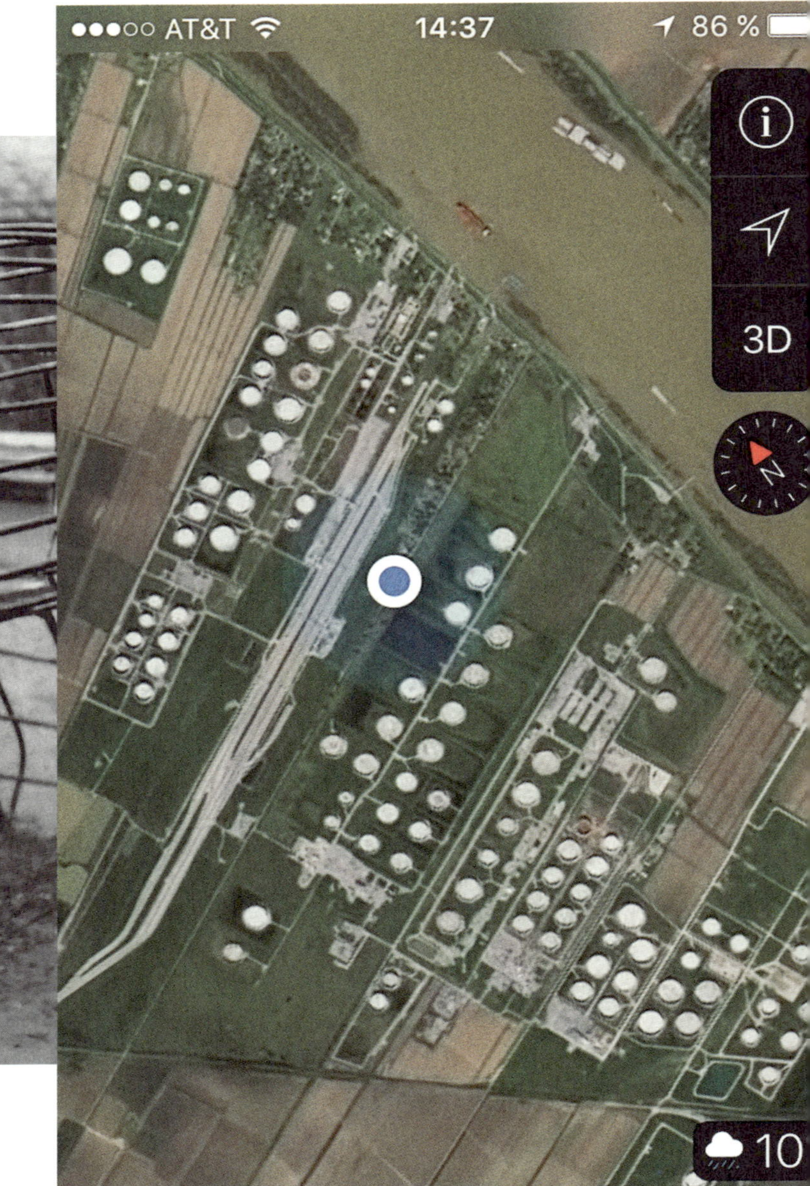
AT&T
14:37
86 %
3D
N
10

Louisiana

Zwischen Baton Rouge und New Orleans, auf gut einhundert Meilen entlang des Mississippi vor dem Delta und dem Golf von Mexiko, erstreckt sich eine der größten Chemie- und Raffinerielandschaften der Welt. Wie an einer Perlenkette hängen bekannte und unbekannte Unternehmen am Flusslauf des Mississippi: Exxon, Methanex, BASF, Nachurs Alpine Solutions, Shell, Rubicon, Praxair, Air Liquide, Formosa, Shintech, Mexichem, Poly One, Mosaic, CF Industries, DuPont de Nemours, Chevron, Sid Richardson, Epsilon, Marathon, Nalco, Colonial Sugar, Witco, Dyno Nobel, Genesis Energy, Honeywell und zahllose mehr. An Standorten wie Norco, Plaquemine, Geismar ballen sich die Firmen, Branchenbücher sind zur Orientierung nötig.[1] Dazwischen zur Elektrizitätsversorgung einige Kohlekraftwerke und ein Atommeiler.

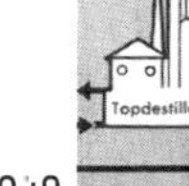

In Louisiana wurde Chemiegeschichte geschrieben. Der in einer Kooperation von US-Chemie und deutscher IG Farben 1942 in Baton Rouge entwickelte Fließbettreaktor zum katalytischen Cracken von Öl [→ Molekulare Mobilisierung] ist → 049
heute National Historic Chemical Landmark. [→ Weltkulturerbe] → 182

Die Wassermassen des Mississippi – mit 15 000 Kubikmetern pro Sekunde an diesem Abschnitt einer der mächtigsten Flussläufe der Welt – liefern den chemischen Rohstoff H_2O für Kühlung und Dampf. Dazu bilden sie einen offiziellen wie inoffiziellen Transportweg für Abwässer. Der Fluss ist aber

auch eine der wichtigsten Binnenwasserstraßen der Erde und wird bis genau auf die Höhe der Exxon-Raffinerie von Baton Rouge vom U. S. Army Corps of Engineers für ozeangängige Frachter bis gut 13 Meter Tiefgang freigehalten. Damit besteht direkter Anschluss an alle Weltmeere sowie über das weltweit größte Netzwerk von Binnenschifffahrtswegen in zahlreiche Agrar- und Industriereviere Nordamerikas. Gigantische Schubverbände mit bis zu 70 aneinandergekoppelten Leichtern verschiffen vom Unterlauf des Mississippi Kunstdünger und Pestizide in die Mais- und Sojasteppen zur Erzeugung von Nahrungs- und Futtermitteln, aber auch von sogenanntem Biokraftstoff am Oberlauf. Erosion trägt die Nitratfracht wieder an ihren Ursprungsfabriken vorbei und in den Golf von Mexiko, wo sie zu Algenblüte und sauerstofflosen Zonen führt – ironischerweise eine der Bedingungen
→ 221 der Erdölbildung. [→ Zeitabgrund]

Quer zum zweifach bedeutsamen Strom des Wassers als Rohstoff und als Transportmittel liegen Ströme von Öl und Gas. Louisiana selbst verfügt über bedeutsame Öl-Lagerstätten in unmittelbarer Nähe des Deltas und offshore. Dazu quert und verfolgt ein verwirrend dichtes Netz aus Pipelines den Fluss. Plantation, Dixie, Coastal, Colonial heißen nur die bekanntesten Fernleitungen, die die Region mit Ölrevieren zwischen Golf, Texas, Oklahoma, Dakota und Alberta verknüpfen. Vielfach ist ihre Lage selbst Grundbesitzern unklar. Spezialbehörden müssen vor Erdarbeiten zur Auskunft kon-
→ 040 taktiert werden [→ Pipeline]. Und ebenfalls angebunden von einer Pipeline, mitten im Wasser und knapp 30 Kilometer vor der Küste, liegt LOOP, der »Louisiana Offshore Oil Port«, in einer Wassertiefe, die an Louisianas Schwemmlandküsten ansonsten nicht erreicht werden kann, in der aber die größ-

ten existierenden Öltanker anlegen können. Dreizehn Prozent der US-amerikanischen Ölimporte fließen hier an Land.

Produziert werden und wurden im chemischen Korridor zwischen Baton Rouge und New Orleans alle Arten von Chemikalien: Grundstoffe wie Düngemittel, Schwefelsäure und Methanol, Aluminium und Chlor, Raffinerieprodukte wie Kraftstoffe, Lösungsmittel und Schmiermittel, Kraftstoffadditive wie Tetraethylblei (das Blei im verbleiten Benzin), Kunstfasern und Kunststoffe wie Nylon, Neopren und Kunstgummi, Pestizide, Kühlmittel etc.

In den Reaktoren der Chemiefabriken strömt zusammen, was der Globus aus allen Sphären zu bieten hat: Kohlenwasserstoffe und Schwefel aus Erdöllagerstätten, Stickstoff aus der Atmosphäre, Wasserstoff und Ethan aus Erdgas, Kohle, Erze und Metalle von überall her. Und was aus Lithosphäre und Atmosphäre synthetisiert wird, strömt verändert und verändernd zurück in die Techno- und Biosphäre, als Kraftstoff oder Kunststoff, als Kunstdünger, Pestizid oder Plastik.

[→Greenhouse, →Gesang vom Styrol] →092 →214

Eine Größe scheint in derartigen Stoffströmen kaum aufzutauchen: Menschen. Ein sprechender Ausdruck ihrer Marginalisierung und Gefährdung ist das diesen Eintrag eröffnende Satellitenbild. Es zeigt, wenn man lange genug hinsieht, ein Wohnviertel der Ortschaft St. James Parish in Louisiana. Eingekeilt zwischen Tanklagern und Verladestationen: eine einzelne schmale Linie von Häusern.

Der in San Francisco lebende Fotograf Richard Misrach hat diese Gegend zweimal mit seiner Kamera besucht, 1998 und 2009. In Zusammenarbeit mit dem Büro der New Yorker Landschaftsarchitektin und Urban Designerin Kate Orff ist das Buch *Petrochemical America* entstanden, das mittels aufwendiger Hintergrundrecherchen und verschiedener Visualisierungsstrategien ein beeindruckend dichtes und historisch tiefes Close Reading der vielschichtigen Aufnahmen Misrachs von den Lebensbedingungen in der auch als »Cancer Alley« verschrienen Gegend bietet.[2] Tatsächlich sind Menschen im petrochemischen Korridor auf intime und belastete Weise mit globalen *commodity flows* verknüpft. Über Generationen wurden die Vorfahren der meisten heutigen Bewohner*innen der Region selbst als globale Handelsware und menschlicher Kraftstoff entwürdigt und missbraucht – als Sklav*innen auf Zuckerrohrplantagen. Französische, aber auch deutsche und britisch-amerikanische Sklavenhalter →155 waren am Werk. [→Petroporn]

Die Sklaverei wurde offiziell am 18. Dezember 1865 abgeschafft, Zuckerrohr wird heute mit Maschinen geerntet und verladen. Unaufgearbeitet bildet das Energieregime und Wirtschaftssystem der Sklaverei aber die Grundlage noch der aktuellen unternehmerischen Geografie. Zuckerfabriken waren die ersten chemischen Fabriken in der Region, lange vor dem Ölboom. Räumlich liegen die petrochemischen Komplexe auf dem Kataster vormaliger Plantagen, alte Friedhöfe finden sich hinter dem Stacheldraht von Raffinerien. Bis in die 1990er-Jahre lebten schwarze Familien in für Sklaven errichteten Bretterhütten, während alleengesäumte Herrenhäuser für weiße Hochzeiten vermietet werden. Doch Gefühle sind hier mehr als nur Gefühle. Ganz konkret profitieren Unternehmen im petrochemischen Korridor von schwachen gesellschaftlichen Strukturen und damit sehr direkt von einer durch Sklaverei und Rassismus in Rechtlosigkeit trainierten, durch Perspektiv- und Arbeitslosigkeit geschwächten Zivilgesellschaft. Arbeitsschutz- und Umweltauflagen werden systematisch missachtet, Steuern werden trickreich vermieden, Raumordnungspläne frisiert. Nur in Einzelfällen können unerschrockene Volksvertreter und Bürgerrechtler Bedingungen aushandeln. So verdankt sich die historische Aufarbeitung der Whitney Plantation und ihr Umbau zur einzigen Sklaverei-Gedenkstätte Louisianas ausgerechnet den Plänen des taiwanesischen Formosa-Konzerns zur (schließlich gescheiterten) Ansiedlung einer Kunstseidenfabrik auf Whitney und der vorbereitenden Erforschung der Liegenschaft.[3]

Die Freiheitsversprechen der Petromoderne wirken hier schal – ausgerechnet in ihrem Kernland, das sich aktuell sogar anschickt, Kohlenwasserstoffe zu »freedom molecules« zu ideologisieren.[4] [→Motor] Zwar steht schon 1920 jedem →070 US-Durchschnittsamerikaner die Energie von 16 menschlichen Helfern in Form von Kohlenenergie zur Verfügung,[5] 1937 sind es inklusive Erdöl bereits 21; ein Verhältnis, das sich mit jedem Pick-up-Truck, jeder Klimaanlage und jedem Plastikteller seither nochmals dramatisch verschoben hat. Im petrochemischen Korridor bedeutet fossile Energie aber nicht Ermächtigung, sondern binnenkoloniale Bevormundung. Dies verknüpft – parallel zu einem ganzen Bündel an tatsächlichen Pipelines – die Verhältnisse in Louisiana mit denen in den Athabasca Oil Sands im kanadischen Alberta. Während dort Angehörigen der First Nations Landrechte nur bis 50 Zentimeter Bodentiefe zustehen und der Untergrund industriell durchpflügt wird, sind es auch in Louisiana vor allem First Nations und People of Color, denen die Rohstoffwirtschaft zusetzt. Fossiles Gewinnstreben ruiniert innerhalb der modernsten Volkswirtschaften ganze Ökosysteme, legt Individuen und Kommunen in Ketten, korrumpiert Universitäten und einen schwachen Staat.

Die ökologische Belastung der Region baut also auf der historischen Belastung auf und setzt sie fort. Billige Arbeitskraft und laxe Regeln sind entscheidend dafür, dass eine skrupellose Industrie weiterhin Milliarden in prekäre und schädliche, längst nicht mehr innovative, sondern rückwärtsgewandte Infrastrukturen investiert. Der Rückzug wäre längst geboten. Katastrophen wie 2005 der Hurrikan Katrina, als New Orleans unter Wasser stand und einzelne chemische Werke abbrannten, haben die klimatische Verletzlichkeit der Region gezeigt, die ohne massive technische Eingriffe mittelfristig im wahrsten Sinne des Wortes dem Untergang geweiht ist. Zugleich weiß niemand, wie lange der Unterlauf des Mississippi noch auf dieser Strecke verbleibt. Schon 1973 wurde ein Abschwenken des Hauptstromes auf den 130 Kilometer weiter westlich mündenden Arm des Atchafalaya River und das Trockenlegen der milliardenschweren Petrochemie zwischen Baton Rouge und New Orleans nur mit viel Ingenieurskunst und noch mehr Glück vermieden. Ob dies ein weiteres Mal gelingen könnte, steht in den Sternen.[6]

Petroporn

»Ölverschmierte Arbeiter machen Pause bei den Reinigungsarbeiten zur Entfernung ausgelaufenen Öls in einem Sumpf nahe Oloibiri.«[1] So lautet die Bildunterschrift der auf der folgenden Doppelseite abgebildeten Fotografie von Ed Kashi, die auch den Titel seines viel gelobten Fotodokumentationsbands *Curse of the Black Gold. 50 Years of Oil in the Niger Delta* ziert.

Nigeria ist die größte Ölfördernation Afrikas. Es ist reich an Ressourcen und mit einer üppigen Natur gesegnet. Über 500 Jahre kolonialer und neokolonialer Handelsbeziehungen haben den gewaltsamen Einfluss fremder Staaten und internationaler Unternehmen für die Menschen und Kulturen im Nigerdelta fast zum Normalzustand werden lassen – vom Sklavenhandel beginnend in der Frühen Neuzeit über den Palmölboom im 19. Jahrhundert bis zu Öl und Gas seit gut 50 Jahren. Doch die Autoren von *Curse of the Black Gold* kommen zu einem erschreckenden Fazit: Keine Epoche war für die Region so verheerend wie die Gegenwart der fossilen Rohstoffe. Öl und Gas im Wert von etwa 600 Milliarden Dollar sind nach einer Schätzung der Weltbank von 2008 seit Beginn der Extraktion im Jahre 1958 bis zum Zeitpunkt der Erhebung gefördert und zum weitaus größten Teil ins Ausland verkauft worden. Der durchschnittliche Lebensstandard ist jedoch gesunken und der Anteil des Analphabetentums gestiegen, seitdem Öl und Ölgeld durch das Land fließen. Kor-

rupte Eliten haben sich im Nigerdelta bereichert, bei den normalen Menschen ist von den Profiten nichts angekommen, während ihre Lebensgrundlagen zerstört wurden. Die Natur des Nigerdeltas ist in einem unfassbaren Maße verschmutzt und vergiftet. Die Armutsrate liegt bei über 90 Prozent, noch deutlich höher als der ohnehin schon sehr hohe landesweite Durchschnitt. »Nigeria ist zu einem Inbegriff des Versagens geworden.«[2]

Die Situation in dem Land gilt als afrikanische Variante des *Oilcurse*, des als »Ölfluch« beschriebenen Phänomens, dass Öl in zahlreichen Staaten gerade keinen Wohlstand, sondern Elend fördert. → 242 [→ Schwarzes Quadrat] Davon handelt *Curse of the Black Gold.* Das Buch wurde editiert von dem US-amerikanischen Afrikanistik-Professor Michael Watts. Zwischen den Bildstrecken des großformatigen Fotobandes sind neben den beiden Textbeiträgen Kashis und Watts' ausschließlich Texte von nigerianischen Autor*innen versammelt. Sie liefern ein umfassendes und kritisches Bild der Geschichte und Gegenwart Nigerias als multinationalem und von internen Kämpfen und Rivalitäten geprägtem Schauplatz der Ausbeutung von Menschen und Rohstoffen.

Schon für den im späten 15. Jahrhundert einsetzenden und bald transatlantischen Sklavenhandel mit kolonialeuropäischen Handelsorganisationen war das Nigerdelta eine wichtige Drehscheibe. Rohölexportterminals wie Bonny, Brass, Escravos und Forcados sind auf den Ruinen ehemals zentraler Hafenumschlagsplätze des Sklavenhandels errichtet. Der Escravos-Terminal entlehnt dieser Zeit sogar seinen Namen, der gleichnamige Fluss, an dessen Ufer die Anlage liegt, wurde im 15. Jahrhundert nach dem portugiesischen Wort für Sklave benannt.[3] In der Behandlung von Menschen als bloße Waren und verfügbare Körper bar jeder Rechte scheint der transatlantische Sklavenhandel dem Handel mit Energierohstoffen vorzugreifen. An einem exemplarischen Stoff, am Zucker, erläutert die britische Geografin Kathryn Yusoff den systematischen Zusammenhang: »Zucker war die Umwandlung von inhumaner Sklavenenergie in Treibstoff, dann zurück in menschliche Energie plus nichtmenschliche Energie, um Industrialisierung zu produzieren. Kohle war das nichtmenschliche Korrelat dieser entmenschlichten schwarzen Körper.«[4] Was Yusoff pointiert zusammenfasst, ist eine Variante des bekannten Dreieckshandels:[5] Versklavte aus dem heutigen Senegal, Nigeria, Kamerun oder Kongo wurden auf die karibischen Inseln und nach Brasilien, später auch nach Mittel- und Nordamerika verschifft, um auf dortigen Zuckerrohrplantagen zu arbeiten. Der daraus gewonnene Zucker wurde in die europäischen Kolonialländer geliefert und stattete dort Kohle- und Industriearbeiter mit der nötigen Energie aus, um die Industrialisierung voranzubringen. [→ Louisiana] →149

Eines der treibenden Phantasmen der Petromoderne war und ist dagegen, dass die durch Sklaven und andere Arbeiter*innen gelieferte Energie im industriellen Metabolismus durch fossile Kraftstoffe ersetzt werden würde. [→ Motor, → Daten sind das neue Öl] 

Ein ums andere Mal hat die Geschichte allerdings unter Beweis gestellt, dass es sich dabei um eine Erzählung der westlichen Moderne handelt, ebenso fabulös wie diejenigen über »Afrika« und die vermeintliche Inhumanität der »Neger«, mit denen man das menschenverachtende Unterfangen der Sklaverei einst gerechtfertigt hatte. »Wenn es (...) ein Objekt und einen Ort gibt«, schreibt der kamerunische Historiker und Kulturtheoretiker Achille Mbembe, »an

denen dieses Phantasieverhältnis und die zugrunde liegende Fiktionsökonomie am brutalsten, klarsten und deutlichsten zutage treten, so ist es dieses Zeichen, das man den Neger nennt, und indirekt auch dieser scheinbar aus der Welt gefallene Ort namens Afrika (...).«[6]

Die fabulösen, nichtsdestotrotz für die westliche Moderne konstitutiven Erzählungen des Rassismus und der Versprechungen fossiler Energie fallen in Nigeria also aufeinander. Umso wichtiger scheint die Erinnerung an die nach wie vor ausgebeuteten Arbeiterkörper, wie sie das Titelbild von *Curse of the Black Gold* leistet: Fast wie bei antiken Torsi sehen wir auf Kashis Fotografie die nackten, muskulösen und öligen Oberkörper zweier Arbeiter sowie deren Rümpfe. Köpfe und Beine sind abgeschnitten, außerhalb des Bildausschnitts. Im Unterschied zu einer klassischen Skulptur hat jeder Torso Arme und Hände, die Stock und Machete, Werkzeug und Waffe halten. Kashis Bild zeigt die schwarzen Arbeiter dennoch in tiefster Entfremdung, ohne Gesicht, ohne Namen, ohne Möglichkeit zur Selbstbestimmung. Ihre Körper stehen *pars pro toto* für die Ohnmacht, Entrechtung und Ausbeutung aller Menschen im Nigerdelta.

Unterhalb oder neben dieser Lesart entfaltet sich allerding noch eine andere Bedeutungsebene, auf der sich von den wie Landschaften ausgebreiteten Körpern eigene Erzählungen abzulösen beginnen: Auf dem muskulösen Brustkorb, Bauch und Armen des linken Kopflosen verteilen sich Ansammlungen kleiner schwarzer Krumen, die wie Wasserpest oder Entengrütze auf der öligen Oberfläche zu schwimmen scheinen. In einem fast technoid anmutenden Kontrast zu dieser naturhaften Oberfläche steht seine silbergraue Anzughose, die von einem schwarzen Ledergürtel mit Messingschnalle gehalten wird. Darüber wölbt sich schillernd, gerahmt von einem Kranz schwarzer Krumen, ein großer, zart und verletzlich wirkender Bauchnabel wie das glibbrige Innere einer Muschel. Der rechte Arbeiter, dessen Körper sich ein wenig aus dem Bild herausneigt, trägt eine anthrazitfarbene Jogginghose mit gelber Kordel, die ein wenig neckisch aus dem leicht nach vorne gewölbten Bündchen gekrochen ist. Jenes lenkt den Blick auf die ölige, im Seitenlicht glänzende Schambehaarung, die sich zwischen Hosenbund und Bauchnabel ausbreitet. Eines der beiden Kordelenden weist wie ein gekrümmter Finger schräg nach unten, wo sich im weichen Stoff der Jogginghose zart die Eichel des Mannes abzeichnet.

Die »offizielle«, anklagende Botschaft der Fotografie geht aus von dem, was man nicht sieht: den Gesichtern und Köpfen – und damit von den durch die strukturelle Gewalt negierten Persönlichkeiten und Willenszentren der Dargestellten. Die inoffizielle Botschaft wird von dem ausgesendet, was man sieht, den öligen, muskulösen Körpern. Gerade weil sie ohne Kopf sind, stellt sich nichts der durch sie hervorgerufenen Imagination von Virilität und sexueller Potenz, von naturhafter, instinktiver Fortpflanzungskraft in den Weg, die sich aus einer jahrhundertelang eingeübten »Frivolität und Exotik« im Umgang mit schwarzen Körpern (bzw. deren Bild) nähren kann.[7] Dieser sexualisierende Blick scheint auch dann wirksam zu sein, wenn er als tabuisierte Wahrnehmung im Hintergrund bleibt. Wird einem dessen Präsenz einmal bewusst, kann man ihn schwerlich wieder ausblenden, er gibt dem Bild seine Energie. Die Frage stellt sich, welche der beiden Botschaften die eigentlich tragende ist. Diese Frage drängt umso mehr vor dem Hintergrund

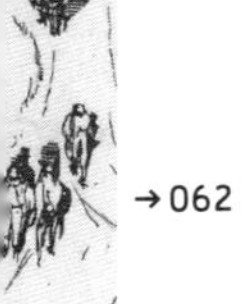

der im petromodernen Konsumkapitalismus allgegenwärtigen Dynamik gegenseitiger ästhetischer, vor allem visueller
Aufladung von Formen des ökonomischen und solchen des
→062 sexuellen Begehrens. [→Männer und Erdöl] Was unterscheidet
das Bild »Ölverschmierte Arbeiter ...« von den Darstellungen
spärlich bekleideter Frauen in einem Autokalender?

Ed Kashis Fotografien bedienen sich einer emotionalisie-
renden, drastischen und Kontraste in den Vordergrund stellenden Bildsprache. Darin stimmen sie nicht nur mit dem
Mainstream der Dokumentationen über die Arbeits- und
Lebensbedingungen auf dem »dunklen Kontinent« Afrika
überein, sondern auch mit Ikonen der petrokritischen Bil-
derproduktion, wie den höllisch anmutenden Bildern von
→209 brennenden Ölquellen [→Brennender Acker], dem verendeten
Kormoran, dessen nicht verrottender Mageninhalt aus Plastik obszön offen zwischen den verwesenden organischen
→214 Resten seines Körpers liegt [→Gesang vom Styrol], oder den Fotografien ölverschmierter Seevögel, die gequält aus schwarzen Höhlen in die Kameras genau jener Weltöffentlichkeit
blicken, deren Konsumgewohnheiten die unfallträchtige
Mobilität der Substanz Öl erst rentabel werden lassen. Hoch-
glanz- und Spektakelästhetik scheinen die Voraussetzung der
Zirkulation dieser Art von Bildern zu bilden.

Michael Watts weist in einer Stellungnahme zum Vorwurf
der Spektakularisierung der schwarzen Körper darauf hin,
wie facettenreich Kashis fotografische Auseinandersetzung
mit der Situation im Nigerdelta sei und dass es sich bei *Curse
of the Black Gold* zudem im Unterschied zu vielen anderen
vergleichbaren Projekten um ein Buch handle, in dem Bilder
und Texte gleichermaßen wichtig seien und das so ein diffe-
renziertes und vielschichtiges Porträt der Situation im Niger-

delta liefere.[8] Beides trifft zweifellos zu. Dennoch bleibt die Frage offen, warum ausgerechnet das Bild der Kopflosen für den Umschlag der von Watts initiierten Publikation ausgewählt wurde. Wäre nicht eine andere Form der fotografischen Auseinandersetzung mit der komplexen Situation im Nigerdelta möglich und vor allem angemessener als jene, die direkt auf das Leid hält und dieses als emotionales Vehikel benutzt?

Beim Betrachten von Bildern des »Petroporn-Genres« wie den oben genannten von höllischen Bränden, leidenden Arbeitern und verendeten Seevögeln stellt sich eine Ambivalenz ein, die jener vergleichbar scheint, die der pornografischen Bildpraxis innewohnt. Während bei Letzterer offen bleibt, ob sie eher der Befreiung und Autonomie sexuellen Begehrens oder dessen Unterordnung in eine Marktlogik dient, stellt sich bei Ersterem die Frage, ob die Anklage, die von diesen Bildern ausgehen soll, kritikfähige politische Subjekte adressiert oder ob der durch sie ausgelöste Affekt bei den Betrachter*innen sich in einem kathartischen Wohlgefühl auflöst. In jedem Fall begeben sich diese Bilder in die Aporien des Verwertungszusammenhangs. Denn die Darstellungen des Elends funktionieren auf dem Markt der Aufmerksamkeit als Ware, und dem physischen Geschehen wird so eine weitere, imaginäre Ebene der Ausbeutung hinzugefügt.

Tehran Museum of Contemporary Art

Nach 40 Jahren muss *Matter and Mind* gereinigt werden. Der inzwischen 72-jährige Schöpfer des Werks, Noriyuki Haraguchi, ist auf Einladung der iranischen Künstlerin Shirin Sabahi aus Japan angereist, um die Arbeiten an seiner Skulptur, die dauerhaft am Fuß der Treppenhausrotunde des 1977 eröffneten Tehran Museum of Contemporary Art installiert ist, zu begleiten.

Arbeiter ziehen lange Rechen durch den flachen, rechteckigen Pool, der bis knapp unter den Rand der Stahleinfassung mit schwarzem, gebrauchtem Motoröl gefüllt ist. Mit Sieben und Netzen fischen sie Gegenstände heraus, die Museumsbesucher*innen in vier Jahrzehnten hineingeworfen haben. Münzen, Bleistifte, Scherben, Steine, Papierflieger, Bonbons, Tabletten oder Zuckerstücke tauchen auf wie Fossilien aus einem Asphaltsee, wie Bronzefibeln aus einem →173 →182 Moor [→Posidonienschiefer, →Weltkulturerbe]. Vier Barrel Öl, die nach Art historischer Restaurationsmethoden aus Beständen aus der Zeit der Errichtung der Skulptur organisiert wurden, gleichen aus, was bislang verdunstet war. Festgehalten ist die ebenso aufwendige wie meditative Prozedur in Shirin Sabahis künstlerischen Arbeiten *Mouthful* und *Pocket Folklore*, einer Videoarbeit (siehe Still auf Seite 168/169) und einer Rauminstallation mit den aus dem Öl geborgenen Fundstücken.[1]

Wenn Öl auf drei ganz unterschiedliche Arten Grundlage von Kunst sein kann – als Material der Kunst selbst, als Bedingung der von Kunst dargestellten Lebens- und Arbeitswelten und als Mittel, das den Erwerb von Kunst ermöglicht –, dann sind bei Shirin Sabahi alle drei Koordinaten exemplarisch thematisiert. Am wenigsten sichtbar und doch am wichtigsten ist hier die dritte genannte Spielart, das in Kunst investierte Ölgeld. In Haraguchis flüssiger Skulptur wird eine der erstaunlichsten Kunstunternehmungen der Welt buchstäblich reflektiert: die größte Sammlung moderner westlicher Kunst außerhalb Europas und der USA und das eigens dafür errichtete Museum in einem Land, das seit 1979 die westliche Moderne zu seinem Feind erkoren hat.

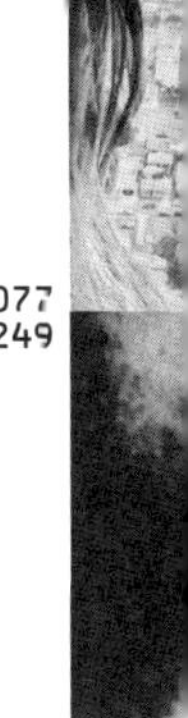

Erworben wurde die Sammlung in den 1970er-Jahren auf persönliche Initiative der Kaiserin Farah Pahlavi mit Mitteln der National Iranian Oil Company (NIOC). Der mondäne Lebensstil des persischen Kaiserpaars war legendär. So soll die Kaiserin in Milch gebadet und der Schah sein Mittagsmenü per Concorde aus Paris geliefert bekommen haben.[2] [→ Sprawl, → Raumfahrt] Eine kaiserliche Kunstsammlung aus Ölgeld passt ins verschwenderische Bild. »Es war am Beginn der 1970er Jahre«, berichtet Pahlavi 2016 in einem Interview mit dem *Guardian*. »Unsere Öleinnahmen waren stark gestiegen und ich sprach mit Ihrer Majestät [dem Schah] und [dem Premierminister] Herrn Amir-Abbas Hoyeda und erklärte ihnen, es wäre jetzt die beste Zeit, um einheimische und ausländische Kunstschätze zu kaufen.«[3] Und so kam es: Ein US-amerikanischer Kurator wurde als Berater engagiert. Werke u. a. von Bacon, Pollock, Rothko, Stella, Motherwell, Moore, Kandinsky, Degas, Renoir, Picasso, Gauguin, Ernst, Giacometti, Magritte wanderten über Christie's, Sotheby's und Beyeler in den eigens dafür von Kamran Diba, einem Cousin der Kaiserin, errichteten Neubau im Zentrum Teherans.

→ 077
→ 249

Wie ein invertiertes Guggenheim Museum schraubt sich das Gebäude vom ebenerdigen Portal über einen Wendelgang, von dem aus die Eingänge zu den Galerien abgehen, mehrere Stockwerke in die Tiefe. Von umsichtigen Direktoren und einem mutigen Sammlungsleiter beschützt, überstehen Gebäude und Sammlung die Islamische Revolution von 1979 und die nachfolgenden Jahre wechselnd radikaler islamistischer Herrschaft unbeschadet. Die Sammlung von 1500 westlichen Kunstwerken verbleibt für zwei Jahrzehnte in einem Depot im Keller hinter zwei Stahltüren, die sich nur für vorsichtig ausgewählte Besucher*innen öffnen.

1999 wird die erste Ausstellung westlicher Kunst mit Warhol, Lichtenstein, Rauschenberg und Hockney gezeigt. 2018 scheitert der Versuch, Teile der Sammlung erstmals im westlichen Ausland – in Berlin – zu zeigen, nach jahrelangem zähen Vorlauf letztlich daran, dass es aus Teheraner Sicht zu gefährlich erscheint, die Werke aus der Hand zu geben. Allein auf 250 Millionen Dollar wird ein Pollock geschätzt, den Kenner für eine seiner besten Arbeiten halten, zwei Rothkos sind je zwischen 100 und 200 Millionen wert, daneben gibt es um die 30 Picassos, je ein Dutzend Rauschenbergs und um die 15 Warhols.[4] Es sind aber gerade diese Werte, die den Leihverkehr erschweren, weil ein Land im Embargo damit Gefahr läuft, verliehene Stücke zu verlieren. Und weil es sogar schwierig werden könnte, Verkaufssummen überwiesen zu bekommen, verbleibt selbst Bacons unverhohlene Darstellung von homosexueller Liebe in *Two Figures Lying on a Bed With Attendants* trotz mehrfacher Ankaufgesuche im Iran, einem Land, wo Homosexuelle von Folter und Todesstrafe bedroht sind.[5]

Die Teheraner Sammlung ist sicherlich einer der spektakulärsten Fälle, in denen Ölgeld in Kunst angelegt wurde, aber beileibe kein Einzelfall. Der Bereich verspricht sowohl hohe Renditen als auch soziales Kapital. Ölindustrielle (und Ölstaaten) setzen hier wie andere Magnaten des bürgerlichen Zeitalters eine alte aristokratische und dynastische Tradition fort. Unbedingt zu nennen wäre in dieser Reihe der Ingenieur und Erdölspekulant Calouste Sarkis Gulbenkian, der seinen sagenhaften Reichtum aus Ölanteilen im Mittleren Osten in eine riesige Kunstsammlung steckte, die vom alten Ägypten bis zur Moderne reicht und über 6000 Werke umfasst. Aus den Mitteln der nach seinem Tod im Jahr 1955 gegründeten Stiftung wurde das Museu Calouste Gulbenkian in Lissabon errichtet, wo er seine letzten Lebensjahre verbrachte. Den Kern des 1969 eröffneten Museums, das zu den größten Kunstmuseen der Welt gehört, bildet heute seine Sammlung. Das US-amerikanische Pendant zu Gulbenkian ist der Ölmagnat J. Paul Getty, der sein Vermögen auf familiärem Erdöleigentum in Oklahoma gründete und ebenfalls große Summen in den Aufbau einer privaten Kunstsammlung investierte. Zu einem der reichsten Menschen der USA wurde er in den 1950er-Jahren dank der Erträge aus Anteilen an kuwaitischen und saudi-arabischen Ölförderregionen, die er 1949 kurz vor den ersten Ölfunden erworben hatte. Auf ihn geht der J. Paul Getty Trust zurück, zu dem das von ihm gestiftete und 1982 mit der Rekordsumme von 1,2 Milliarden Dollar alimentierte J. Paul Getty Museum in Los Angeles gehört. J. Paul Getty Trust und Calouste Gulbenkian Foundation zählen bis heute zu den größten Stiftungen der Welt, die der Förderung von Kunst, Kultur und sozialen Zwecken gewidmet sind.

Eine der in letzter Zeit prominentesten Initiativen, die Welten des Öls und der Kunst institutionell zu verknüpfen,

war der 2017 unter Anwesenheit des französischen Präs denten Emmanuel Macron eröffnete Louvre Abu Dhabi. Mi Ölgeld soll hier für die Zeit nach dem Öl vorgesorgt werder Auf der im Bau befindlichen Museumsinsel entsteht neber anderen *signature buildings* auch noch das von Frank Gehr entworfene Guggenheim Abu Dhabi. So werden Paris und New York – als Weltkunsthauptstädte des 19. und 20. Jahr hunderts – in der ölfinanzierten Zukunftsmetropole am Ara bischen Golf präsent sein.

Man kann die Petromoderne insgesamt als historisch ein zigartige Epoche der Verschwendung verstehen, als Epoche

→221 →262

des rauschhaften Abbrennens alter Schätze. [→Zeitabgrund →Burning Man] Dass dieser Zustand der Verausgabung in ge wissem Sinn weniger exzeptionell ist, als es erscheinen mag darauf hat Georges Bataille in seinem theoretischen Haupt werk zur Ökonomie der Verschwendung hingewiesen: »Die Geschichte des Lebens auf der Erde ist vor allem die Wirkung eines wahnwitzigen Überschwangs: das beherrschende Er eignis ist die Entwicklung des Luxus, die Erzeugung immer kostspieligerer Lebensformen.«[6] Damit stellt Bataille ein durch die Politische Ökonomie seit dem 18. Jahrhundert zur Vorherrschaft gebrachtes Verständnis auf den Kopf, wonach in der Natur wie in der Kultur Knappheit, Mangel und daraus folgend Nützlichkeit und Effizienz die entscheidenden Ent wicklungsfaktoren seien.

Während der Jahre um den Zweiten Weltkrieg, als Batail le an dieser theoretischen Arbeit saß, wurde offenbar, dass in der industriellen Akkumulation der Petromoderne Ver ausgabung zu einem öffentlich verlautbarten ökonomischen Imperativ geworden war, ob in den Exzessen der Kriegswirt schaften auf allen Seiten der Fronten oder im ökonomischen

Kampf der politischen Systeme auf beiden Seiten des »Eisernen Vorhangs«. Energetische Voraussetzung dieser Exzesse und daher auch mit exorbitanten finanziellen Mitteln verknüpft waren die fossilen Rohstoffe Kohle und vor allem Öl.

Aus dieser Perspektive erscheint die Verbindung von Öl(-geld) und Kunst mehr als folgerichtig, ist doch eine der zentralen Funktionen der Kunst in der Moderne, dass sie einen Gegenpol zu Nutzkalkülen formuliert und einen Luxus der Form, des Materials, der Funktion und des Denkens zelebriert. Nur wenn Ressourcen – ob Arbeit oder Materialien – dem »regulären« ökonomischen Stoffwechsel entzogen und zu höherwertigen Schätzen umgewandelt werden, entstehen unter frühneuzeitlichen, merkantilistischen oder kapitalistischen Bedingungen Barockkirchen und Konzerthäuser, Dichtung, Malerei und Musik. Die Kunst der Petromoderne hat die besondere Aufgabe und Chance, die konstitutive Verschwendung der Epoche zu sich selbst kommen zu lassen, sichtbar zu machen und verdichtet zu reflektieren. Vielleicht ist es so gesehen kein Zufall, dass es oft widersprüchliche und extreme Orte wie Abu Dhabi, L.A. oder Teheran sind, an denen dies symptomatisch gelingt.

Als Zauberspiegel hinein in eine kaiserliche Schatzkammer reflektiert Haraguchis Pool die ökonomische und geostrategische Lage der Petromoderne insgesamt. [→ Schwarzer Spiegel] → 225 Schatzbildung, Verschwendung und Luxus bilden nur scheinbar einen Gegenpol zur Logik des Re-Investments in immer produktivere Branchen und der stetigen Gewinnvermehrung. [→ Unbezahlbar] → 131 Gerade die Verausgabung abgeschöpfter Gewinne in kulturelle Segmente führt die Potenz des Kreislaufs vor Augen. Mit Shirin Sabahis Arbeit wird aber auch der alltägliche Umgang mit dem schwarzen Spiegel, werden die Hinterlassenschaften der Schulklassen und die Gespräche der Arbeiter Gegenstand der Kunst. Und spätestens hier verdeutlicht sich: Wir alle, die wir auf die eine oder andere Weise an den Reichtümern und Marotten der Epoche teilhaben, stecken in diesem Pool, bis wir vielleicht in wiederum 40 Jahren herausgezogen und zum Anlass für die freundlichen Scherze von Reinigungskräften werden.

Posidonienschiefer

Das Naturhistorische Museum Braunschweig verfügt über spektakuläre Forschungseinrichtungen. Mit eigenen Grabungen und in eigenen Laboren präparieren die Paläontologen des Museums die gesamte Bandbreite fossilen Lebens und fossiler Ökosysteme aus den Sedimentschichten der Region. Mehrere Meter lange, vollständig erhaltene Ichthyosaurier wie der auf dem Präpariertisch in unserer Abbildung, Knochenfische, die mit ihren glänzenden Schuppen und scharfen Gebissen aus dem Gestein heraustreten, als wären sie gestern dort hineinsedimentiert und konserviert worden, aber auch Heuschrecken, Libellen und Schmetterlinge, deren gemusterte Flügel als Abdrücke im Gestein noch heute plastisch und lebensecht erscheinen, dazu Schnecken, Muscheln, Seeigel. Und im Rasterelektronenmikroskop werden Mikrofossilien sichtbar, Prasinophyceen, Coccolithen, Sporen und Pollen von Landorganismen. [→ Plankton] → 194

Das fossile Jurameer, aus dem diese Funde stammen, liegt heute nur wenige Meter unter der Erdoberfläche zwischen Braunschweig und Wolfsburg. »Posidonienschiefer« – nach ihren Leitfossilien, den Posidonia-Muscheln – werden die streng mineralogisch gar nicht schieferartigen Sedimente genannt.[1]

Nicht immer waren es professionelle Paläontologen und engagierte Laien, die im Braunschweiger Land Naturgeschichte ausgegraben haben. Denn das Gestein birgt nicht

nur hübsche, naturgeschichtlich interessante, sondern auch
→189 strategische Fossilien. [→Bohrkern] Posidonienschiefer enthält hohe Anteile an Kerogen, geohistorisch und geochemisch eine Vorstufe zu Bitumen und damit zu Erdöl. Als eine Art Interface, als Übergang von der Biochemie der Lebewesen zur Chemie der Gesteine, hat der Naturphilosoph und Wissenschaftshistoriker Peter Berz die Kerogene beschrieben: »Die Kerogene sind das Interface zwischen dem *Boden* als Teil der Biosphäre und den *Mineralen* als Teil der Lithosphä-
→205 re.«[2] [→Frontier der Technosphäre] Durch Verschwelen lässt sich der Prozess der geohistorischen Erdölbildung um einige Millionen Jahre beschleunigen. Aus zukünftigem Erdölmuttergestein kann man so schon jetzt künstliches Rohöl erzeugen.
→049 [→Molekulare Mobilisierung, →Science-Fashioned Molecules]
→058

Das Potenzial der bis zu vier Kilometer breiten, 15 Kilometer langen und 40 Meter starken Lagerstätte im Braunschweiger Land ist je nach Perspektive riesig oder lächerlich. 1980, unter dem Eindruck eines Allzeithochs des Ölpreises, erwogen Landesregierung und Mineralölgesellschaften eine Förderung. Auf bis zu 100 Millionen Tonnen künstliches Rohöl, oder – weniger eindrucksvoll – auf damals acht Monate Erdölverbrauch der BRD wurde die mögliche Ausbeute geschätzt.[3] Bürgerinitiativen, mehr noch aber ein fallender Ölpreis haben die brutalen Pläne eines Öl-Tagebaus wieder gestoppt. Zum Vergleich: Aus den Ölsandgebieten des kanadischen Bundesstaats Alberta, seit den 1960er-Jahren eines der nach Fläche größten und umstrittensten Ölförderprojekte der Welt, werden aktuell täglich durchschnittlich circa 180 000 Tonnen Öl aus dickflüssigem Bitumen hergestellt und mit Pipelines in die Raffinerieregionen Nordamerikas
→149 transportiert. [→Louisiana] Die förderbaren Gesamtmengen an

Bitumen schätzen Experten auf 23 bis 57 Milliarden Tonnen. Das staatliche *Oil Sands Discovery Centre* wirbt in einer 2016 zusammengestellten Broschüre damit, dass dieser Vorrat den Ölbedarf ganz Kanadas für die nächsten 500 Jahre decken könnte.[4]

Versuchsweise umgesetzt wurden die Pläne zur Ausbeutung der kerogenhaltigen Formation bei Braunschweig bereits in den 1940er-Jahren. Die NS-Administration erhoffte sich von der einheimischen Ölquelle Entlastung für die durch Treibstoffmangel in Bedrängnis gebrachte Kriegswirtschaft. Testbohrungen hatten schon 1916 und in den 1930er-Jahren die Mächtigkeit der Formation angezeigt. Daher startete man eine Versuchsanlage mit der eigens zu diesem Zweck gegründeten Steinöl GmbH. In einem noch 1944 errichteten Außenlager des KZ Neuengamme wurden dann in der Ortschaft Schandelah bis zu 800 Häftlinge aus der Sowjetunion, Polen, Belgien, Frankreich und zahlreichen anderen europäischen Ländern zum Abbau von Ölschiefer [→ Eichmann] →178 für die Verschwelungsversuche der Steinöl GmbH eingesetzt. Mehrere Hundert Häftlinge starben bei dieser Arbeit.[5] Noch heute sind die offenen Gräben des Ölschiefertagebaus im Rahmen einer Gedenkstätte als Mahnmale der Zeitgeschichte auszumachen, [→ Weltkulturerbe] →182 ganz ähnliche Gräben wie die, aus denen nur wenige Hundert Meter Luftlinie entfernt, am »Geopunkt Schandelah«, paläontologische Schmuckstücke geborgen werden.

Die geohistorisch und zeithistorisch brisante Formation im Braunschweiger Land ist kein Einzelfall. Ähnlich, und nochmals ausgedehnter, waren die Industrie- und Lagerstrukturen in den Posidonienschiefergebieten auf der Schwäbischen Alb zwischen Tübingen und Rottweil am

Neckar. Auch hier wurden ab Ende 1943 im Rahmen des Treibstoffprojekts »Unternehmen Wüste« KZ-Häftlinge in einer Reihe von Außenlagern des KZ Natzweiler-Struthof im Ölschieferbergbau ausgebeutet. Mindestens 3500 von 10 000 Häftlingen kamen dabei gewaltsam in den Lagern rund um Ortschaften wie Dormettingen ums Leben.[6] Und auch hier liegen Stätten der naturhistorischen Bildung, wie das vom Zementkonzern Holcim betriebene Fossilienmuseum Dormettingen, und solche der zeithistorischen Aufklärung, wie die KZ-Gedenkstätte Museum Bisingen, nahe beisammen. Die verhängnisvolle Verknüpfung vermeintlich erhabener Naturgeschichtsforschung mit verbrecherischer, kolonialer Minenwirtschaft – einem »Nachleben« der Sklaverei – in der Geologie[7] [→Petroporn] wird hier unter heimischen Umständen vorgeführt. →155

Als »Leitfossil« einer neu anbrechenden geohistorischen Epoche hat der Schriftsteller Ernst Jünger [→Molekulare Mobilisierung] →049 den Menschen in seinem 1959 erschienenen Essay »An der Zeitmauer« beschrieben.[8] Wenn nicht nur Quantitäten, wie das massenhafte Auftauchen von »Posidoniidae« in einer bestimmten geologischen Struktur, sondern wenn auch das qualitative Handlungsspektrum des Leitfossils Mensch in seiner – mit Jünger – »schichtbildenden« Wucht beachtet werden soll, dann sind gerade zutiefst ambivalente, ja verdorbene Orte wie Schandelah, Bisingen und Dormettingen – Orte, an denen Naturgeschichte nicht ohne Einblick in Zeitgeschichte vermittelt werden kann – privilegierte Schaufenster.

Eichmann

Über manche Namen gleitet der Blick nicht hinweg wie über eine neutrale Information, er verfängt sich und stockt. Adolf Eichmann ist so ein Name. Der unauffällige Organisator des Holocaust, der Schreibtischtäter im Reichssicherheitshauptamt hat einen unverrückbaren Platz in der Geschichte des 20. Jahrhunderts. Insbesondere über Hannah Arendts Beobachtungen zum Jerusalemer Eichmann-Prozess sind Formulierungen wie die »Banalität des Bösen« weithin geläufig. Was aber hat dieser Name, diese Chiffre des Verbrechens, auf geologischen Karten aus Oberösterreich und dem Bundesland Salzburg zu suchen?

Freischurf »Eichmann Adolf« ist in den Bereichen Linz, Salzburg und Attersee zu lesen. Mit violetter und oranger Wasserfarbe sind Rechte an Kohlenwasserstoffen auf Kartenmaterial im Archiv der Geologischen Bundesanstalt Wien vermerkt. Liegt hier eine Verwechslung vor? Oder ist es der »echte« Adolf Eichmann (1906–1962), den man sich im oberösterreichischen Voralpenland als jugendlichen Ölbaron vorzustellen hat? Beides. Ab 1927 ist der spätere Schreibtischmassenmörder tatsächlich in Oberösterreich in Sachen Öl unterwegs. Er arbeitet für die Wiener Filiale der Vacuum Oil Company. Es sind aber nicht die Freischurfe genau dieses Adolf Eichmann in den Karten vermerkt, sondern die seines Vaters, Karl Adolf Eichmann (1878–1960). Nach einer Anstellung bei der Linzer Tramway- und Elektrizitätsgesellschaft hatte dieser sich mit einer Ölschieferfirma und einer Mühle selbstständig gemacht. Der 1906 in Solingen geborene, 1914 mit seiner Familie nach Linz übersiedelte Adolf Junior wurde – ohne Schulabschluss und etwas träge – im industriellen Netzwerk des Vaters untergebracht, zunächst im Ölschieferbergbau [→ Posidonienschiefer] am Untersberg, dann – durch die → 173 Vermittlung jüdischer Bekannter der Familie in Wien – bei der Vacuum Oil Company, und damit bei dem Unternehmen, das einige Jahre später, 1935, gemeinsam mit Shell die Rohöl-Gewinnungs AG gründen wird [→ Bohrprotokoll]. Auf → 016 dem Motorrad ist der junge Eichmann im Mühlviertel unterwegs in Sachen Heizöl und Benzin, aber auch zur Planung von Tankstellen.[1]

Der für die Nationalsozialisten zentrale strategische Rohstoff Öl ist hier auf zufällige, aber doch passgenaue Weise mit der Biografie eines Organisators der Vernichtungslager verwoben. Öl wird als Mittel zum Blitzkrieg, für Panzer- und Luftwaffenverbände, aber auch als Kriegsziel selbst den Weltkrieg antreiben. [→ Munition] Kohlenwasserstoffe sind, wie → 085 Peter Weiss in seinem »Gesang vom Phenol« im Drama *Die Ermittlung* mit Material aus dem Auschwitz-Prozess gezeigt hat, aber auch direkte Tötungsmittel.[2] Buchstäblich wird Benzin als Mordinstrument eingesetzt, in den Gaskammern der Vernichtungslager Sobibór, Bełżec und Treblinka sowie in mobilen Gaswagen der Aktion T4 zur Ermordung Behinderter. Der SS-Mann Erich Fuchs hat im Sobibór-Prozess den Vorgang aus dem Jahr 1942 beschrieben: Kohlenmonoxid aus für diesen Zweck angeschafften und speziell eingestellten schweren Benzinmotoren wurde in die Gaskammern geleitet.[3] Ähnlich wie die sehr viel bekanntere industrielle Chemikalie Zyklon B besetzt auch Kohlenmonoxid die für den

Trumer
Waller-See
SALZBURG
Salzburg
Blatter A. u. Bader J.
Deutsche Petroleum A.G.
Eichmann Adolf
Gewerkschaft Elwerath
Habelsberger Herm
Hofer Georg
Kamig, A.G.
Land Oberösterreich
Alpine Montan A.G. „Hermann Göring"
Rohölgewinnungs A.G.
Renzo Piga
Stadtgemeinde Gmunden
Stern K. Jng., Naumann H., Dr. Hafferl, F. Hafferl
Welser Papierfabrik G.m.b.H.
Wintershall A.G.
Wolfsegg Traunthaler A.G.
Freischürfe u. Grubenmaße
Zeitlinger M. u. Eichmann A.
Schutzgebiete
Böhm. Massiv
Flysch
Kalkalpen

Sauerstofftransport vorgesehenen Positionen im Hämoglobin. Obwohl Blut zirkuliert, kann kein Sauerstoff mehr in die Zellen befördert werden. Der Tod tritt durch Ersticken ein.

Im Erstaunen und Erschrecken über den banalen Namen »Eichmann« auf der Landkarte wird die Belastung der Ressource Öl auf radikale Weise offensichtlich. Selbst die Erleichterung, dass »nur« der Vater des NS-Bürokraten und Schreibtischmassenmörders oberösterreichischer Ölbaron hatte werden wollen, hält hier nicht lange vor. Die Entdeckung einer familiären Verstrickung folgt dabei der Spur der Ermittler selbst. Auch die Gerichtsbarkeit tastete sich in den 1960er-Jahren über den Vater an den Sohn heran. Über Ungereimtheiten in der Linzer Todesanzeige von Adolf Senior wurden Simon Wiesenthal und andere erst auf das argentinische Versteck von Adolf Junior aufmerksam.

Einzig im Wechselspiel aus Erstaunen und Erkennen, aus dem Erschließen und Einordnen historischer Belastungen kann Ölgeschichte auch in ihrem Grauen erforscht werden. Nur so wird das Erschrecken der Nachgeborenen über einen bloßen Namen auf einer Landkarte zu einer wertvollen Ressource der Erinnerung.

Weltkulturerbe

Eine Ölplattform steht in der Mitte einer Hafenstadt und überragt sie wie eine gigantische Kathedrale. Aber die Baustruktur, die auf einem Shell-Firmenkalender von 1988 in die Innenstadt des norwegischen Stavanger montiert ist, sprengt selbst den Rahmen klassischer Kathedralen. Wie gigantische Silos streben ringförmig angeordnete Betonzylinder in die Höhe, noch einmal um das Doppelte durch vier Pfeiler überragt, die eine Plattform tragen, auf der verschiedene Typen von Gebäuden, eine Art Hotel, ein Bohrturm und ein großer Kran, angeordnet sind. Es handelt sich um die Gasförderplattform »Troll«. Das transzendentale Verhältnis, das mit dieser »Kathedrale« inszeniert wird, ist nicht mehr das zwischen der menschlichen Gemeinschaft und einer als höher gedachten göttlichen Ordnung. Vielmehr wird das Verhältnis der Gemeinschaft zu ihrer energetischen Grundlage mit transzendentalen Zügen versehen.

Zur Zeit der Veröffentlichung des Kalenders sind es noch vier Jahre, bis mit dem tatsächlichen Bau der Ölplattform begonnen worden sein wird. Von 1992 bis 1995 dauerte die Erschließung des Troll-Gasfeldes rund hundert Kilometer westlich von Bergen vor der norwegischen Küste. Ebenso lange dauerte die Konstruktion der Condeep-Konstruktion Condeep steht für *Concrete Deepwater Structures* (Betonplattform für tiefe Gewässer), bei der die Trägerstruktur für eine Offshoreplattform nicht, wie bis dahin üblich, aus

Stahlskelettteilen gefertigt wurde, sondern aus Stahlbeton gegossen. Die Sockel dienen zugleich als Tanks für Öl und Gas und müssen aufgrund ihres hohen Eigengewichts nicht am Boden verankert werden. Die Konstruktion ist eine Erfindung norwegischer Ingenieure und wurde für die rauen Bedingungen in der Nordsee konzipiert. [→Abenteurer]. Sie kam →113 zwischen 1973 und 1995 insgesamt fünfzehnmal zum Einsatz. Die Troll-A-Plattform ist die letzte dieser Art und bis dato das größte Bauwerk, das jemals von Menschen bewegt wurde. Vom Sockel in 300 Meter Meerestiefe bis zur Spitze des Krans misst sie 472 Meter. Ihre Stahlbetonstruktur wurde zunächst im Trockendock, danach in den für derartige Tiefwasserbauten optimalen Fjorden bei Stavanger gegossen und dann auf die hohe See zu ihrem Standort geschleppt und auf dem Meeresboden versenkt.

Es scheint passend, dass auch die kulturelle Kalendervision dieser Konstruktion aus Norwegen stammt, dem Land, das bereits zu Beginn seiner Öl- und Gasfördertätigkeit 1970 das Ende des fossilen Zeitalters antizipiert und in einem Staatsvertrag geregelt hat. Noch bis mindestens 2050 soll die Troll-A-Plattform im Einsatz bleiben, andere norwegische Öl- und Gasfelder in der Nordsee, wie Statfjord, Ekofisk, Gullfaks oder Draugen, haben kürzere prognostizierte Laufzeiten. Der norwegische Staat mit seinen etwas mehr als fünf Millionen Einwohner*innen, der mit der Erschließung der Vorkommen zu einer der größten Ölexportnationen der Welt gehört und reich geworden ist, hat für deren Ende vorgesorgt. [→Plankton]. Dies betrifft auch die künftige →194 Erinnerung an deren ökonomische, gesellschaftliche und kulturelle Bedeutung. Das Norsk Oljemuseum in Stavanger, in den 1970er-Jahren projektiert und 1999 von König Harald

eröffnet, ist das führende Erdölmuseum Europas. Zu seinen
Aufträgen zählt die durch die staatliche norwegische Behör
de für kulturelles Erbe formulierte Aufgabe, einen »systema
tischen Überblick über die großen physischen Öl-Konstruk
tionen zu liefern, die erhalten werden können – vor Ort, in
Museen oder an anderen Orten«[1].

Jede Epoche hat ihre »Kathedralen«, Gebäude, die durch
Pracht und Größe beeindrucken und zugleich den Geist der
Zeit zum Ausdruck bringen. In der Industriemoderne des
19. Jahrhunderts waren dies die großen neuen Bahnhöfe aus
Stahl und Glas, Fabrikhallen und andere Fertigungsstätten
die regelmäßig als Kathedralen der Arbeit oder der Indus
trie bezeichnet wurden. Ein großer Teil dieser baulichen
Zeugnisse der Industriekultur verlor im Laufe der letzten
Jahrzehnte seine ursprüngliche Funktion. Jetzt stehen sie
unter Denkmalschutz und dienen zumeist kulturellen Zwe
cken, von der Tate Modern in einer ehemaligen Turbinen
halle in London über den Hamburger Bahnhof in Berlin bis
zum Gasometer in Oberhausen. Wichtige Industriedenk
mäler der Kohlemoderne, wie die Essener Zeche Zollverein
die Völklinger Hütte oder Ironbridge in Mittelengland, sind
UNESCO-Weltkulturerbe.

Der pensionierte Ingenieur Finn Harald Sandberg, der
30 Jahre für die norwegische Offshore-Erdölindustrie gear
beitet hat und jetzt als Berater des norwegischen Erdölmu
seums tätig ist, hat es sich zum Ziel gesetzt, eine der norwe
gischen Condeep-Ölplattformen, die in absehbarer Zeit au
ßer Betrieb gesetzt werden wird, die Draugen-Plattform im
gleichnamigen Ölfeld, zum UNESCO-Weltkulturerbe erklä
ren zu lassen. Bislang wurden die über der Wasseroberfläche
befindlichen Aufbauten der ausrangierten Condeep-Platt

ROLL
JANUAR
FEBRUAR
MARS
APRIL
MAI
JUNI
JULI
AUGUST
SEPTEMBER
OKTOBER
NOVEMBER
DESEMBER
A/S Norske Shell

formen demontiert und der Betonsockel stehengelassen. Sandbergs Plan, der nach Expertenberechnungen ein bis drei Milliarden US-Dollar kosten würde, sieht vor, die Plattform von ihrem Meeresuntergrund zu lösen und an einen Standort in Küstennähe zurückzutransportieren, wo sie als Industriedenkmal besucht werden kann.[2]

Die Initiative hat es in sich. Die Hinterlassenschaften der Petromoderne – die Hinterlassenschaften von Tankerhavarien, geplatzten Pipelines, zerstörten Bohrplattformen, vor allem aber CO_2 und Mikroplastik – werden für Jahrtausende in den Ozeanen, in der Atmosphäre und in den Böden verbleiben, sie werden die Biosphäre des Planeten verändert haben,
→105 egal ob man sie zu Weltkulturerbe erklärt oder nicht [→Durch-
→214 bohrte Erde, →Gesang vom Styrol]. Wenn Bohrplattformen in Norwegen Teil globaler Erinnerung und technikhistorischer Erhaltung werden, dann liegt es nahe, auch andere, bisher versteckt gehaltene Bauten der Erdölmoderne neu zu denken. Industriearchäologen berichten schon länger über das ambivalente Erbe etwa von Raffinerien. Sie sind monströse Monumente der Technik und umwelttechnische Sanierungsfälle in einem, sie werden schneller abgerissen und umgebaut als Historikern und Denkmalpflegern lieb sein kann.

Die Liste von Orten und Stätten, an denen die Erdölmoderne gerade in ihrer Ambivalenz erinnerbar wäre, ist lang. Raffinerien um Houston, rund um die Nordsee, aber auch auf der Karibikinsel Curaçao und in Louisiana wären Kandidaten. Der erste Fließbettreaktor zum katalytischen Cracken von Erdöl auf dem Gelände der Exxon-Raffinerie in Baton
→149 Rouge [→Louisiana] ist bereits National Historic Chemical Landmark, wenn auch nicht als solches zugänglich. Auch andere Stätten müssten, bevor sie erinnert werden können, erst

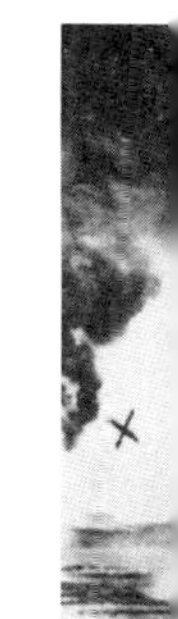

einmal sichtbar gemacht werden, so im Kaspischen Meer vor Baku die riesige, auf Googlemaps aber unsichtbare Agglomeration von künstlichen Inseln und Offshore-Plattformen Neft Daşları. Das in der Stalinzeit auf Stelzen errichtete Petro-Venedig besteht aus Hunderten von Kilometern von LKW-Brücken zwischen 2000 Fördertürmen, aus Wohnungen, Sportplätzen und Clubs für 5000 Bewohner. Selbst der Urahn aller Tankschiffe, der von den Nobels 1878 entwickelte »Zoroaster«, liegt hier in den Fundamenten.[3] [→ Baku] → 119

Eine offensiv erinnerte Ölindustrie und ihre Genealogie wirft neues Licht auch auf bislang ganz anders konnotierte Stätten der Kulturgeschichte. Schon die Prozessionsstraße von Babylon war mit Bitumen verfugt und einige der ältesten Kunstwerke aus Mesopotamien sind 6000 Jahre alte Figurinen mit Bitumenhaar und aus Bitumen geformte Tierköpfe. Auch Stätten des Alten Testaments, wie die Rauch- und Feuersäule, die den Israeliten den Weg durch die Wüste weist (Ex 13, 21–22), lassen sich an Gasfeldern am Sinai verorten.[4]

Dass bestehende oder vorgeschlagene UNESCO-Stätten alten Ölbezug haben oder haben könnten, zeigt sich in Baku mit dem von Erdgas gespeisten Feuer-Tempel Atashgah und dem Jungfrauenturm Qız Qalası, mit seinen über Bohrlöchern errichteten Keramikröhren und Zwischengeschossen, in denen möglicherweise mittelalterliche Chemiker mit Öl und Gas gearbeitet haben.[5] Asphaltseen wie die La Brea Tar Pits in Los Angeles sind bereits National Natural Heritage beziehungsweise wurden, wie der kaum weniger spektakuläre Asphaltsee im Bakuer Stadtbezirk Binəqədi, als zukünftige UNESCO-Stätte und Ort der Konservierung fossiler Ökosysteme und ihrer wissenschaftlichen Rekonstruktion vorgeschlagen.

Aus Naturkundemuseen, aus Museen der Arbeitswelt
von Öl und Gas, aus ethnografischen und kulturhistorischen
Sammlungen, aus industriearchäologischen Stätten und Ge-
→142 denkorten [→Rakete] entstünde eine neue – gleichzeitig geo-
wie industrie- wie gesamthistorische – und damit dem Erbe
der Epoche angemessene Erinnerungslandschaft. Petromoderne Produktionsstätten zum Welterbe zu ernennen heißt
nicht zuletzt auch, der katastrophalen Dimension dieser
Epoche zu gedenken. Dieser Bogen spannt sich von einem
überregional kaum bekannten Gedenkort wie der Ferryhill
→269 Parish Church in Aberdeen [→Hl. Barbara], deren Glasfenster
an eine der großen Katastrophen der Erdölindustrie erinnern, den Brand der Piper Alpha Plattform im Juli 1988, bis
zu einer der monströsesten und bekanntesten UNESCO-
Welterbestätten, dem ehemaligen KZ Auschwitz. Häftlinge
wurden am petrochemischen Produktions- und Vernich-
tungsort Auschwitz III Monowitz zum Bau und Betrieb des
Methanol- und Buna-Werks der IG Farben eingesetzt, der
dort inhaftierte Chemiker und Schriftsteller Primo Levi hat
→049 darüber geschrieben.[6] [→Molekulare Mobilisierung]

Bohrkern

Ein Stein ist ein Stein ist ein Stein. Doch anders als Gertrude Steins Rosen welken Steine nicht, verlieren nicht ihren Duft. In ihnen steht die Zeit still. Was vulkanische Aktivität und Leben in Form von Muschelschalen oder Radiolarienpanzern aufgebaut hatte, ist im Gestein still gestellt, ob im Granit oder Sediment. Die Veränderungen in den Gesteinen sind das Ergebnis geophysikalischer und biogeochemischer, in langen Zeitdauern ablaufender Prozesse. Aber auch sehr kurzfristig kann ein Stein die Rolle wechseln, von einem statischen, stummen zu einem dynamischen, aufschlussreichen, zu einem politisch brisanten Gegenstand. [→ Posidonienschiefer] → 173

Die Abbildung zu diesem Beitrag zeigt ein auf diese Weise mehrfach verändertes Sedimentgestein. Die Probe stammt aus dem Untergrund des Wiener Beckens in Niederösterreich. Sie wurde 1980 als Bohrkern bei der Bohrung Zistersdorf Übertief 1 herausgeschnitten, ausgeführt von der Österreichischen Mineralölverwaltung (ÖMV, seit 1995 OMV). Das beiliegende Papier aus dem OMV-Bohrkernlager [→ Plankton] → 194 nennt neben dem Gestein (Wakestone), der Stratigrafie (Mergelstein) und seiner Porosität (5,5–8,5 Prozent) auch die Tiefe, aus der die Probe stammt: 5601 bis 5606 Meter. Die Probe wurde bei einer Rekordbohrung entnommen, die erst bei 7544 Metern zum Stehen kam. Mit ungeheurem Aufwand sollte 1980 im sogenannten »Dritten Stockwerk«, weit unterhalb der bis dahin bekannten Öl-Lagerstätten, an einer

8000 Meter tief reichenden, im gesamten Alpen-Karpatenbogen einzigartigen geologischen Bruchsituation im Wiener Becken, noch unter den Schichten des Neogen, Flysch und Waschberg, in circa 150 Millionen Jahre altem Sediment Öl
→016 und Gas erschlossen werden. [→ Bohrprotokoll] Im Allzeithoch des Ölpreises schienen selbst höchste Investitionen in tiefste Bohrungen gerechtfertigt. Und tatsächlich: Zistersdorf Übertief 1 stößt am 16. Januar 1980 auf Gas! 1,2 Millionen Kubikmeter Erdgas müssen pro Tag kontrolliert abgebrannt werden. Doch zur produktiven Fassung der Quelle kommt es nicht. Nur drei Tage später stürzt das Bohrloch ein. Und die 1983 abgeteufte Ersatzbohrung Zistersdorf ÜT 2A kann selbst bei 8553 Metern keine Kohlenwasserstoffe erreichen. Statt einer Goldgrube liefern die Bohrungen nur taubes Gestein. Immerhin profitiert die Wissenschaft von der mehrere Hundert Millionen Euro schweren Fehlinvestition, mit Grundlagenforschung über den Aufbau des Alpen-Karpaten-
→023 bogens.[1] [→ Exploration]

Aber ein Stück Stein ist eben nicht nur ein Stein. Wenn sich die Umstände rund um ein nach Menschenermessen stillstehendes Gebilde ändern, kann auch dieses in Bewegung versetzt werden. Davon berichtet die Abbildung. Die Grafik illustriert 2010 im Mitarbeitermagazin der OMV eine erstaunliche Neubewertung der historischen Bohrungen. Hatte die Rekordbohrung selbst an dem von der Iranischen
→164 Revolution erzeugten Ölpreishoch gehangen [→ Tehran Museum of Contemporary Art], gründet sich die Neubewertung 2010 auf
→205 einer technischen Revolution aus den USA. [→ Frontier der Technosphäre]

Es ist das globale und neue Paradigma des Frackings, das die lokal schon als Museumsstücke in verstaubte Ecken des Bohrkernlagers abgeschobenen Proben als neuen Forschungsgegenstand, als »epistemische Dinge«[2] attraktiv macht. Mit dem hydraulischen Aufbrechen von zwar als »Erdölmuttergesteinen« bekannten, aber bis dato nie als »Erdölspeichergesteine« behandelten Formationen, aus denen sich Öl gewinnen lässt, hatten sich ab den 1990er-Jahren die Kalküle der Weltwirtschaft und schließlich auch der Weltpolitik verändert. So ungeheure Ressourcen wurden in *shale*-Formationen in Pennsylvania, Texas, North Dakota und anderswo, in Marcellus Shield, der Bakken Formation, im Permian Basin, angezapft, dass sich die USA von einer Ölimport- zu einer Ölexportnation zurückverwandelte, dass Erdgas aktuell in einigen Gegenden kostenpflichtig vernichtet werden muss und dass Anfang 2020, vor dem Beginn der Corona-Krise, sogar Weltkriegsängste am Persischen Golf den Ölpreis fast unangetastet lassen. [→Zeitabgrund, →Cannonball] →221 →275

Im Jahr 2010 standen auch im Wiener Becken Souveränität versprechende Ressourcen an. Auf 30 Jahre des nationalen Verbrauchs an Erdgas schätzte man das Potenzial der Formation. Doch auf einmal war die Schatzsuche im Wiener Becken aus den Mitarbeiter- und Tageszeitungen wieder verschwunden. Das zunächst teuer erbohrte, dann wertlose, dann museale, dann epistemisch, weil ökonomisch und geostrategisch hoffnungsvolle Gestein hatte sein umweltpolitisches Störpotenzial gezeigt.

In einem Kommunikationsdesaster sondergleichen hatte der größte Konzern des Landes die Fracking-Debatte in Zeiten von Youtube und Facebook unterschätzt. Testbohrungen wurden nicht in erfahrenen Erdölgemeinden [→Bohrprotokoll, →016 →035 →Pferdekopfpumpe], sondern knapp daneben angesetzt, berechtigte Umweltbedenken wurden abgetan. Auf virale Filmclips

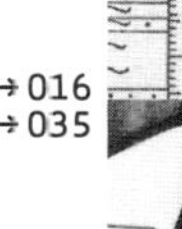

46. WE
ZISTERSDORF ÜT1
DEPTH: 5601 M - 5606 M
LITHOLOGY: WACKESTONE WITH THIN CALCARENITE LAYERS
POR/PERM: 5,5-8,5 % PARTLY OPEN FRACTURES
STRATIGRAPHY: MERGELSTEIN FORMATION
MALMIAN

aus den USA, in denen brennende Wasserhähne zu beweisen schienen, dass durch Fracking Methan ins Grund- und Trinkwasser gelangt, war man nicht vorbereitet. Dass im Film *Gasland*[3] nicht fossiles, sondern biogenes, also im Grundwasser selbst entstandenes, Methan brannte, ging im Trubel unter.

Statt für jahrzehntelang sicher vorhandenes heimisches Erdgas aus den Händen eines in den klassischen Erdölgemeinden hoch geachteten [→ Hl. Barbara], nach hohen Umwelt- → 269 standards produzierenden, noch immer zu 31 Prozent in österreichischem Staatsbesitz befindlichen Unternehmens, hatte die Bevölkerung in turbulenten Bürgerversammlungen für ein anderes Prinzip votiert: *leave it in the ground.*

Ob die Diskussion um die Gasvorkommen des Weinviertels damit zu einem Abschluss gekommen ist oder ob sich der Blick auf das Gestein des Untergrunds nochmals verändern wird, ist jedoch schwer zu sagen. Solange sich die Verhaltensmuster der Verbrauchsländer nicht von fossilen Ressourcen lösen, geht es auch darum, Risiken fair zu verteilen. Gas zu importieren und Umweltrisiken zu exportieren [→ Petroporn] → 155 verfehlt dieses Ziel. So könnte von der Entwicklung möglichst transparenter, bürgerschaftlich begleiteter, staatlich und umwelttechnisch kontrollierter Fördertechnik mehr Vorbildwirkung ausgehen als von der Parole *not in my backyard.* Unter dieser Voraussetzung könnte es also durchaus sein, dass die mittlerweile wieder eingemotteten Bohrkerne ihre Rolle nicht zum letzten Mal geändert haben.

Plankton

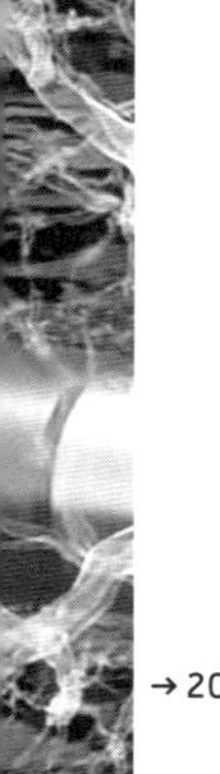

Zu den faszinierendsten Objekten der Wissenschaften vom Erdöl gehört fossiles Plankton. Was im Elektronenmikroskop der Petroleumgeologen sichtbar wird, ist ätherische Schönheit. Vom geohistorischen Ende der industrialisierten Nahrungskette aus wird der Anfang der fossilen Akkumulation sichtbar: winzige Lebewesen, die in großen Massen in seichten Küstengewässern die Sonnenenergie gespeichert haben, mit der wir heute unsere Technologien und Ökonomien befeuern. Als Objekte berichten sie von fernster Naturgeschichte, aber ebenso von den heutigen Bedingungen ihrer
→205 Erschließung. [→Frontier der Technosphäre] Das nachfolgende Bild zeigt die Rasterelektronenmikroskop-Aufnahme einer Probe, die aus dem Bohrkernlager des Norwegian Petroleum Directorate (NPD) in Stavanger entnommen wurde.

Nicht zufällig erinnern die heutigen Bohrkernlager an die Mineraliendepots der im Kolonialismus und Imperialismus errichteten Institutionen der Naturkunde, der Geologischen Anstalten und Naturhistorischen Museen in London, Paris, Moskau, Washington, Berlin oder Wien. Während hinter imperialer Sammeltätigkeit die politische und militärische Macht von Nationalstaaten stand, sind es jetzt meist privatwirtschaftlich organisierte multinationale Unternehmen, in
→189 deren Depots der Planet versammelt wird. [→Bohrkern] Geografien und Geologien nicht nur einzelner staatlicher Bergbauzuständigkeiten, sondern ganzer Kontinente liegen in

schmalen, mit Papier- und QR-Codes identifizierbaren Holz- oder Kunststoffkisten der Konzerne. Hier Rumänien, Libyen, Angola, dort hinten Neuseeland, ein Gabelstapler hat ein paar Säcke Irak dabei.

Dass die koloniale Zusammenschau neue wissenschaftliche Großnarrative erzeugen kann, ist bekannt. Nur als Nutznießer imperialer Verkehrsströme und Räuberei ist etwa Charles Darwins Evolutionslehre möglich geworden. Es brauchte ein Weltreich, um im Reich der Natur die Dynamiken der Evolution zu versammeln und die lange Kette des Lebens zu überblicken.[1] Die Effekte petro-imperialer Wissensakkumulation sind weniger bekannt, obgleich sie im selben globalen Maßstab stattfinden. Dem nur royal-imperial möglichen Zugriff auf Tier- und Pflanzenproben entsprechen nur petro-imperial mögliche Zugriffe auf fossile Gesteinsproben.

Eine Voraussetzung für den Wert dieser Aktivitäten auch für außerindustrielle Forschung ist, dass die imperial erzeugten Daten nicht Herrschaftswissen bleiben und dass auch Erkenntnisinteressen der Grundlagenforschung verfolgt werden können. Damit dies nicht bloß vom wenig verlässlichen Goodwill der Unternehmen abhängt, sind starke staatliche Institutionen gefragt, die auch gegenüber großen Konzernen Ansprüche anmelden können.

Ein Beispiel für eine solche, zwischen Industrie, Staat und Wissenschaft angesiedelte, hochpotente Institution ist das Norwegian Petroleum Directorate. Es untersteht dem Öl- und Energieministerium und bündelt alle petrogeologischen Informationen vom norwegischen Kontinentalschelf. Effizienz, Transparenz, hohe Umweltstandards und die Nutzung der erworbenen Kenntnisse auch für den Übergang in ein postfossiles Zeitalter bestimmen die Programmatik. Wenn

hier also mit dem feinstmöglichen Pinsel Mikrofossilien präpariert werden →173 [→ Posidonienschiefer], dann im Zeichen eines starken Staats, dem am Gemeinwohl seines Volkes gelegen ist.

Einer der wohl dichtesten Versuche, Technik, Natur und den Wohlstand eines Landes zusammenzudenken, in dem ein staatlicher, aus Öleinnahmen gespeister Pensionsfonds 160 000 EUR pro Staatsbürger*in auf der hohen Kante hält →182 [→ Weltkulturerbe], war 2014 der nicht realisierte Entwurf der norwegischen Künstlerin Ellen Karin Mæhlum für eine neue 500-Kronen-Note. Die ästhetisch verwandten Formen der bei der Erdölbohrung eingesetzten Rollenmeißel und des Phytoplanktons *Emiliania huxleyi* hätten die Vorder- und Rückseite der zweitgrößten norwegischen Banknote geziert. Das wäre eine Erweiterung von Ernst Haeckels Diktum von den »Kunstformen der Natur«[3] gewesen, um »Naturformen der Technik« und »Urwüchsigkeit des Geldes« und solcherart einzigartig im aufklärerischen Grad seiner Selbstreferenzialität.

Dass die norwegische Volkswirtschaft seit Beginn der 1970er-Jahre auf Erdöl setzt und damit fossilem Plankton ihren märchenhaften Reichtum verdankt, ist nicht ohne nachdenkliche Pointe. Bis zum Ende der 1960er-Jahre hatte Norwegen vom Walfang und vom Export des Walöls gelebt und mit technischen Innovationen wie der Dynamitharpune Plankton und Krill fressende Meeressäuger an den Rand des Aussterbens gebracht. Der Schwenk zum Öl ersetzte den Platz am Ende der jagdtechnischen durch einen Platz am Ende der geotechnischen Nahrungskette. Als eine der jüngsten Erdölnationen war es zudem ein verständliches und kluges Anliegen, von den Fehlern der Pioniere zu lernen und zu versuchen, sich in diesem Haifischbecken an die Spitze

10 µm

zu setzen, mit neuen Technologien und nachhaltigen Organisationsformen. Alle weiteren Schritte werden einstweilen das Ziel haben, den Spitzenplatz am Ende aller Nahrungsketten zu halten. Dies allerdings um den Preis von Widersprüchen, etwa als Land, das sich der vollständigen Umstellung auf erneuerbare Energien schon bis zum Ende des laufenden Jahrzehnts verschrieben hat und in dem der Verkauf von Verbrennungsmotoren ab 2025 verboten sein soll, dessen Wohlstand und Fortschrittlichkeit aber mindestens bis 2070 vom Export eben erst neu erschlossener Ölvorräte gespeist sein könnten.[4] Ob der nächste echte Schwenk zur nachhaltigen »Batterie Europas«, die mit Wasserkraft den Aufbau →049 synthetischer Moleküle befördert [→Molekulare Mobilisierung] wieder unter dem Wappentier des Plankton firmiert und welche Spezies dann gerettet und welche im Tauschhandel gefährdet wird, bleibt abzuwarten.

Tiere im Ölfeld

Wildschweine auf einer Lichtung im Eichenwald. Was könnte selbstverständlicher sein? Auch der Traktor auf der folgenden Fotografie aus den 1970er-Jahren deutet auf eine ländliche Szene hin. Der planierte Boden hingegen, Männer mit Helmen, Bürowagen, Tanks und eine Stahlkonstruktion sprechen für einen technischen Hintergrund. Tatsächlich haben sich die Wildschweine auf das Gelände einer Erdölbohrung des Tiefbohrunternehmes Richard Keith van Sickle in Niederösterreich verirrt. [→Abenteurer] →113 Wildschweine sind in den 1970er-Jahren im Plattwald keine seltenen Gäste. Man habe sich liebevoll um die Tiere gekümmert, so James van Sickle, der damalige Chef.

Von erstaunlichen Effekten der Begegnung von Tier und Technik berichtet auch die lokale Jägerschaft. Ausgerechnet die damalige Gepflogenheit, anfallende Tiefengrundwässer [→Spülung] →028 in offenen Gruben zu sammeln – was angesichts ihrer mineralischen, mitunter auch radioaktiven Bestandteile mittlerweile anders gehandhabt wird –, sei gern gesehen gewesen. Denn das Fell der Tiere, die sich in diesen mineralischen Tiefenwässern mit besonderer Freude gewälzt hätten, habe auch als Trophäe einen besonderen Glanz aufgewiesen.

Auch aus elsässischen Erdölrevieren bei Pechelbronn und Lampertsloch [→Schlumberger] →109 sind Geschichten über eine besondere Affinität der Schwarzkittel zum Schwarzen Gold überliefert.[1] Schon der legendäre, für die seit 1501 schrift-

lich belegte Ölquelle namensgebende Mönch Lampert habe im 7. Jahrhundert die wohltuende Kraft des Öls für das Wild festgestellt. Wildschweine, die sich in dem an einer heißen Quelle an der Erdoberfläche austretenden Öl gewälzt hatten, wurden von der Schweinepest verschont. Und noch immer lassen sich in den Auwäldern bei Pechelbronn Wildschweinspuren rund um offene Teertümpel finden.

Von diesen Funden angeregt, hat Johannes Theophil Hoeffel im Jahr 1734 an der Universität Straßburg eine Dissertation vorgelegt und damit eine der ersten wissenschaftlichen Arbeiten zum in Mitteleuropa seit der Frühen Neuzeit als spirituelles Heilmittel weit verbreiteten und in regelrechten Mirakelbüchern beurkundeten Öl.[2] Von zahlreichen wohltuenden Anwendungen für Menschen ist bei Hoeffel zu lesen:

> Es ist hilfreich bei Asthma, chronischem Husten und anderen Schwierigkeiten beim Atmen. Ein Armer, welcher zu jener Zeit mit seiner Familie in der Nähe der Quelle lebte, verwendete das Wasser sowohl als Getränk wie auch zum Zubereiten der Nahrung, und eine Alte, welche es ihm nachmachte, fand sich unverhofft in kürzester Zeit von ihrem Leiden befreit.[3]

Bei Zahnschmerzen hülfen gekaute Teerbatzen, sie wirkten gegen Karies und seien eiterlösend. Teer wirke ebenfalls als Mittel gegen Nerven- und Kopfschmerzen. Bei Krämpfen und Koliken sei äußerlicher Gebrauch als warme Packungen zu empfehlen, bei Krätze und sogar Syphilis rät Hoeffel zum Einreiben mit Öl oder Teerwasser sowie zum Einnehmen des Letzteren.

Andere Spezies hingegen werden von Öl besonders in der warmen Jahreszeit in einen fatalen Bann gezogen, so Hoeffel:

> Dass die Verdunstung zu dieser Jahreszeit stark ist, beweist nicht nur der Geruch, der sich über größere Entfernungen verbreitet, sondern auch das besondere Verhalten der Insekten, Fliegen, Wespen und Hornissen, welche wie in einer Säule über der Quelle auf- und absteigen. Einmal angelockt, stürzen sie vom schwefligen Dunst wie betäubt in die Quelle. Im Sommer ist das Öl so sehr durch eine Menge Insekten verunreinigt, dass es für jede Verwendung ungeeignet ist.[4]

Im Extremfall der Evolution wäre aber sogar eine Anpassung der Biochemie von Lebewesen an die Petrochemie möglich, und es sind Insekten, die das beweisen. *Psilopa petrolei*, beziehungsweise nach neuerer Nomenklatur *Helaeomyia petrolei*, ist eine in kalifornischen Ölsümpfen gedeihende Fliege. Der Biologe Theodosius Dobzhansky erwähnt sie als Musterbeispiel einer auf winzige ökologische Nischen reduzierten Lebensform.[5] Ihre Larven entwickeln sich im und nur im Öl, und die ausgewachsenen Tiere können sich auf der klebrigen Oberfläche fortbewegen. Dass damit auch die mikrobakteriellen Symbionten, also die Verdauungsbakterien der Fliege ans kalifornische Öl angepasst sein müssten, liegt als eine Art Kettenschluss der Symbiose der Lebewesen nahe.[6] [→ Greenhouse] →092

Vermutlich liegt eine technische Nutzung dieser Bakterien zum Abbau von Öl in verseuchten Böden und Gewässern [→ Brennender Acker] eher in Reichweite als die evolutionäre Anpassung von elsässischen Wespen und österreichischen Wildschweinen ans Öl. Aber selbst für diesen technisch-biologischen Trick der Spezies Mensch gälte mit Dobzhanskys Aufsatztitel: »Nothing in Biology Makes Sense except in the Light of Evolution«. →209

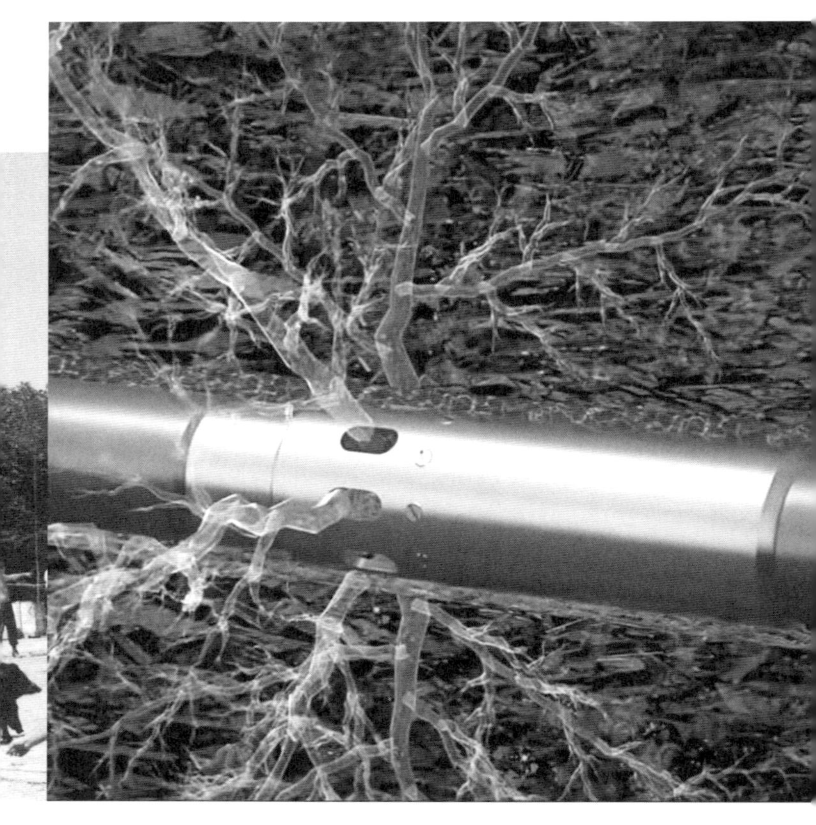

Frontier der Technosphäre

Eine für die Erde spezifische Schicht verbindet, vermischt und entgrenzt Lithosphäre, Atmosphäre und Hydrosphäre, also Boden, Luft und Wasser. Als »Biosphäre« beschreibt sie der Geologe Eduard Suess erstmals 1875:

> Die Pflanze, welche ihre Wurzeln Nahrung suchend in den Boden senkt und gleichzeitig sich atmend in die Luft erhebt, ist ein gutes Bild der Stellung organischen Lebens in der Region der Wechselwirkung der oberen Sphären und der Lithosphäre, und es lässt sich auf der Oberfläche des Festen eine selbstständige Biosphäre unterscheiden.[1]

Eine schmale Grenzschicht erweist sich als mächtiger, ja planetarischer Operator. Denn das Leben sitzt nicht als fremder Gast zwischen Gesteinen und Lufthülle. Der Sauerstoff der Atmosphäre, Kalkgebirge, Bändereisenerze, Kohlenwasserstoffe, Mineralien wie Schiefer und Granit – zentrale Teile aller anderen Schichten sind vom Leben gemacht. [→Posidonienschiefer, →Bohrprotokoll] →173 →016

Einige Jahrzehnte nach Suess identifiziert der russische Biogeochemiker Vladimir Vernadskij einen der Biosphäre verschwisterten, besonders aktiven Bereich: die »Noosphäre«, die Sphäre des menschlichen Geistes und der Wissenschaft. Diese Sphäre des Technischen sprengt den Bereich tierischen und pflanzlichen Lebens – buchstäblich und konzeptionell. Es sind aber nochmals ätherischere Faktoren, die

die Vermischung der anderen Schichten hier antreiben: Wissen und Vernunft.

> Das Entstehen der Vernunft und ihr prägnantes Hervortreten – die Organisierung der Wissenschaft – ist ein erstrangiges Faktum in der Geschichte des Planeten, das in der Tiefe der Veränderungen vielleicht alles übertriff, was früher in der Biosphäre zu Tage getreten und uns bekannt ist. Dieses Faktum ist durch den Milliarden Jahre andauernden Evolutionsprozess vorbereitet und wir sehen nun seine Wirkung, im äußersten Fall in geologischen Minuten.[2]

Abgewandelt, als »Technosphäre«, ist das Konzept auch in aktuellen Debatten zum Anthropozän präsent, etwa in den Arbeiten von Peter Haff.[3] Eine in der Evolution verankerte und dazu auf Wissen über Evolution basierende Sphäre menschlicher Technik und Vernunft zeigt sich insbesondere in der Erschließung des Untergrunds. Seit Beginn der fossilen Industrie werden »unterirdische Wälder« in Form von Kohle oder Öl ausgebeutet.[4] Die Technosphäre wird erwei-
→ 105 tert, nach unten durch unterirdische Stollen [→ Durchbohrte Erde] sowie nach oben durch fossilen Kohlenstoff in der Atmosphäre. Gleichzeitig entsteht aus dem hier angehäuften Wissen eine neue rationale Ordnung: eine ihrerseits evolutionär informierte Geologie und Paläontologie und damit das für das Weltbild der Moderne essenzielle Narrativ einer biogeochemisch in Entwicklung befindlichen, mehrere Milli-
→ 221 arden Jahre alten Erde. [→ Zeitabgrund]

Aus dem Zugriff auf fossile Stoffe entsteht eine ganze Ordnung epistemischer und praktischer Rationalität, eine Ordnung, wenn man so will, fossiler Vernunft.[5] Bis heute ist es der fortschreitende Zugriff auf immer entlegenere, kompliziertere Lagerstätten von Kohlenwasserstoffen, der den jeweils letzten Stand fossiler Vernunft mobilisiert und weiterentwickelt. [→ Exploration]

→023

Ein Beispiel bieten Bohrungen des brasilianischen Ölkonzerns Petrobras im Mündungsbereich des Amazonas. Der Kontinentalschelf fällt hier steil ab und es bedarf enormer Mittel, um in diesen Tiefen zu bohren. Wenn aber dort gebohrt wird, dann wird an Pollen und Mikrofossilien die Naturgeschichte Südamerikas der letzten 12 Millionen Jahre seit Hebung der Anden und dem Mittleren Miozän ablesbar.[6]

Hier wird das Maximum der Evolution von Technik, Wissenschaft und Finanzkapital zur Ausbeutung und Deutung von Naturgeschichte aufgeboten. Player wie Petrobras investieren in eine einzige Offshore-Tiefbohrung in kompliziert unter dicken Salzschichten verborgene Lagerstätten Summen von bis zu 300 Millionen US-Dollar, mehr als der Jahresetat von 200 Millionen Dollar des International Ocean Discovery Program (IODP), eines durch weltweite Beteiligung finanzierten Konsortiums zur Klima- und Ozeangrundlagenforschung.

Aber auch im Untergrund klassischer, fast schon erschöpfter und somit abgeschriebener Ölregionen hat sich die Technosphäre zuletzt wesentlich erweitert. Erdölmuttergesteine, die bis dato gar nicht als Lagerstätten verhandelt wurden, werden seit den 1990er-Jahren mit hohem hydraulischem Druck bis in die Poren aufgebrochen. Auf der zu diesem Eintrag gehörenden Abbildung ist eine schematische Darstellung der Funktionsweise dieser Fracking genannten Technik zu sehen. Ausgehend von den USA hat sie den globalen Ökonomien einen neuen Öl-Boom beschert, *peak oil* ist in weite Ferne gerückt. [→ Bohrkern]

→189

→028

Als Politikum und Umweltrisiko ist die Technik in aller Munde. Aber selbst bei korrekter, verantwortungsvoller Ausführung in großen, nicht erdbebengefährdeten Tiefen, mit intakter Verrohrung und korrekter Entsorgung aller Abwässer [→Spülung] bleibt die kulturtheoretische Frage, welche Grenzüberschreitungen den Bereich des Technischen und damit der Kultur hier definieren. Der Übergang von Litho- zu Technosphäre wird in derart unkonventionellen Lagerstätten per Hochdruck direkt in die aufgebrochenen Gesteinsporen hineinverlegt, genau dorthin, wo die Biosphäre das Gestein und seine energetische Fracht erzeugt hatte.

Im Detail und Prinzip werden hier Grenzmarken und Maßstäbe des Technischen gesetzt, die aller Voraussicht nach auch dann nicht wieder zurückversetzt werden, wenn die kapitalistische Praxis der Durchforstung »ehemaliger Biosphären«[7] beendet sein wird. Die in Auseinandersetzung mit diesen Grenzen mobilisierte fossile Vernunft, die Verknüpfung von skrupellosen Marktmechanismen, von geohistorischer und evolutionärer Erkenntnis, wird auch für alle kommenden Technosphären und Rationalitäten eine Rolle spielen. Und wie für Eduard Suess das Nahrung suchende Leben, kann diese Sphäre technischer Aktivität schon jetzt den Eindruck erwecken, an allen anderen Sphären mitgemischt zu haben.

Brennender Acker

Verstört irren die Menschen im Angesicht der brennenden Petroleumquelle über das Feld. Nicht einmal der Bau einer Kapelle direkt am Ort einer früheren Brandkatastrophe hat die jetzt wieder ausgebrochene dunkle Kraft des Öls besänftigen können. *Der brennende Acker* von Friedrich Wilhelm Murnau inszeniert im Jahr 1922 als einer der ersten Spielfilme der Kinogeschichte die destruktive Kraft des Öls.[1] Eine weitverzweigte Familie gerät ins Unheil, als ein der Landwirtschaft entfremdeter und zur Liebe unfähiger Sohn von der Petroleumquelle unter dem Teufelsacker erfährt. Mehrere Frauen kommen durch Selbstmord und Unfall zu Tode, die Quelle brennt ab.

Was Friedrich Wilhelm Murnau hier im Spiegel einer düsteren Familiensaga abhandelt – er selbst wird 1931 in Santa Barbara in Kalifornien tödlich mit dem Auto verunglücken –, ist kein Sonderfall. Eine Erdölwirtschaft ohne Erdölkatastrophen, ob sozialer oder ökologischer Art, hat es nie gegeben. Nur vor dem Hintergrund des ständig möglichen – und sich auch ständig in größerer oder kleinerer Intensität ereignenden – Unfalls ist der historische Sonderfall einer von Unmengen fossiler Energie alimentierten Moderne denkbar. Und insbesondere das Kino hat sich derartigen Verwerfungen mit besonderer Aufmerksamkeit gewidmet, fallen das Zeitalter des Öls und das des Kinos doch nahezu deckungsgleich aufeinander. Das sich aufbäumende, riesenhafte, als

Dämon inszenierte Feuer ist fester Bestandteil des Ölkinos. Ein brennendes, brüllendes Monster rast in Peter Bergs *Deepwater Horizon* 2016 durch die Gänge der explodierenden Bohrplattform.[2] In Werner Herzogs *Lektionen in Finsternis* von 1992 liegt ein schwarzer, apokalyptischer Himmel aus Feuer, Rauch und Ruß über der kuwaitischen Wüste, dazu erklingt Wagner-Musik.[3] Und bereits 1896, also lediglich ein Jahr nach der Erfindung des Kinos, zeigt ein Filmstreifen aus dem Studio Lumière mit dem vermutlich im Nachhinein hinzugefügten Titel *Oil Wells of Baku: Close View* die infernali-
→ 119 schen Bilder einer brennenden Ölquelle.[4] [→ Baku]

Der popkulturelle und künstlerische Fokus auf die Katastrophe erscheint nur angemessen. Wie sonst wäre die größte Aufmerksamkeit auf die größten Missstände zu lenken? [→ Petroporn] Und um solche geht es, wenn wie im Fall der am 20. April 2010 havarierten BP-Bohrinsel Deepwater Horizon eine Million Tonnen Öl die Tiefsee und die Strände Louisianas und Floridas nachhaltig verseuchen, wenn Satellitenbilder Rauchschwaden im Ausmaß halber Landkreise zeigen und wenn selbst nach zehn Jahren immer neue Details der Verseuchung ans Licht kommen.

Und doch beleuchtet der Blick auf die Katastrophen im Golf von Mexiko oder in Kuwait fast ebenso wie das Versagen auch das Funktionieren des Erdölwesens. So lässt das vor der Welt- und Kinoöffentlichkeit havarierte Bohrloch der Deepwater Horizon die ungeheuren Ströme von Öl erahnen, die tagtäglich ganz unauffällig und ohne Rampenlicht aus Tau-
→ 105 senden von »Löchern in der Welt«[5] strömen. [→ Durchbohrte Erde] Gerade mal ein Viertausendstel der Weltjahresproduktion von 2010 hatte als nutzloses Gift die Küstenstreifen verklebt und die Atmosphäre geschwärzt. Die anderen 3999 Tei-

le waren – jedenfalls im Theoriefall anderweitig ausgeschlossener Lecks – kontrolliert gefördert, transportiert und dann zu großen Teilen ebenfalls verbrannt und in der Atmosphäre und in den Weltmeeren deponiert worden.

So grell und drastisch Ölquellen explodieren und so bruchlos sich hier von Action- auf Awareness-Kino überblenden lässt, sehr wahrscheinlich stellt nicht der Unfall, sondern der unauffällige Normalfall, stellt die geölte und nur unterhalb der Aufmerksamkeitsschwelle schadhafte Maschinerie die größere ökologische Katastrophe dar. Dafür, dass das Haus brennt, sind nicht unkontrolliert brennende Äcker, sondern kontrolliert erzeugte und verfeuerte Kraftstoffe in TÜV-geprüften Motoren verantwortlich. [→ Motor, → Burning Man] →070 →262

Gesang vom Styrol

Der 13-minütige Dokumentarfilm *Le chant du styrène* (Der Gesang des Styrols) von Alain Resnais aus dem Jahr 1958 handelt von modernen plastifizierten Lebenswelten. Sein Titel verweist auf den ebenso schönen wie gefährlichen Gesang der Sirenen in der antiken Mythologie. Resnais, der in den 1960er-Jahren als ein radikaler Exponent des avantgardistischen Films der *Nouvelle Vague* in die Filmgeschichte eingehen sollte, drehte ihn im Auftrag eines Industriekonsortiums. Damit ist er kein Einzelfall, auch am Anfang der Karriere anderer berühmter Filmemacher, wie Bernardo Bertolucci,
→040 standen Auftragsarbeiten für die Ölindustrie. [→Pipeline] Der Film erzählt die Geschichte der Entstehung des Plastiks rückwärts, also von dessen geformten Endprodukten aus.

Er beginnt mit einer traumartigen Sequenz in einer mythischen Landschaft, einem Wald aus quietschbunten Plastikgegenständen, deren Formen an vorzeitliche Pflanzenarten erinnern, welche zu jenen Zeiten auf der Erde wuchsen, als sich die organischen Grundlagen der *prima materia* der Petrochemie, des Erdöls, über einen Prozess von Jahrmillionen Jahren ablagerten, sammelten, zusammenpressten. Zu dramatischer Musik sehen wir transparente Löffel, die sich wie Blüten aufrichten, und seltsame, gelbe und rote Gestänge in Astform, die hin- und herschwingen, als würden sie vom Wind gewiegt.

»Oh Materie aus Plastik«, deklamiert die Stimme aus dem

Off einen Text des Schriftstellers Raymond Queneau, »woher kommst du? Wer bist du? Und was erklärt deine Beschaffenheit?«[1] Dann folgt eine weitere Sequenz seltsam entrückter Einstellungen, die Dinge des Alltags zeigen: Aufbewahrungsbehälter, Kühlschranktüren, Schnabeltassen, Tennisschläger, ein schwer zu identifizierendes elektrisches Küchen- oder Bürogerät. Ein Kompendium der Dinge des Lebens seit dem Beginn der zweiten Hälfte des 20. Jahrhunderts, als in den modernen Lebenswelten ein Großteil der Gegenstände und Umgebungen aus Plastik nachgeschaffen wurde.

Schließlich, gleichsam als Summe aller Gegenstände: eine rote Schale. Mit einfachen Behältern nahm die Kulturgeschichte des Menschen ihren Anfang. Dies gilt auch, so scheint es, für die zweite »KulturNatur« der modernen Plastikwelt, in der alles noch einmal neu und von Neuem geschöpft wird. In Adorno und Horkheimers berühmter Interpretation der Sirenen-Episode aus den Homerischen Epen verkörpert Odysseus prototypisch das moderne bürgerliche Subjekt, dessen ästhetischer Genuss (des Gesangs) zum Preis der Entsagung erkauft sei (er ist an den Mast gefesselt und kann sich der Schönheit nur von Ferne hingeben) und zugleich die Muskeltätigkeit einer unwissend gehaltenen Arbeiterklasse (die rudernde Mannschaft) voraussetze.[2] Der »Gesang vom Styrol« dagegen, so das Versprechen der industriellen Massenkultur, ist für alle da, egal welcher Klasse oder welchem Geschlecht sie zugehören. [→ Männer und Erdöl] Plastik → 062
sei »die erste magische Materie, die zur Alltäglichkeit bereit ist«[3], hat Roland Barthes ungefähr in der Zeit geschrieben, in der Resnais' Film entstand und in der große, von der Industrie organisierte Ausstellungen in den westlichen Industrienationen für die neuen Kunststoffe warben.

Plastik ist die Einlösung des uralten alchemistischen Versprechens, aus Dreck Gold zu machen, Gold für die Massen:

> Ein Luxusgegenstand ist immer mit der Erde verbunden und erinnert stets auf eine besonders kostbare Weise an seinen mineralischen oder animalischen Ursprung (...). Das Plastik geht gänzlich in seinem Gebrauch auf; im äußersten Fall würde man Gegenstände erfinden um des Vergnügens willen, Plastik zu verwenden. Die Hierarchie der Substanzen ist zerstört, eine einzige ersetzt sie alle: die ganze Welt kann plastifiziert werden (...).[4]

Dass es kostengünstig hergestellt wird und praktisch alles, was vorher ein Luxusstoff war, nachbildet – Leder, Porzellan, Geschmeide –, ist zugleich ein Fluch. Denn der Wert des Plastiks kann sich nicht auf die Herkunft oder Seltenheit der eingeflossenen Materialien beziehen, sondern erschöpft sich in seinem Gebrauch. Darum ist Plastik in der Regel nicht da, um aufgehoben, sondern um weggeworfen zu werden.

Nach einer Schwarzblende wechselt die Szenerie, und die Formen und Pressen, die den petrochemischen Schöpfungsvorgang mechanisch vollenden, kommen ins Bild. Erst sehen wir deren *frontend,* wo die neuen Plastikgegenstände ins Leben treten, dann das *backend,* an dem die Rohmaterialien eingeführt werden. In der Werkstatt der ersten Schöpfung wäre hier Lehm zur Anwendung gekommen. In der modernen Schöpfung ist es Granulat: harte, bunte, kleine Körnchen, wie Kiesel oder Graupen. In etwa diese Form wird Plastik nach seinem Gebrauch durch die Erosionskräfte von Wind und Wasser wieder zurückverwandelt. Denn obgleich die petrochemische Materie organischen Ursprungs ist, verhält sie sich eher wie ein Mineral. [→ Sprawl] → 077

Weiter wandert die Kamera den Produktionsvorgang hinauf. Wir sehen ein dünnes, weißes Pulver, das mit Farbstoffen vermischt werden muss. Im Film kommt es aus einem großen Rohr. Heute tauchen solche Plastikpulver an allen Ufern der Welt und sogar in den Albträumen apokalyptisch gestimmter anthropozäninformierter Menschen auf. Sie reichern sich an als Sediment der Petromoderne.

Kohlenwasserstoffverbindungen aus Erdöl bilden die Ausgangssubstanzen der meisten synthetischen Kunststoffe. In zeitlicher Hinsicht sind sie voller Widersprüche und Extreme: Plastik ist zugleich ein Stoff für den schnellen Gebrauch und einer, der nicht vergeht, als ob in ihm das urzeitliche Alter seines Herkunftsmaterials insistieren würde. →221 [→Zeitabgrund] Es ist nicht in Wasser löslich und lässt sich trotz seines organischen Ursprungs nicht auf die in organischen Umgebungen vorherrschenden Stoffwechselprozesse von Verwesung und Zersetzung ein. Mit diesen Eigenschaften hat sich die neue menschengemachte Materie in beunruhigender Weise in allen Wasserkreisläufen der Erde ausgebreitet. Von den Plastikstrudeln in den Ozeanen über die Belastung der Binnengewässer und des Trinkwassers mit Bisphenol A und Weichmachern (*plasticizer*), die hormonähnliche Wirkungen auf tierische und damit auch menschliche Organismen haben können, bis zur Anreicherung der Nahrungskette und der Metabolismen der Menschen mit Mikroplastik. →092 [→Greenhouse] Es handelt sich um eine Form von »langsamer Gewalt«[6] →149 [→Lousiana], deren Langzeitfolgen noch nicht abschätzbar sind.

Die Anzeichen mehren sich, dass das in vielen Kontexten der Verpackung, aber auch der Medizintechnik gerade wegen seiner Aseptik geschätzte Plastik →109 [→Schlumberger] durch

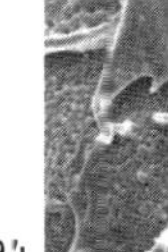

aus Teil von ökologischen Systemen wird, jedoch in bisher nicht bekannten evolutionären Bahnen. Anders aber als der technische Horror der Atomtechnik, der oft mit mutierten Riesentieren assoziiert wird, sind es hier winzige Lebensformen, von denen die Ungewissheit ausgeht. [→ Plankton] In den Ozeanen herumschwebende Mikroplastikteilchen dienen als eine Art Floß für biodiverse Ökosysteme aus Tausenden verschiedener Bakterien und Viren. [→ Cannonball] Ob in diesen »Plastisphären« tatsächlich Stoffwechselprozesse mit dem Plastik und der hier gespeicherten fossilen Energie stattfinden, ist noch nicht bekannt, doch scheint es sehr wahrscheinlich, dass dies früher oder später geschieht. [→ Tiere im Ölfeld] Spätestens dann hätten wir es mit einem durch petromodernes Tun ausgelösten, unintendierten Prozess der Evolution zu tun.[7]

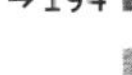
→ 194

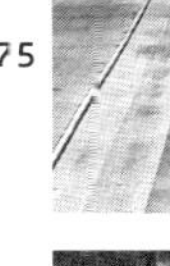
→ 275

→ 199

Wie lange dieser Prozess dauern wird, ob er zur Lösung der Plastikkrise beiträgt oder primär schädliche Auswirkungen hat und ob sich das alles überhaupt in für uns Menschen relevanten Zeitmaßstäben abspielen wird, ist allerdings unklar. *Le chant du styrène* – wenngleich sein Titel auf den Gesang der Sirenen und damit auf die Gefahren einer mythischen Natur verweist – erzählt die Geschichte einer Schöpfung nach dem Muster menschlicher Schöpfungsmythen wie der biblischen *Genesis* in nur wenigen Tagen. Anders als seine narrative Struktur impliziert, ist diese Schöpfungsgeschichte aber noch lange nicht abgeschlossen. [→ Science-Fashioned Molecules] Der zweite Teil, ihre evolutionären Folgen in der organischen Welt, muss noch erzählt werden. Protagonist*innen in diesem experimentellen Langzeitfilm sind wir alle, unsere menschlichen Nachfahren und auch alle anderen Organismen.

→ 058

Zeitabgrund

Durch eine Sanduhr läuft Rohöl und verwandelt sich in Dollars. Zeit gleich Öl gleich Geld. Die Botschaft der Zeitungswerbung der Royal Bank of Scotland von 2010 ist eindeutig: Jetzt in eine immer knappere Ressource investieren und damit ablaufende Zeit in Profit verwandeln. Aber was bedeutet Zeit im Zusammenhang mit Öl? Tatsächlich tun sich in jedem Tropfen dieses Rohstoffs geohistorische Abgründe auf.

Erdöl ist aus fossilen Pflanzen und Tieren entstanden und enthält im Prinzip nichts anderes als die vor Urzeiten von Organismen in Moleküle gespeicherte Energie der Sonne. So steht es in jedem Kindersachbuch. Die Frühzeit des Lebens auf der Erde, die über Dinosaurier Bestandteil aller modernen Kinderzimmer ist, reicht via Öl in alle Schichten unserer Lebenswelt hinein. [→ Greenhouse]

→ 092

Es ist dabei einerseits das pure Alter dieser Energie, das auf eigenartige Weise anrühren kann. Dass die Dinge des täglichen Lebens allen Ernstes von Kräften angetrieben werden, die sich vor 150 Millionen Jahren akkumulierten, kann, ja sollte verstören. Was jedoch fast mehr verstört, ist die gewaltige Asymmetrie zwischen den langsamen Vorgängen der Bildung dieser Stoffe und ihrem fast blitzartigen Verbrauch.

Geohistorische, nach Jahrmillionen zählende Zeitläufte erscheinen dabei auf doppelte Weise zentral für die Bildung von Erdöl und Erdgas. Einerseits benötigen die geophysikalischen und geochemischen Prozesse zur Umwandlung von

Algen- und Planktonresten in hochkomprimierte Kohlenwasserstoffe enorme Zeiträume. Schon die Verfrachtung von oberflächennahen Sedimenten in tiefere Schichten, in denen dann erst die notwendigen Druck- und Temperaturverhältnisse herrschen, dauert Jahrmillionen.

Darüber hinaus stellen heute förderbares Öl und Gas nur einen grotesk selektiven Anteil der vorzeitlichen Algen- und Planktonmasse dar. Nur ein winziger Anteil der jeweils aus Sonnenlicht gebildeten Biomasse entgeht dem Regelkreis aus Bildung und Zerfall und wird nicht zu CO_2, sondern in sauerstofflosen Zonen gewissermaßen gebunkert und dort → 173 zu Kerogen umgewandelt. [→ Posidonienschiefer] Von diesem Tausendstel der jährlichen Biomasseproduktion werden dann wiederum nur zwei Prozent zu Bitumen, wovon nur ein halbes Prozent in Lagerstätten von Öl und Gas landet.

Prozentual findet sich von 50 Millionen Kohlenstoffatomen im Kreislauf nur noch ein einziges in Öl- und Gaslagerstätten. Gerechnet auf die von Erdölgeologen bemessene Ausgangsmenge von 100 Milliarden Tonnen Biomasse jährlich wachsen pro Jahr also gerade mal 10 000 Tonnen Öl und Gas nach.[1]

Dem steht ein aktueller jährlicher Verbrauch von ungefähr 4,5 Milliarden Tonnen Rohöl gegenüber. Und die Menge nimmt nicht ab. Noch 1990 waren es drei Milliarden Tonnen Es sind diese astronomischen Zahlen, die den geohistorischen Abgrund aufreißen. Denn um nur ein einziges aktuelles Weltverbrauchsjahr mit Erdöl zu versorgen, war nach der geschilderten Schätzung die Lebens- und Akkumulationstätigkeit von 450 000 Algenjahren notwendig. Und die aus derselben Ressource gebildeten knapp drei Milliarden Tonnen Erdgas sind hier noch nicht eingerechnet.

Bekannte, räumlich gedachte Kalkulationsmodelle zur nicht nachhaltigen Ressourcennutzung [→ Großer Sprung nach → 125 → 255 vorn, → Daten sind das neue Öl], nach denen gegenwärtig zwei oder drei Erden verbraucht werden, und auch bekannte Illustrationen zum ökologischen Fußabdruck verblassen bei diesen Größenordnungen. Wenn sich Menschen nach einer alten Redewendung als Zwerge begreifen, die nur weiter sehen, weil sie auf den Schultern von Riesen sitzen, dann gilt dies in veränderter, zugespitzter Form für die aktuelle Situation. Wir sitzen auf den Schultern einer riesenhaften Anzahl von Mikroorganismen, footnotes to plankton. [→ Molekulare Mobilisierung] → 049

Das Riesenhafte der petromodernen Gegenwart zeigt sich auf beiden Enden der Zeitskala. Es ist der Zugriff auf fossile Vergangenheit, der die Zukunft mit schweren Hypotheken belegt. Und: Es sind gerade Technologien, Wissenschaften und Kulturtechniken, die mit übermenschlich schnellen Prozessen und riesenhaften Zahlen im Kleinen zu tun haben, die für die Erforschung der übermenschlich langsamen Geogeschichte eine zentrale Rolle spielen.

Hier versenkt sich keine kontemplative Wissenschaft um ihrer selbst willen in Naturgeschichte, wie zu Goethes oder Buffons Zeiten. Das Verständnis geologisch langsamer Zusammenhänge wird sowohl von schnelllebigen Marktmechanismen wie von schnell laufenden Maschinen angetrieben. Ökonomie und Epistemologie, Wirtschaft und Wissenschaft sind hier nicht voneinander zu trennen. Denn nur was höchste Profite verspricht, ist auch in seiner Erforschung profitabel. Zugespitzt formuliert haben erst der Verbrennungsmotor und die Ölbörse die uns bekannte, mit hochtechnischen Mitteln ausgestattete Petrogeologie und Petrochemie begründet. [→ Exploration] Erst der Preis der Ressource hat fos- → 023

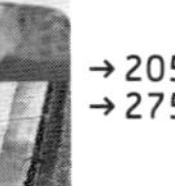

siles Öl als technischen und wissenschaftlichen Gegenstand →205 →275 konstituiert. [→Frontier der Technosphäre, →Cannonball]

Die Kurzfristigkeit, mit der das maschinengesteuerte Aktiengeschäft operiert, ist ein kritischer Allgemeinplatz und bildet einen bizarr anmutenden Kontrapunkt zur fossilen Basis des Kapitalismus. Die durchschnittliche Haltungsdauer einer Aktie beträgt heute gerade einmal 22 Sekunden.[2] Doch noch weit dahinter im Reich der kleinen Zahlen liegt die technische Ebene des Hochfrequenzhandels, bei dem ökonomische Entscheidungen innerhalb von Mikrosekunden (10^{-6} Sekunden) maschinell anhand von Algorithmen getroffen werden. Nochmals kürzer getaktet sind die chemisch-technischen Instrumente, die chemische Prozesse bis hinab in den Femtosekundenbereich (10^{-15} Sekunden) erschließen. Derartige Abgründe temporaler Winzigkeit bilden den maximalen Gegenpol zu den riesenhaft großen Zahlen der fossilen Moderne. Doch nur genau durch diese Spannweite, durch das Wissen, das an diesen beiden Zeitpolen generiert wird, ist die Petromoderne als technisch kulturelle Epoche möglich. Zwischen den 15 Stellen hinter dem Komma und den Jahrmillionen vor dem Komma spannt sich der Prozessbereich einer Epoche auf, die geohistorische, ökonomische, demografische und soziotechnische Prozesse unter dem allen gemeinsamen Phänomen der »Great Acceleration« behandelt und behandeln muss.[3]

Menschlich erlebte Zeit, ob man sie am Sekundentakt des Herzschlags misst oder mit dem Stundenglas einer Lebensspanne, ist im petrochemischen Zeitalter des Menschen das zwergenhaft erscheinende Mittelmaß zwischen weit entfernten, riesenhaften Abgründen.

Schwarzer Spiegel

Öl ist ein beeindruckend guter Spiegel. Seine Oberfläche reflektiert aufgrund der höheren Viskosität präziser als Wasser. Aber was zeigt dieser Spiegel, wenn man hineinsieht? Und was lässt sich dabei über das Medium der Reflexion selbst erfahren?

Für die Wissenschaften vom Erdöl ist weniger die exakte Reflexion relevant, die auch das unbewaffnete Auge am schwarzen Spiegel des Öls wahrnimmt, als vielmehr die nur mit Apparatur wahrnehmbare, spezifische Brechung des Lichts. An der Drehung der Polarisation lassen sich zentrale Forschungsfragen festmachen. Die optische Aktivität eines Stoffes, die Tatsache also, dass bestimmte Stoffe dem Licht und seinen Wellen einen gewissen Rechts- oder Linksdrall vermitteln, erlaubt Rückschlüsse auf die molekulare Verfassung dieses Stoffes.

Die optische Aktivität des Erdöls und seiner Produkte wurde schon im 19. Jahrhundert von Chemikern vereinzelt vermerkt. Zu Beginn des 20. Jahrhunderts erlangt das Phänomen dann Relevanz in einem größeren Zusammenhang. Im Lichte der seit August Kekulé und seiner Entdeckung des Benzolrings entwickelten neuen Strukturchemie, also der bald auch industriell genutzten Erkenntnis, dass nicht nur die chemische Summenformel eines Moleküls, sondern auch seine exakte räumliche Gestalt und Struktur für die Eigenschaften eines Stoffes verantwortlich sind, und im Licht der

parallel dazu entstehenden und mit denselben Werkzeugen ausgestatteten Biochemie erscheint die optische Aktivität und die hinter der verschobenen Reflexion stehende Asymmetrie der Moleküle als starker Hinweis darauf, dass nur biochemische Prozesse und damit Organismen die Moleküle des Erdöls konstituiert haben können.

»Fast alle Erdöle zeigen Rechtsdrehung der Polarisationsebene«, schreibt einer der um 1900 zentralen Protagonisten der organischen Erdölentstehungstheorie, der Geologe und Chemiker Hans Höfer, in seinem Buch *Das Erdöl und seine Verwandten*[1], »während die Pflanzenöle, ausgenommen Sesam-, Rizinus- und Krotonöl und gewisse Terpentinöle links drehen. Aus der optischen Aktivität kann ein Rückschluß auf den organischen Ursprung der diese Eigenschaft zeigenden Erdöle gezogen werden. Infolge der optischen Aktivität müssen im Erdöl auch asymmetrische Kohlenstoffverbindungen vorausgesetzt werden.«[2] Auf einigen Seiten breitet er die Frage der Polarisation und die Argumente zahlreicher Autoren aus und stellt dabei einen in zahlreichen Erdölen aufgefundenen, unmissverständlich organischen Stoff in den Mittelpunkt: Cholesterin. Dass selbst nach Jahrmillionen eindeutig biogene Stoffe wie das Hormon Cholesterin, aber auch Chlorophyll- und Häminderivate im Erdöl nachweis-
→ 214 bar sind [→ Gesang vom Styrol], dass also sowohl pflanzliche wie auch tierische Chemie in die Gemische des Erdöls eingegangen sind, spricht in der Tat sehr für eine Abkehr von der noch von Großchemikern wie Dmitri Mendelejew propagierten Theorie der anorganischen Bildung von Kohlenwasserstoffen aus dem Karbid der Tiefe des Erdmantels.[3]

Eindeutig organisch gebildetes Erdöl und seine Lagerstätten werden dann auch über eindeutig geohistorische, paläontologische und biogeochemische Methoden und Überlegungen besser in der Erdkruste auffindbar. An jeder Bohrung wird nicht nur totes Gestein als Hinweis auf Lagerstätten untersucht, sondern über Mikrofauna und Mikroflora, über Makro- bis Chemofossilien ein paläontologischer Pfad abgeschritten. [→ Plankton] →194

Doch an der Grenzziehung von organischer und anorganischer Welt hängen nie nur praktische und zielorientierte Fragen. Neben diesen eher pragmatischen Aspekten scheint auch ein weiteres, eher untergründiges und fast weltanschauliches Motiv für die Argumente und den Stil der Debatte eine Rolle zu spielen: die mit Darwins Evolutionslehre eröffnete Idee der Kette allen Lebens. [→ Frontier der Technosphäre] →205

Durch sie lassen sich alle Lebensformen auf dem Planeten verknüpfen, aktuelle menschliche Existenz und fossile Lebenstätigkeit begegnen sich als entfernte, aber doch manifeste Verwandte. *Das Erdöl und seine Verwandten* handelt in dieser Lesart nicht nur vom Bitumen, vom Erdgas, von der Kohle und damit von anderen fossilen Kohlenwasserstoffen, es scheint auch uns Menschen in diese Verwandtschaft mit einzuschließen. [→ Science-Fashioned Molecules] →058

True Oil

Im Jahr 1974 veröffentlichte der kanadische Singer-Songwriter Neil Young *On the Beach*, sein fünftes Studioalbum. Auf dem Plattencover ist das Foto eines Strandes zu sehen im Hintergrund der Pazifik, davor im Sand ein leerer gelber Liegestuhl und eine einsame männliche Figur in gelbem Jackett – es handelt sich um den Sänger selbst –, die uns den Rücken zuwendet. Im Vordergrund des Bildes ragt neben einem verlassenen Tisch-Sonnenschirm-Klappstühle-Ensemble die isolierte Heckflosse eines gelben 1959er-Cadillacs aus dem Sand – als habe sich ein Raketentriebwerk in den Strand gebohrt.

Youngs Platte nimmt unmittelbar nach der ersten schweren Ölkrise 1973 die damalige Endzeitstimmung auf. In einer Plattenbesprechung in der Musikzeitschrift *Rolling Stone* heißt es: »Young hat gewagt, was kein anderer bedeutender weißer Rockmusiker (mit Ausnahme von John Lennon) tat – die kollektive Paranoia und die Schuldgefühle einer kranken Gesellschaft zu umarmen und bloßzustellen (…), sie ohne Rechtfertigung oder Erklärung auszuagieren.«[1] Eines der Stücke auf der Platte heißt »Vampire Blues«. Darin singt Young: »I'm a vampire, babe, sucking blood from the earth / I'm a vampire, babe, sucking blood from the earth / Well, I'm a vampire, babe, sell you twenty barrels worth.«

Young bringt mit diesen Zeilen eine vampirische Haltung gegenüber den irdischen Ressourcen zum Ausdruck, welche der petromodernen Lebensweise im Ganzen eignet. Verstehen wir die Erde als Lebewesen, als *gaia*[2] oder *pachamama*[3], wie dies im Zuge der ökologischen und anthropozänen Wende auch in den westlichen Gesellschaften zunehmend geschieht, dann könnten wir das Erdöl als ihr Blut auffassen. In vielen indigenen Kulturen rund um den Globus war und ist das eine gängige Sichtweise. Der genannte Mentalitätswechsel in den Industriegesellschaften hindert diese bislang jedoch nicht daran, das Überleben auch der letzten verbliebenen indigenen Bevölkerungen durch ein weiteres Fortschreiten des Öl-Extraktivismus zu bedrohen. »Die Erde blutet und ist am Ausbluten, die multinationalen Konzerne haben die Adern unserer Mutter Erde aufgeschnitten«, zitiert Papst Franziskus im Februar 2020 in einem apostolischen Schreiben Einwohner*innen des kolumbianischen Amazonasgebietes.[4] Der Hunger nach dem Blut der Erde scheint unersättlich. Andere haben das Öl darum als *lifeblood* des Kapitalismus bezeichnet.[5] [→ Pipeline] Oder als dessen »materielles →040 Unbewusstes«, das sich in Öllachen, die wie schwarzes Blut aus der Erde sickern, auf unheimliche Weise zur Sichtbarkeit bringe.[6] So viel von diesem Stoff brauchen die petromodernen Vampire, um ihrer Lust und ihrer Sucht zu frönen, dass die Erde in einen schwer misshandelten Zustand zu geraten droht, halb lebendig und halb tot – untot.

In der US-amerikanischen Fernsehserie *True Blood,* die das Zusammenleben von Vampiren (und anderen Untoten aus Mythen und Märchen der Weltliteratur) mit Menschen behandelt, ist die titelgebende Substanz namens »True Blood« ein in Drogerien erhältliches künstliches Substitut für Menschenblut. Sie erlaubt es den Vampiren, unter Menschen zu leben, ohne auf deren Blut als Nahrung angewiesen zu sein. Der eigentliche Stoff der Serie, das wirkliche »True Blood«, ist allerdings das Blut der Vampire. Es trägt die Geschichte der Menschheit in sich. Unter dem Namen »V« wird es als illegale psychoaktive Droge gehandelt, die den normalsterblichen Konsument*innen kosmische Einsichten und ungekannte Kräfte verleiht. Plötzlich dreht sich die Geschichte um, und die Jäger, die Vampire, die zugleich eine ältere und höhere Natur repräsentieren, werden zu Gejagten.[7]

Der Status dieses »wirklichen echten Bluts« und sein Verhältnis zum künstlich hergestellten Substitut als energetische und imaginäre Ressource erinnern an die Auseinandersetzungen über den Ausstieg aus der fossilen Energie durch die Bereitstellung energetischer Alternativen – und zwar sowohl
→255 in Fragen nach Rausch wie nach Entzug. [→ Daten sind das neue Öl] Die im Zusammenhang mit einer Zukunft »ohne Öl« sich stellenden Fragen und Aufgaben gleichen strukturell auffällig einem ganzen Bündel von materiellen Entzugs- oder Substitutionsprojekten, die typisch für eine sich selbst gegenüber skeptisch gewordene Zeit zu sein scheinen: Genießen ohne Zusatzstoffe, Essen ohne Fleisch, Milch ohne Laktose, Brot ohne Gluten, Rauchen ohne Nikotin, Drogen ohne Rausch. Die sich aus diesen Krisenphänomenen der Konsumkultur
→262 [→ Burning Man] in jedem einzelnen Fall ableitende Frage lautet, ob man die gewohnten Praktiken mit veränderten Inhalten weiterführt, also einen sanften Übergang versucht, oder ob man einen Bruch vollzieht und auf gänzlich andere Formen setzt. Fleischlose Wurst oder Gemüse? Methadon oder kalter Entzug? Und im Fall einer Petrokultur ohne Petrol: Synthe-
→049 sekraftstoff oder Lastenrad? [→ Molekulare Mobilisierung]

Wäre die Fortführung der Wertekataloge und kulturellen Praktiken der modernen Gesellschaften ohne Öl überhaupt

ON THE BEACH

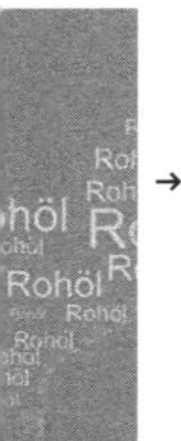

→221 →062

denkbar? Die petromodernen Techniken teilen mit den psychoaktiven Drogen, dass sie an »einer Grundmacht des Daseins rütteln«, der Zeit.[8] [→Zeitabgrund] Einerseits sind petrochemische Pharmazie und selbst Kosmetik Mittel der Verlangsamung des Alterns und der Suspension des Todes: mit ihren konkret lebensverlängernden Leistungen, mit ihrer hormonellen Verschiebung von Lebensrhythmen, mit ihren oberflächlichen Eingriffen in zellulare Prozesse. [→Männer und Erdöl] Andererseits mobilisieren und beschleunigen Verbrennungsmotoren und katalytische petrochemische Prozesse Individuen, Wirtschaften und Gesellschaften, sodass jedem durchschnittlichen Individuum heute rauschhaft reale Geschwindigkeiten zur Verfügung stehen, von denen gottgleiche Despoten im Altertum nicht einmal träumen konnten.

Dass der Drogencharakter von Erdölsubstanzen durchaus auch wörtlich genommen werden muss, darauf weist der Ethnobotaniker Dale Pendell hin. In seinem dreibändigen Kompendium zu Drogenpflanzen *Pharmako/Poeia, Pharmako/Dynamis* und *Pharmako/Gnosis* beschreibt er unter dem Lemma »Fossil Fuels« das Schnüffeln von Treib- und Lösungsmitteln wie Hexan, Ethylacetat, Toluol, Aceton, Trichlorethylen, Butan oder Methanol, die allesamt petrochemischen (oder, in wenigen Fällen, kohlechemischen) Ursprungs sind. Zu den geschnüffelten Substanzen gehören zum Beispiel Haarspray, Klebstoff, Fleckenentferner, Nagellackentferner, Verdünner für Korrekturflüssigkeit, PC-Reiniger und natürlich Benzin. Auch Pendell zielt auf die knifflige zeitliche Verschränkung, wenn er schreibt, die Droge habe »ihre Heimat im Paläozoikum«: »Nervenzellen dösen, schlafwandeln mit dem Verbündeten zurück zu einer klebrigen unterirdischen Synkline«[9]. Solcherart verstanden wäre das Schnüffeln von Benzin beinahe so etwas wie eine subversive Gegenbewegung zur allgemeinen, durch dessen Verbrennung bewirkten Beschleunigung. Mit der technisierten, durch Öl angetriebenen Welt treten die modernen Menschen in eine Seinsweise ein, die Paul Virilio, französischer Medientheoretiker und Repräsentant der von ihm selbst erfundenen Wissenschaft der Dromologie (= Geschwindigkeitsforschung), als »in Geschwindigkeit« bezeichnet hat,[10] [→ Cannonball] → 275 einen Rausch der künstlich hergestellten Tempi, der permanenten Erneuerung und der manipulierten Zeiten von Echtzeit bis zu Stasis. Dass es sich bei der Intoxikation durch Geschwindigkeiten um ein produktives Prinzip handelt, kann angesichts der ungeheuren Produktionsdynamik der modernen Industriegesellschaften kaum bezweifelt werden. [→ Sprawl] → 077 Nichtsdestotrotz weisen sowohl die Gesellschaften als Ganze als auch zahlreiche ihrer Individuen, die sich dem Öl als Pharmakon verschrieben haben, Suchtcharakter auf. Neil Youngs »Vampire Blues« ist auch in dieser Hinsicht hellsichtig, wenn es in der zweiten Zeile heißt: »I'm a black bat, babe, banging on your window pane / I'm a black bat, babe, banging on your window pane / Well, I'm a black bat, babe, I need my high octane«. [→ Motor] → 070

Auf die Arbeit der Psychiaterin Elisabeth Kübler-Ross mit sterbenskranken Menschen geht ein Fünf-Phasen-Modell der Akzeptanz von Krankheiten zurück, das in vielen ganzheitlichen diagnostischen und therapeutischen Feldern Anwendung findet: 1. Phase: Nicht-wahrhaben-Wollen; 2. Phase: Zorn; 3. Phase: Verhandeln; 4. Phase: Depression; 5. Phase: Zustimmung.[11] Davon, in welcher Phase sich die verschiedenen Vertreter*innen der an Ölsucht erkrankten modernen Zivilisationen befinden und wann es ihnen gelingt, sich bis zur Akzeptanz fortzuentwickeln, wird entscheidend abhängen, welche Konsequenzen man aus dieser Erkenntnis wird ziehen können.

Terminator

»I wish that I could be the Terminator in real life to be able to travel back in time and to stop all fossil fuels when they were discovered.«[1] So sprach Arnold Schwarzenegger, Ex-Bodybuilder, Ex-Hollywoodschauspieler und Ex-Gouverneur von Kalifornien, im Dezember 2018 auf einer UN-Klimakonferenz in der polnischen Kohlestadt Katowice.

1984 hatte er als Terminator seinen Durchbruch als Filmstar gehabt. Als Politiker wurde er bekannt für seinen gelben Hummer – einen martialischen, für den zivilen Gebrauch umgerüsteten Humvee-Militärgeländewagen mit V8-Motor und gut 20 Liter Benzinverbrauch. [→Oleoviathan] Bei dessen Markteinführung durch General Motors im Jahr 1992 soll Schwarzenegger die ersten beiden Exemplare gekauft haben. Mit ihnen hat er seine Wahlkampfauftritte absolviert. Inzwischen, so ließ er 2018 verlautbaren, habe er diese Wagen auf Hybrid- und Elektroantrieb umrüsten lassen. Außerdem ernähre er sich aus Rücksicht auf das Klima weitgehend vegan. [→Greenhouse]

→099

→092

Schwarzeneggers Wunsch, als Terminator in der Zeit zurückzureisen und die Wurzeln des Erdölzeitalters zu vernichten [→Pferdekopfpumpe], birgt wie alle Zeitreisen der Science-Fiction unauflösliche, aber erkenntnisfördernde Widersprüche. [→Rakete] Zur Erinnerung die Geschichte des Terminators: Im Jahr 2029 wird ein Kampfroboter aus der Serie Terminator T 800 aus einer hochtechnologischen, von

→035

→142

Maschinen regierten Zukunft, in der alle Menschen vernichtet oder zu Sklaven gemacht worden sind, in die Gegenwart des Films im Jahr 1984 zurückgeschickt, um die Geburt eines zukünftigen Rebellenführers zu verhindern, der die kommende posthumane Ordnung gefährdet. Diese Mission misslingt, deshalb gibt es einen zweiten Teil. Diesmal ist die Mission jedoch noch um eine Ebene komplexer: Die Rebellen der Zukunft wollen die Herstellung und Vermarktung jenes Computerchips verhindern, der die Entwicklung der späteren überlegenen maschinellen Intelligenzen ermöglicht haben wird, und schicken ihrerseits einen Kämpfer in die Vergangenheit zurück; geradeso, wie der reale Schwarzenegger 2018 sich wünschte, er könne in der Zeit zurückkehren und die Erfindung des Explosionsmotors oder gleich der Dampfmaschine verhindern. Die Maschinen wollen diesen Vernichtungsakt verhindern, denn er würde die Bedingung der Möglichkeit ihrer überlegenen Existenz zerstören.

Nicht anders erginge es Arnold Schwarzenegger, so steht zu befürchten, als einem (petro-)modernen Subjekt par excellence. Weder die Emigration aus kleinen Verhältnissen in Österreich nach Kalifornien noch die Hochzüchtung von Körpern mittels Hormonen und →062 Nahrungsergänzungsmitteln [→ Männer und Erdöl] noch der Erfolg des Kinos als globale Unterhaltungsmaschinerie noch die Entwicklung großvolumiger Automobile erscheint wahrscheinlich ohne eine Erschließung der fossilen Energiereservoirs. Wie sich Geschichte insgesamt entwickelt hätte, wenn die »fossilen Energieträger gestoppt worden wären«, sich zumindest nicht durchgesetzt hätten, wenn die »Explosion, die vor etwa zweihundert Jahren gezündet wurde und sich seitdem mit rasender Geschwindigkeit ausbreitet«[2], nicht stattgefunden hätte, ist unklar. Vieles spricht aber dafür, dass es die uns bekannte, auf allen molekularen bis planetarischen Ebenen beschleunigte Moderne eher nicht gegeben hätte. [→ Molekulare Mobilisierung] →049

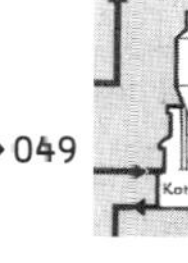

Das konkrete Entstehen eines Terminators – wie eines Terminator-Darstellers – erscheint in einer niedrigenergetischen Welt ohne fossile Brennstoffe nahezu ausgeschlossen. Sogar der für 2029 vorhergesehene Krieg zwischen Maschinen und Rebellen wird in der Science-Fiction-Vision von 1984 in Form einer petromodernen Auseinandersetzung mit beweglichen Kriegsmaschinen und Kanonen geführt.

Dass insbesondere Hollywood in seiner Nähe zum Öl-Business gedeutet werden kann (oder muss, wenn man bedenkt, dass Los Angeles seine wirtschaftliche Kraft nicht zuletzt auf den dortigen Ölfunden gründete), hat Schwarzeneggers politisch-cineastischer Vorgänger Ronald Reagan in seiner Funktion als steuerkritischer Gewerkschaftsführer in den 1950er-Jahren beschrieben. Hier wie dort seien lange Durststrecken nötig, bis irgendwann der Reichtum sprudele. Aber dann sinke der Marktwert rasch ab. »We feel we are about as short lived as an oil well and twice as pretty«, so der spätere 40. Präsident der USA, jedoch ohne dass es wie bei sich erschöpfenden Ölquellen steuerliche Kompensationen gäbe.[3]

In einem nochmals anderen, fundamentalen Sinn lässt sich zudem festhalten, dass wissenschaftshistorisch ein mathematisch exaktes Verständnis von Zeit und ihrer Richtung, dass wissenschaftliche Begriffe von Entropie und Dissipation konkret erst mit Verbrennungskraftmaschinen und der damit formulierbaren Thermodynamik, mit einem chemisch-physikalischen Interesse an Prozessen der Vergäng-

TERMINATOR

lichkeit in die Welt gekommen sind.[4] Ein für Terminatoren herausfordernder wissenschaftlicher Zeitbegriff ist faktisch vor dem Zeitalter fossiler Ressourcen nicht formuliert worden, und es ist mehr als fraglich, ob er ohne die damit zusammenhängende, systematische Optimierung von Verbrennungsprozessen formuliert worden wäre. Nur als Kind einer von Wärmekraftmaschinen geprägten Epoche, nur als »Therminator« kann Schwarzenegger davon träumen, per Zeitreisen die Nöte dieser Epoche zu lindern.

Dass dem ehemaligen Gouverneur von Kalifornien die Idee einer derart schiefen, historisch widersprüchlichen Intervention in den temporalen Ablauf einfach so in den Sinn gekommen sein soll, darf aber bezweifelt werden. Viel näher liegt, dass hier tatsächlich eine codierte Botschaft eines den historischen Abläufen der Vergangenheit gar nicht verpflichteten, aus der Zukunft stammenden Terminators formuliert wurde. Und offenkundig hat er nicht den Auftrag, am Beginn des fossilen Zeitalters, sondern jetzt einen allerletzten Hebel umzulegen. Wir sollten ihn ernst nehmen. *He won't be back.*

Schwarzes Quadrat

1913, acht Jahre nach der niedergeschlagenen Revolution von 1905 und ein Jahr vor Beginn des Ersten Weltkriegs, taucht das *Schwarze Quadrat* erstmals im vorsowjetischen Russland auf. Kasimir Malewitsch malt es als zentralen Teil eines Bühnenbilds für das im Lunapark-Theater St. Petersburg uraufgeführte Stück *Sieg über die Sonne.* Die futuristische Oper wirkt als Aufbruchssignal für die sich formierenden künstlerischen Avantgarden. Und das *Schwarze Quadrat,* von dem Malewitsch mehrere Varianten malt, sollte mit seiner radikalen Abstraktion und spirituellen Verdichtung zu einem der wichtigsten Kunstwerke des 20. Jahrhunderts werden.

Die titelgebende Handlung der Oper – sofern von einem solchen die Rede sein kann, alle vier beteiligten Künstler hatten sich vorgenommen, überkommene ästhetische Konventionen zu zertrümmern – dreht sich um die titanische Auseinandersetzung eines zukünftigen Heldengeschlechts mit der Sonne. »Futuristische Kraftmenschen« kämpfen mit moderner Technik gegen die Abhängigkeit von natürlichen, auf Sonnenenergie basierenden Kreisläufen, gegen die sich daraus ableitenden zyklischen Ordnungen von Tag und Nacht, Säen und Ernten, Sommer und Winter – und damit gegen die alte gesellschaftliche und naturgesetzliche Ordnung und für den endgültigen Sieg der Industriekultur. Es gelingt ihnen, die Sonne in einen Betonkubus einzusperren. Die Menschen leuchten ab dann »von innen«.

Von heute aus betrachtet liegt hier ein modernes Gleichnis vor: Fossile Energiequellen, chemische Industrie und Elektrifizierung ermöglichen im Laufe des 20. Jahrhunderts eine radikale Neuorganisation der Lebens- und Produktionsweisen und lassen eine »zweite Natur« entstehen. Malewitschs *Schwarzes Quadrat* aus fossilem Rohstoff, industrieller Technik, spiritueller Tradition und Fortschrittsglauben tritt an die Stelle einer als gottgegeben interpretierten, naturgesetzlichen Ordnung, die etwa in Heideggers berühmtem »Geviert« zum Ausdruck kommt.

Dieses Projekt teilen alle modernen Industriegesellschaften des 20. Jahrhunderts. [→ Burning Man] Nirgends aber wird → 262 es in solcher Reinform zur Ideologie erhoben wie in der jungen Sowjetunion, die sich das Hervorbringen einer neuen Natur und eines »Neuen Menschen« aus den revolutionär geänderten gesellschaftlichen und ökologischen Rahmenbedingungen auf die Fahnen schrieb. Die bereits im Zarenreich im späten 19. Jahrhundert entstandene futuristische Utopie des Kosmismus, die eine durch Technologie unsterblich gemachte Menschheit ersehnte und zu deren Umfeld auch *Sieg über die Sonne* zu rechnen ist, spielt in der Formierungsphase der sowjetrussischen kommunistischen Ideologie eine gewichtige Rolle. [→ Rakete] → 142

Der konkrete Umgang mit der Ressource Öl jedoch – dem höchstverdichteten und energiereichsten aller fossilen Kraftstoffe, der dem noch jungen Jahrhundert gerade beginnt, seinen Stempel aufzudrücken – ist in dem Land der futuristischen Kraftmeierei von überraschenden Widersprüchen gekennzeichnet. So war das zaristische Russland, was die Verwendung von Erdöl als Energieträger angeht, in der zweiten Hälfte des 19. Jahrhunderts deutlich »fortschrittli-

cher« als sein revolutionärer Nachfolgerstaat. Da Erdöl dank der reichlich sprudelnden Ölquellen im 1806 annektierten
→119 Aserbaidschan [→Baku] preiswerter zu fördern und zu befördern war als Kohle, lief die erste Industrialisierungswelle, liefen Eisenbahnen, Fabriken und auch viele Kraftwerke mit Heizöl.[1] Bereits in den 1870er-Jahren experimentierte die zaristische Flotte auf der Wolga und im Kaspischen Meer mit ölgetriebenen Kriegsschiffen – 40 Jahre vor dem für den Ersten Weltkrieg mitentscheidenden Wechsel der englischen
→085 Marine von Kohle auf Öl.[2] [→Munition] Auf längere Sicht vertraute man jedoch in Russland dieser Form der Modernität nicht und plante stattdessen eine umfassende Elektrifizierung auf der Basis regionaler, minderwertigerer Brennstoffe.[3]

Dazu kam es wegen Krieg und Revolution nicht mehr unter der Herrschaft des Zaren. Aber die Bolschewiki führten diesen Kurs fort. Zudem lehnte Lenin persönlich die Erdölindustrie als Hort des Monopolkapitalismus ab. Für das Elektrifizierungsprojekt, das er auf die berühmte Formel *Kommunismus = Sowjetmacht + Elektrifizierung des gesamten Landes* gebracht hatte und das bis in die Nachkriegszeit im Zentrum der sowjetischen Modernisierungsideologie stand, verwendete man einerseits Wasserkraft, andererseits die fossilen Brennstoffe Kohle und Torf.[4] Erdöl wurde vorwiegend für den Export produziert. Und obwohl es als Devisenquelle und Möglichkeit, dringend benötigte Technologie im Ausland einzukaufen, immer größere Bedeutung erlangte, vernachlässigte man die Infrastrukturen, bezahlte die Arbeiter schlecht und dezimierte im Zuge der »Säuberungen« die noch aus dem Zarenreich übernommene Aufbaugeneration qualifizierter Ölingenieure und -geologen. Erst im unmittelbaren Vorfeld des sowjetischen Eintritts in den Zweiten

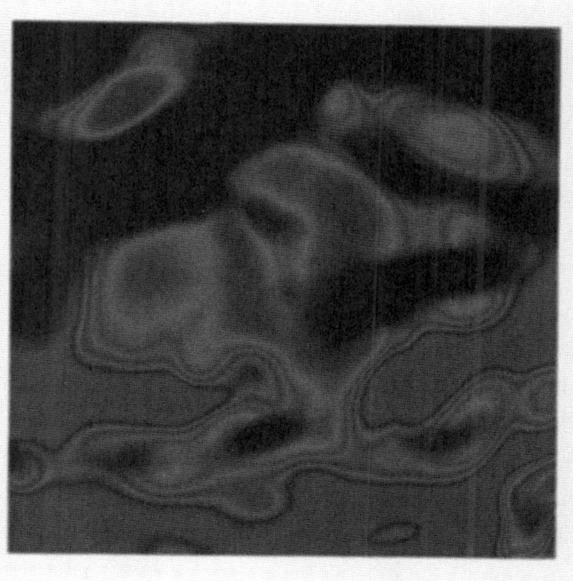

Weltkrieg, als der UdSSR der Zugang zum Weltmarkt verschlossen war und die existenzielle Notwendigkeit des Öls für die eigene Kriegsmaschinerie unübersehbar wurde, änderte sich dieser Kurs.[5] Dank verstärkter Förderung und Exploration, dank der Entwicklung neuer Erdöl- und -gasfunde im Wolga-Ural-Gebiet und dann in Westsibirien etablierte sich die UdSSR dauerhaft unter den drei weltgrößten Produzenten von Erdöl und -gas, zunächst gemeinsam mit den USA und Venezuela, dann mit Saudi-Arabien. Zwischen 1975 und 1991 führte sie diese Liste sogar an. Für die Wirtschaften der Comecon-Länder, wie zum Beispiel auch die DDR mit ihrer großen petrochemischen Industrie, war das sowjetrussische →040 Öl von großer Bedeutung. [→ Pipeline]

Für das heutige Russland ist die Öl- und Gas-Branche einer der sehr wenigen wirtschaftlichen Bereiche, die an sowjetische Weltmachtträume anschließen lassen. Die Verwerfungen innerhalb der postsowjetischen russischen Gesellschaft – das Entstehen einer *nouveau riche,* der Kampf gegen die »Oligarchen« und die Entwicklung einer russischen Variante des *Oil Curse*[6] – machen jedoch noch einmal deutlich, dass es sich beim sowjetrussischen Weg in die Petromoderne um eine eigenständige Variante gehandelt hatte. Im Unterschied zum sprichwörtlichen *American Way of Life* war diese nicht durch Überfluss, sondern durch Knappheit und Mangelwirtschaft gekennzeichnet gewesen. Die sprichwörtliche Verbindung von Öl und Reichtum existierte nicht im Bewusstsein der sowjetrussischen Bevölkerungen, auch nicht in expandierenden Öl-Regionen.[7] Der russische Literaturwissenschaftler Ilya Kallinin zeigt, wie diese Prägung sich im autoritären postsowjetischen Russland auch auf den Umgang mit Kultur als Ressource auswirkt:

> Der Diskurs knüpft an den Überfluss natürlicher und kultureller Reichtümer an, die wir von unseren Vorfahren geerbt haben, hält jedoch im gleichen Zuge die Notwendigkeit fest, jene vor inneren und äußeren Feinden zu beschützen. Denn der globale Wettbewerb um Ressourcen (...) wird als eine Bedrohung von außen beschrieben, der es zu widerstehen gilt.[8]

Das gesellschaftliche Programm, das sich aus der revolutionären Situation am Anfang des 20. Jahrhunderts entwickelte, reklamierte nicht nur einen Nullpunkt der Malerei, sondern auch einen Nullpunkt der Geschichte. Aus diesem Nullpunkt blickt die Grundlage eines neuen Energieregimes und damit eines neuen Typs von Kultur zurück. Im *Schwarzen Quadrat* Malewitschs versinkt der Blick wie in einem Pool aus Öl. Diese materielle Lesart einer zugleich spirituell aufgeladenen Form scheint in künstlerischen Arbeiten deutlich neueren Datums ihren Widerhall zu finden, so etwa in den ebenfalls in strengen geometrischen Formen gehaltenen Ölpools des japanischen Künstlers Noriyuki Haraguchi, die jener in den 1960er-Jahren aus seiner Auseinandersetzung mit der Tradition des klösterlichen Zen-Gartens entwickelte. [→ Tehran Museum of Contemporary Art] →164

Welche Routen auf der schwarzen Karte eingeschlagen würden, war 1913 jedoch noch nicht bestimmt. Und auch nicht, dass der Sieg über die Sonne ein Pyrrhussieg werden könnte, dass nämlich das Vorhaben, Kultur mittels fossiler Energie tatsächlich von solaren Rhythmen zu entkoppeln, in einen klimatischen Racheakt des Zentralgestirns münden würde, der nun alle ideologischen Lager und Fortschrittsnarrative vor ein neues, unklares Fenster in die Zukunft stellt. [→ Großer Sprung nach vorn] →125

Die gebannte Sonne wird nichtsdestotrotz noch heute in russischen Ölkreisen besungen. So heißt es in einer Gazprom-Firmenhymne der 2000er-Jahre: »Dawai za nas, dawai za vas, dawai za vsech rossiski gas« – »Lasst uns trinken, auf uns, auf euch, auf all das russische Gas« –, und weiter, am Nullpunkt der Firmenpoesie: »za vsech kto iz semli dobyl iskustwenoje solnze« – lasst uns trinken »auf alle die, die sie aus der Erde geholt haben, diese künstliche Sonne«.[9]

Raumfahrt

»Atomzeitalter«, »Informationszeitalter«, »Space Age« – die Hochmoderne des 20. Jahrhunderts hat eine Reihe von Beinamen erhalten, die das Fortschrittsnarrativ jeweils an ein Extrem führen. Hinein in die Welt der allerkleinsten, hochenergetischen Teilchen, weg von allen Stoffen in eine von immateriellen Signalen getragene Realität, raus aus der Erdenschwere zu den unendlichen Weiten des Alls.

Jeder dieser Leitgedanken hat sich in gewissem Sinn erfüllt: Es gibt eine technische Nutzung von Atomenergie, Informationstechnologie ist überall und Menschen haben den Mond erreicht. Bei jedem dieser Leitgedanken hat sich aber auch herausgestellt, dass die Bindungskräfte des zu Überwindenden zu stark sind, um sich dauerhaft zu lösen. Überall tun sich irdische Grenzen auf. Atomkraftwerke produzieren Risiken und Rückstände von solch enormen Ausmaßen, dass sie sozial kaum zu verantworten sind. Die vermeintlich federleichten digitalen Technologien haben eine bleischwere, material- und energieintensive Rückseite. [→ Daten sind das neue Öl] → 255 Und auch das Verlassen der Erde gelingt nur mit Treibstoffen, die aufs Engste und Intimste mit der Biogeochemie der Erde verbunden sind.

Im Esso-Werbeplakat aus der Zeitschrift *The Petroleum Engineer for Management* von 1959, mit dem Slogan »The 69 ½ feet that reach the moon«, kommt diese Verbindung zur Sprache, als kurz nach dem Sputnik-Schock Raumfahrt auch im Westen zur Chiffre der Zukunft und der Forschung wurde: »(...) today, petroleum gives us fuels, that are capable of moving man from earth to the moon and beyond«.[1] Diese Logik lässt sich einerseits bestätigen, andererseits auch umkehren.

Schon um die erste der mehrfach gestaffelten kosmischen Geschwindigkeiten zum Verlassen der Erde zu erreichen, um also mit 7,9 Kilometern pro Sekunde in eine Kreisbahn um die Erde einzutreten, bevor dann mit 11,2 Kilometern pro Sekunde das Schwerefeld der Erde verlassen werden könnte, bevor dann mit 42 Kilometern pro Sekunde das Sonnensystem und mit 320 Kilometern pro Sekunde die Galaxie verlassen werden könnten, sind derart konzentrierte Energiemengen notwendig, dass sie im praktischen Betrieb ausschließlich von chemischen Energiespeichern bereitgestellt werden können. Und diese stammen allesamt aus spezifischen, fossilen Untergründen.

Erste Raketen mit chemischen Treibmitteln wurden schon im Mittelalter in den noch sehr erdnahen Himmel
→085 geschickt. [→ Munition] Mongolen haben eine Art Raketen bei
der Schlacht von Liegnitz 1241 vermutlich zum ersten Mal in Europa militärisch eingesetzt, ebenso im 13. Jahrhundert bei Angriffen in Japan und auf Bagdad.[2] Die entscheidende Ingredienz sowohl für Pulvergeschütze wie für Pulverraketen war Salpeter. Als Explosiv- statt Brennstoff ist die Nitratverbindung bis heute eine wichtige strategische Chemikalie.

Aber erst seit dem Beginn des 20. Jahrhunderts, seit der Produktion von Ammoniak und damit Salpeter in den che-
→049 mischen Reaktoren des Haber-Bosch-Verfahrens [→ Molekulare Mobilisierung], wird Luft selbst in Gestalt von Luftstickstoff zur Ressource der Kanonen- oder Raketentreibmittel. Bis

dahin stammte Salpeter aus der Erde. Jahrhundertelang zogen Salpeterer durch die Lande, um im Auftrag der Könige in feuchten Kellern oder Schuttgruben die sich dort bildende chemische Verbindung abzukratzen oder gleich die Kellermauern einzureißen, um an den Salpeter zu gelangen.[3] Als am Ende des 19. Jahrhunderts die Sprengstoffchemie von bloßen Gemischen von Stoffen zur Konstruktion brisanter Moleküle übergeht, speist sie sich aus einem anderen Untergrund, nämlich der Chemie der Kohle. Nitrozellulose, Nitroglyzerin, Trinitrotoluol sind vollsynthetische Explosivstoffe und stammen allesamt aus der Kohlechemie. Aus den Probierwissenschaften der flachen Salpetergruben ist eine insgesamt fossil und in den Tiefen der geochemischen Wissenschaften geerdete Industrie geworden.

Die engere Geschichte der mit dem tatsächlichen Fernziel All konzipierten Raketen beginnt Anfang des 20. Jahrhunderts. Schon der mit seinem Aufsatz »Erforschung des Weltraums mittels Reaktionsapparaten« von 1903 zum Diskursgründer avancierte Konstantin Eduardowitsch Ziolkowski schlägt wegen der gegenüber Pulver weitaus höheren Energiedichte Flüssigkraftstoffe als Raketentreibmittel vor: Wasserstoff und Kohlenwasserstoffe, aber auch Flüssigsauerstoff, um außerhalb der Erdatmosphäre die Oxidation zu ermöglichen.[4]

Die daraufhin in Europa, den USA und der Sowjetunion von Pionieren wie etwa Hermann Oberth, Robert H. Goddard, Wernher von Braun, Helmut Gröttrup oder Sergej Koroljow gebauten Raketen verwenden sehr unterschiedliche Haupt- und Nebenkraftstoffe, etwa Wasserstoffperoxid zum Betrieb von Pumpen und Ethanol und Flüssigsauerstoff für den Schub.

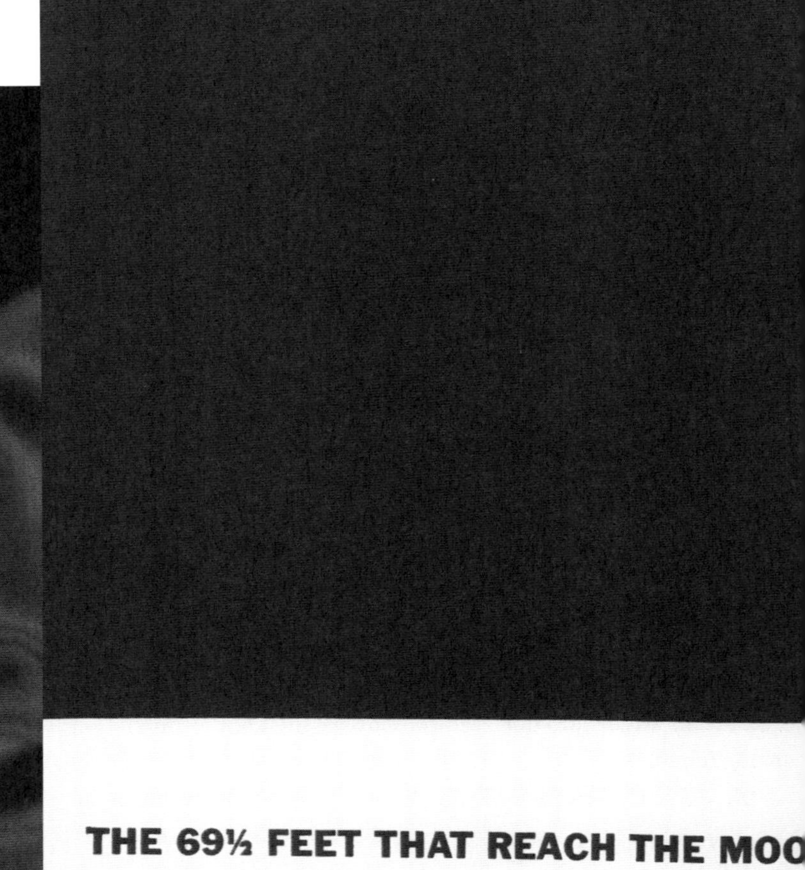

THE 69½ FEET THAT REACH THE MOO

From a hole no deeper than that, drilled in Pennsylvania 100 years ago, have come endless miracles of oil.

Today, petroleum gives us fuels that are capable of moving man from earth to the moon and beyond. Such explorations can bring new knowledge of incalculable value.

But no less certain than that we will one day fly through space is that we will have ever better fuels and lubricants for travel on the ground, on the sea and in the air – new and exciting products for the farm, industry and the home.

Today one quarter of all the money spent by U.S. industry on research is spent by the petroleum industry.

And as chemists study the endless ways to re-arrange oil molecules to make useful products, we can see that the age of petroleum has only begun.

Standard Oil Company (New Jersey)

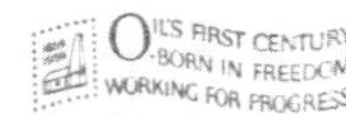

FOR FURTHER INFORMATION ON ADVERTISED PRODUCTS, SEE READER SERVICE CARD

Meilensteine der Raumfahrt wurden mit der Treibstoffkombination Flüssigsauerstoff und Kerosin erreicht: so etwa der Start des Sputnik am 4. Oktober 1957, der Start der Wostok I mit Juri Gagarin als erstem Menschen im Weltall am 12. April 1961, aber auch diverse frühe US-amerikanische Raketen und Raketenstufen von Vanguard 1958 zu Saturn 1 im Jahr 1961 bis hin zur noch heute international genutzten Sojus-Rakete.

Der Slogan der Esso-Werbung, »The 69 ½ feet that reach the moon«, ist damit einerseits zu bestätigen, an einem wichtigen Punkt aber auch zu berichtigen. Die Geschichte zeigt, dass es keineswegs die ersten und zufälligen Flachbohrungen sind, an denen sich menschliche Technik ins All schwingt. Ganz im Gegenteil wird jeweils die gesamte Strecke der chemischen und der energietechnischen Wissenschaft auf der Erde mobilisiert, um vergleichsweise erdnahe Ziele zu erreichen. Oder in einem anderen Maßstab: Es bedarf eines politisch motivierten, symbolisch zum Wettlauf der Systeme aufgeladenen Projekts, um, wie im Falle der NASA, die Ar-
→ 142 beitsleistung von 400 000 Menschen zu mobilisieren [→ Rakete], damit ab 1969 eine Handvoll Erdenbewohner für wenige Stunden auf den Mond befördert werden kann.

Vom Mond selbst wäre aus eigener Kraft dann keine Raumfahrt mehr möglich. Die Chemie des Mondes hat höhere Kohlenwasserstoffe nicht entstehen lassen, nicht in 69 ½ Fuß und auch nicht in größeren Tiefen. Die 1970 gestellte Frage: »Kann es Erdöl auf dem Monde geben?«, musste von Geochemikern mit Nein beantwortet werden.[5] Wer von hier aus mit Kohlenwasserstoffen weiterfliegen wollte, müsste diese erst aus auf dem Mond verfügbaren Bausteinen zusammenstellen.

Daten sind das neue Öl

Dieser viel zitierte Satz des Mathematikers und Unternehmers Clive Humby aus dem Jahr 2006 ist zu einer Art Binsenweisheit des digitalen Zeitalters geworden: »Es ist wertvoll, aber unraffiniert kann es nicht wirklich gebraucht werden. Es muss in Benzin, Plastik, Chemikalien etc. umgewandelt werden, um profitabel zu sein; in der gleichen Weise müssen Daten heruntergebrochen und analysiert werden, um Wert zu erhalten.«[1]

Die großen Gewinne der Internetkonzerne wie auch der Vormarsch der sogenannten Künstlichen Intelligenzen, also algorithmischer Systeme, die riesige Mengen von Daten auswerten und daraus mittels neuronaler Netzwerke und *machine learning*-Verfahren Muster erkennen und Schlüsse ziehen, scheinen den zentralen Gehalt des Vergleichs zu bestätigen. Humby selbst hat mit seiner Firma ein Vermögen verdient, als diese Mitte der 1990er-Jahre für die Supermarktkette Tesco die weltweit erste Kundenkarte entwickelte, deren Prinzip darauf basiert, den Kunden ein Bonussystem im Gegenzug für die Sammlung und Auswertung aller ihrer Konsumdaten anzubieten. Infolge des Aufkommens von Big Data sind Daten zu einer neuen Art wertvollen Rohstoffs geworden. Was Öl für das 20. Jahrhundert war, werden Daten für das 21. Jahrhundert sein, glauben viele. Der israelische Historiker Yuval Noah Harari diagnostiziert sogar das Entstehen einer neuen »Datenreligion«, des »Dataismus«.[2]

IBM

Was ist damit impliziert? Eine verbreitete Hoffnung richtet sich darauf, dass smarte und ökologisch rückgekoppelte digitale Technologie die verschwenderischen und selbstvergessenen Produktions- und Konsumpraktiken des 19. und 20. Jahrhunderts, die zunächst auf Kohle und Stahl und dann auf zahlreichen weiteren Metallen und fossilen Brennstoffen basierten, ablösen wird. Diese Hoffnung beruht nicht zuletzt auf dem Anschein, dass es sich bei ihr um quasi materiallose, nur der Steigerung des Geistes verpflichtete Technik handle. Seit in den 1980er-Jahren die PCs als die ersten Tischrechner auf den Markt kamen, wurden digitale Geräte immer kleiner. Ihr Siegeszug durch Büros, Privathaushalte und zuletzt Hand- und Jackentaschen setzte jene »Gespenster der Virtualität und Immaterialität«[3] in der kollektiven Imagination des technischen Fortschritts frei, mit denen wir es heute immer noch zu tun haben. Doch von einer leichten, energiesparenden und umweltschonenden Technologie, wie das die allgegenwärtige Metapher der »Cloud« suggeriert, kann bislang nicht im Entferntesten die Rede sein.

Um den »Schein der Immaterialität« zu erzeugen, ist vielmehr ein enormer materieller und energetischer Aufwand nötig, wie Jennifer Gabrys in einer eindrucksvollen Studie zu »digitalem Müll« herausgearbeitet hat.[4] Kaum eine Technologie bedarf so vieler verschiedener Materialien, durchschnittlich fließen 1000 Stoffe, unter ihnen das notorische Coltan aus dem Kongo oder die Seltenen Erden aus China, in die Herstellung eines einzigen elektronischen Geräts. [→ Großer Sprung nach vorn] → 125 Zentrale Produktionsprozesse der elektronischen Industrie wie die Mikrochipherstellung hinterlassen zudem Umweltverschmutzungen, deren Toxizität die der klassischen Industrie sogar noch übertreffen. Das Silicon

Valley gehört heute zu den am schwersten umweltbelasteten Regionen der USA. Und die kurzen Verbrauchszyklen der elektronischen Geräte produzieren einen gigantischen Berg an Elektronikschrott, der neben den zahlreichen chemisch umgewandelten und in Form gebrachten Metallen zum größ-
→214 ten Teil aus auf Erdöl basierendem Plastik besteht [→ Gesang vom Styrol]. Und auch energietechnisch sind Computer und ihre Netze alles andere als immateriell: »Wäre das Internet ein Land, hätte es den weltweit dritthöchsten Stromverbrauch hinter China und den USA.«[5]

Die digitale Moderne ist nicht weniger »fossil« als die fossile Moderne. »Genau wie Öl seine dreckigen Seiten hat, von der Umweltverschmutzung bis zu dreckigen Kriegen, macht sich auch die Computerindustrie ihre Hände schmutzig. Zu diesem (...) Schmutz gehören auch ihre chemischen Rückstände als das geologische Vermächtnis der digitalen Kultur.«[6] Schlüssiger als von einer Ablösung des einen durch das andere wäre es also, von einer Überlagerung des fossilen und des digitalen Zeitalters auszugehen und die parallelen Entwicklungen beider Formationen in den Blick zu nehmen, um dem Satz »Daten sind das neue Öl« auf den Grund zu gehen.

Von der Ölexploration über das Bohren, den Transport, die Verarbeitung in der Raffinerie bis zur Distribution befinden sich Erdöl- und Computertechnologie seit den 1950er-Jahren in einer ko-evolutionären Entwicklung. Davon zeugt das Bild, das diesen Eintrag begleitet: Ein IBM 1410 mit 80-K-Speicher und den auf dem Foto zu sehenden Magnetbandlaufwerken als Massenspeicher wird Mitte der 1960er bei der Österreichischen Mineralölverwaltung (heu-
→189 te OMV) [→ Bohrkern] installiert. Auf ihm laufen Simulationsprogramme, die der Verarbeitungsplanung einer Raffinerie

dienen. Raffinerien mit ihren großen und komplexen Prozessarchitekturen bilden, wie der Computerhistoriker James W. Cortada schreibt, perfekte Orte für den Einsatz von Computersteuerung, und bei der Auswertung geologischer Daten und Vorbereitung von Explorationsbohrungen kommen schon seit Jahrzehnten die jeweils avanciertesten wissenschaftlichen Computermethoden zur Anwendung.[7] [→ Exploration] →023 Der Grad der Verflechtung von Techniken der Energieerzeugung mit solchen der Informationsverarbeitung lässt es plausibel erscheinen, die heutige Technosphäre als riesige »Karbonsiliziummaschine« aufzufassen.[8]

Ein anderer zentraler Bereich der Überlagerung sind die historisch gewachsenen Formen der sozialen Durchdringung, der Gewohnheiten und Ansprüche, die aus der soziotechnischen Formation des Erdölzeitalters hervorgingen. »Wo sind die Individual-Hubschrauber geblieben, die man uns versprochen hat?«, zitierten die Medientheoretiker*innen und -aktivist*innen von Agentur Bilwet Anfang der 1990er-Jahre ironisch ein populäres petromodernes Versprechen, das ursprünglich auf einen futuristischen Werbeartikel in der US-amerikanischen Zeitschrift *Popular Mechanics* Anfang der 1950er-Jahre zurückgeht.[9] Wir hatten uns schon fast daran gewöhnt, diese typisch modernen Versprechen aufzugeben, von der unbegrenzten Bewegungsfreiheit über den Luxus für alle bis zur Besiedelung des Mars. Die ersten massiven Einbrüche dieses Fortschrittsoptimismus waren die Erkenntnis der Endlichkeit der Ressourcen des Club of Rome und die Ölkrisen der 1970er-Jahre. [→ Cannonball] →275 Mit dem individuellen Automobilverkehr schien das technische Freiheitsversprechen sein Maximum und sein Ende – in Dauerstau und ökologischer Katastrophe – erreicht zu haben.

Doch heute werden explizit petromoderne Verheißungen individueller Ermächtigung in einem nie dagewesenen Maße eingelöst – virtuell. Man denke an die fast unbegrenzte Verfügbarkeit aller möglichen Spielarten des Genusses im Internet. Oder an die allumfassende Gegenwart individualisierender Kommunikations- und Analysetechnologien, die jeden User als ein bevorzugtes Subjekt behandeln. Oder auch an die mit Lokalisierungstechnologie operierenden Anwendungen der Smartphones, die sich als individuelle Psychogeografie über die real durchquerten Räume legen.

Hier verläuft die entscheidende Linie, die den Satz »Daten sind das neue Öl« rechtfertigt. Wichtiger noch als eine Überprüfung der einzelnen Elemente der metaphorischen Übertragung von der schmutzigen und eminent materiellen Ebene der petrochemischen Prozesse auf die vermeintlich materielose Ebene der Datenverarbeitung, der wechselseitigen Abhängigkeit von Öl- und digitaler Technologie und des Nachlebens petromoderner Werte ist die Feststellung, dass hier die Prinzipien des Extraktivismus – also einer Ökonomie, die auf der Ausbeutung von Rohstoffen basiert → 230 [→ True Oil] – auf eine andere Sphäre übertragen worden sind. Die neue Extraktionsfront verläuft zwischen der Industrie und den Nutzer*innen ihrer technischen Geräte und Anwendungen. Neo-Extraktivismus tritt nicht nur als verstärkte Wieder- und Neuaufnahme von Schürf- und Bohrsituationen in Ländern der ehemals »Dritten Welt« auf, wo es klassisch darum geht, Erdöl und Edelmetalle zu fördern, sondern wendet sich auch zurück auf die Körper und Bewegungsspuren der Bewohner*innen der Industrienationen. Zu beobachten ist eine neue Form der »digitalen Ausgrabung und Extraktion«[10].

Begehren und Verhalten der Konsument*innen bildeten im Konsumkapitalismus schon länger eine Ressource. Davon zeugen der Aufstieg von Marktforschung und Werbeindustrie nach dem Zweiten Weltkrieg und die Etablierung des Konsumklimaindex als eine zentrale volkswirtschaftliche Kennziffer. Doch mit der vollständigen Vernetzung und ungeheuren Intensivierung der Datenerhebung werden alle individuellen biografischen Marginalien wie Bewegungsmuster oder Konsumvorlieben zu Daten und damit zur Ressource. Gefördert werden sie aus elektronischen Sensoriken, Überwachungsapparaten und milliardenfach genutzten Laptops und Smartphones. Rechenzentren sind die neuen Raffinerien. Nicht nur alle Gegenstände, Staffagen und Umgebungen, sondern auch die Kommunikationen und Interaktionen in und zwischen jenen werden warenförmig.

Die befreienden Elemente der digitalen Kultur – die Effizienzsteigerungen in der Organisation interessegeleiteter oder libidinöser Beziehungen, die bequeme Allverfügbarkeit von Waren und Information, die neuen Fortbewegungsmittel wie E-Roller und E-Bikes, deren Rentabilität sich als eine Wette auf die nebenbei eingesammelten Bewegungsprofile erweist – sind erkauft zu dem Preis, dass sich die beteiligten Menschen selber zu »Öl«, zu einer auszubeutenden Ressource gemacht haben. Oder, um im geohistorischen Bild zu bleiben: Wenn tatsächliches Öl aus der Reduktion fossiler Lebensformen [→ Plankton] auf ihren Energiegehalt entsteht, → 194
dann entsteht das neue Öl aus der Akkumulation der Verhaltensspuren aller an die Informationskreisläufe angeschlossenen Menschen, Lebewesen und Dinge in den digitalen Speicherformationen.

Burning Man

Ein junger Mann mit nacktem Oberkörper nimmt eine Dusche unter dem Auspuffrohr eines Pick-up-Trucks. Aus dem merkwürdig hoch und seitlich angebrachten Rohr kommt kein Wasser, sondern dicker, schwarzer Dieselqualm. *Rolling Coal* nennt sich die in den ländlichen Gegenden der USA verbreitete Praxis, den Dieselmotor eines Trucks so zu manipulieren, dass dieser bei starkem Gasgeben gewaltige Rußwolken aus nicht restlos verbranntem Treibstoff ausstößt.
→070 [→Motor] Die *Coal Roller* selbst finden das lustig und männlich, sehen es aber auch als eine Form von Protest: »Du willst saubere Luft und einen winzigen CO_2-Fußabdruck? Na dann fick dich!«[1]

Auf Youtube laden sie Videos hoch, auf denen zu sehen ist, wie groß dimensionierte Trucks japanische Autos mit Hybridmotoren und Elektroautos – ihre beiden Lieblingsgegner –, aber auch Polizeiautos, Frauen, Radfahrer*innen, Demonstrant*innen oder nicht »weiße« Menschen in Rußwolken einhüllen. Ein anderes Subgenre zeigt, wie Trucks im Wettbewerb um die größten Rußwolken gegeneinander antreten, oder auch – wie auf dem Bild zu diesem Eintrag zu sehen –, wie Menschen bei Truckertreffen unter Auspuffrohren Rußduschen nehmen. 2014 erlangte die bizarre petrokulturelle Praxis USA-weite Aufmerksamkeit. Zeitungen, Magazine und TV-Sendungen landauf, landab beschäftigten sich damit, Gesetze wurden erlassen, bestehende Verordnungen verschärft, um ein Phänomen in den Griff zu bekommen, das nicht zuletzt auch ein Kulturkampf des rechten ländlichen Amerika gegen die liberalen Städte und gegen die Umweltpolitik der Obama-Regierung war.

Die kalifornische Petrokulturforscherin Stephanie LeMenager, der wir den Hinweis auf das *Coal Rolling* verdanken, interpretiert es als einen Ausdruck der »Petromelancholie«, unter der die US-amerikanische Kultur seit dem Ende von *Easy Oil,* also des Vorrats einfach zugänglicher konventioneller Erdöllagerstätten, zunehmend leide.[2] [→ True Oil] Die → 230 Ahnung, dass all der schöne Luxus und Überfluss bald vorbei sein könnte, so LeMenager, habe Welle nach Welle von kulturellen Praktiken hervorgebracht, die Öltechnologien und Automobilität fetischisieren, Benzin verbrennen und Abgase in die Luft jagen, als gäbe es kein Morgen.

Schnitt: Bereits am Anfang der fossilen Moderne entsteht Fundamentalkritik an deren Grundlagen. Sie richtet sich sowohl gegen die Verausgabung von Ressourcen und die damit verbundene Umweltverschmutzung als auch gegen den ökonomischen, wachstumsorientierten und zweckrationalen Geist, der die industriellen Projekte vorantreibt. Rationalismus und Anti-Rationalismus erscheinen als zwei Seiten der gleichen historischen Medaille. Anti-Rationalismus findet sich in der Romantik Anfang des 19. Jahrhunderts, in den Lebensreform- und Aussteigerbewegungen von 1900 bis zu den Hippies verschiedenster esoterischer Wellen und in der ökologischen Kehre seit den 1960ern. Ob dieser Anti-Rationalismus im Kern eine fortschrittliche oder reaktionäre Haltung begründet – oftmals ideologisch gefärbte Einordnungen in »progressiv« einerseits oder »Vorbereitung nationalsozialistischen Gedankenguts« andererseits wirken bis heute nach –,

lässt sich oft schwer unterscheiden und muss von Fall zu Fall genau betrachtet werden.

In der Auseinandersetzung über Bedeutung, Berechtigung, Reichweite und Implikationen der Epochenbezeichnung Anthropozän, in der viele den Anfang vom Ende des fossil-modernen Projekts vermuten (erhoffen oder befürchten), scheint sich die seit dem Beginn der fossilen Moderne formulierte Gegnerschaft zu wiederholen. Eine breite internationale Front aus Wissenschaftler*innen verschiedenster Disziplinen kritisiert, dass die Ausweitung der Verantwortung für die Umweltprobleme auf die gesamte Menschheit eine Fortsetzung des Kolonialismus mit anderen Mitteln darstelle, wenn man die in der Moderne bislang subalternen Menschengruppen nicht höre und über die Zukunft nicht mitentscheiden lasse. Den Nicht-Europäern Gehör zu verleihen bedeute aber auch, mit der Alleinherrschaft der westlich-rationalistischen Naturauffassung zu brechen und den Geistern und Göttern anderer Weltbilder Realität zuzugestehen[3].

Der britische Soziologe Bronislaw Szerszynski geht noch einen Schritt weiter und sucht die »Gods of the Anthropocene« im westlich-rationalen Projekt selber beziehungsweise in dessen Wechselwirkungen mit Kulturen und Gesellschaften rund um den Globus.[4] Er konstatiert, dass diese nie aufgehört hätten, Teil der multiplen Anthropozän-Dynamiken zu sein und behandelt neben »höheren Göttern« wie dem Anthropos, Kapital, Sonne und Erde [→ Schwarzes Quadrat] auch → 242
die »niederen Geister der planetarischen Ströme«. Dazu zählt er etwa bestimmte Gesetze der Strömungsdynamik, aber auch von Marx analysierte Prinzipien wie die ursprüngliche Akkumulation oder den Akt der »Bezauberung«, der notwendig ist, um einen Rohstoff imaginär in eine Ware zu

verwandeln. Alle diese Dynamiken trügen zu der »spirituellen Entropie« bei, die das heutige Weltgeschehen antreibe:

> Die hier aufgeführten Götter und Geister sind keine bloßen Epiphänomene fundamentalerer sozialer, ökonomischer, technischer und natürlicher Prozesse, sondern sie bilden einen integralen Bestandteil dessen, was die Dinge in Bewegung versetzt, umwandelt und Entropie und Ordnung auf dem sich verändernden Körper der Welt verteilen lässt.[5]

Als Emanation eines solchen spirituellen Durcheinanders kann das für diesen Beitrag titelgebende *Burning Man*-Festival verstanden werden. Das zur Sommersonnwende 1986 als ein später Nachzügler der Hippie-Ära und Verbindungsglied zum Zeitalter elektronischer Musik und digitaler Medien
→255 [→Daten sind das neue Öl] in San Francisco gegründete Festival landet seit Anfang der 1990er-Jahre jährlich an einem Black Rock genannten Ort in der Wüste Nevadas. Zehntausende pilgern dorthin. Es gilt als das progressivste und freieste Festival der USA, ein Experiment in gemeinsamem Leben und neuen Ideen. 2004 formulierte Larry Harvey, einer der Gründer und künstlerischer Direktor des Festivals bis zu seinem Tod im Jahr 2018, die »Zehn Prinzipien von *Burning Man*«. Dazu gehören unter anderen »Decommodification«, also der Versuch, die Warenförmigkeit der sozialen Beziehungen in der Konsumgesellschaft auszusetzen, »Leaving No Trace«, also allen Müll wieder mitzunehmen und die Orte »in einem besseren Zustand zu hinterlassen, als sie vorgefunden
→109 wurden«, [→Schlumberger] und »Immediacy«: »Wir wollen die Barrieren überwinden, die zwischen uns und dem Erkennen unseres inneren Selbst stehen, der Realität derer um uns herum, aktive Anteilnahme an der Gesellschaft und Zugang

zu einer natürlichen Welt, welche die menschlichen Kräfte übersteigt.«[6] Der spirituelle und ökologische Weg also. Eintrittspreise von 400 US-Dollar aufwärts und zusätzliche Aufwendungen, die sich je nach Ansprüchen und Portemonnaie zwischen 1300 und 20 000 US-Dollar bewegen,[7] sowie die Tatsache, dass sich seit einigen Jahren auch Superreiche aus dem Silicon Valley wie Mark Zuckerberg oder Elon Musk zu den *Burners* zählen – wie sich die internationale Gemeinschaft der *Burning Man*-Teilnehmer*innen nennt –, lassen Kritiker*innen allerdings schon länger an der Wirklichkeit des subkulturellen und antikapitalistischen Anspruchs des Festivals zweifeln.[8]

Auf dem Festivalgelände abseits der Zivilisation, das ausschließlich mit dem Auto (oder dem Privatjet) erreicht werden kann, sind Autos verboten, es sei denn, es handelt sich um sogenannte *mutant vehicles,* zu fantastischen Karossen umgebaute Wagen. Die Ästhetik des Festivals hat viel mit den *Mad Max*-Filmen gemein,[9] in denen es nur noch Wüste und kaum Wasser und Treibstoff gibt, aber Autos mit Verbrennungsmotor dennoch das entscheidende Statussymbol und Fortbewegungsmittel sind. [→Unbezahlbar] Es stellt sich die Frage, warum sowohl sentimentale Liebhaber*innen als auch (vermeintlich) entschlossene Gegner*innen der Petromoderne sich in eine zugleich post- und hypertechnologisch erschlossene Wüste imaginieren, in der sie archaische Rituale ausführen. Hier schließt sich auch der Bogen zu den petromelancholischen, Diesel verbrennenden *Coal Rollers.* →131

Vielleicht gibt die titelgebende Figur des *Burning Man* Auskunft – jenseits aller Lagerfeuerzufälle, von denen Larry Harvey berichtet: wie aus der spontanen Verbrennung einer Treibholzfigur getränkt mit Benzin am Strand das große Fes-

tival wurde.[10] Welche Geister, kapitalistische oder antikapitalistische, rationale oder nicht rationale, werden hier beschworen? Gaston Bachelard hat in seiner klassischen Studie *Psychoanalyse des Feuers* die Fortdauer der »Vergötzung des
→070 Feuers« bis in die moderne Gesellschaft untersucht. [→Motor] An einer Stelle resümiert er die poetische Produktivität der Feuermetaphorik:

> Die Verinnerlichung des Feuers überschätzt nicht nur seine Kräfte, sie führt auch zu ganz formalen Widersprüchen. Dies ist nach unserer Ansicht der Beweis, daß es sich dabei nicht um objektive Eigenschaften handelt, sondern um psychologische Werte. Der Mensch ist vielleicht das erste Naturwesen, bei dem die Natur versucht, sich zu widersprechen.[11]

→269 Wie sonst Sonnwend- oder Osterfeuer [→Hl. Barbara] ist der *Burning Man* Ende und Anfang zugleich, eine archetypische Figur der Erneuerung wie der römische Gott Janus, das Letzte und Erste hier aber nicht des Jahreskreises, sondern einer historischen Zeitenwende. Vom tiefsten Punkt der petromodernen Nacht hinein in eine neue Epoche, das letzte Benzinfeuer der alten und das erste der neuen Zeit.

Hl. Barbara

»700 Intellektuelle beten einen Öltank an« – so heißt ein Gedicht Berthold Brechts aus seinem *Lesebuch für Städtebewohner* von 1929. »Du bist kein Unsichtbarer, / Nicht Unendlich bist du! / Sondern sieben Meter hoch. / In dir ist kein Geheimnis / Sondern Öl«, heißt es dort. Und am Ende des Gedichts: »Darum erhöre uns / Und erlöse uns von dem Übel des Geistes / Im Namen der Elektrifizierung / Der Ratio und der Statistik!«[1]

Gemäß der einflussreichen Säkularisierungsthese des Soziologen Max Weber bewirkten die Säkularisierungsprozesse in den sich modernisierenden Gesellschaften des 19. Jahrhunderts keinen radikalen Bruch mit der Religion, sondern eine Übersetzung religiöser Gehalte und Formen in neue gesellschaftliche Bereiche.[2] Religiöse Passageriten helfen bei der gesellschaftlichen Vermittlung neuer Großtechnologien, man denke an die sakralen Inszenierungen der Weltausstellungen im 19. und frühen 20. Jahrhundert. Die traditionell religiöse Kompetenz in Sachen Transzendenz als Umgang mit dem Unverfügbaren geht in Teilen auf den Umgang mit Technik über.[3] So sind die mit dem modernen Projekt verbundenen Technikutopien oft als im Kern religiöse oder »religioide«[4] Formen beschrieben worden. Auch in der Petromoderne finden sich zuhauf Heilsversprechen – und Unheilsversprechen, wie das oben zitierte Brecht-Gedicht – in Bezug auf die neuen Technologien, siehe die im wahrsten

Sinne des Wortes zum Himmel strebenden Versprechen von →249 Flug- und Raumfahrt [→Raumfahrt]. »Nach Seinem Tod wurde Gott zu Öl,« schreiben die finnischen Philosophen Antti Salminen und Tere Vadén, »und Öl verwandelte sich in einen Ersatzgott mit sehr direkter Zuständigkeit: Alles, was auch nur den Anschein von Heiligkeit erweckt, wird im schwarzen Motor des ökonomischen Wachstums verbrannt.«[5]

Neben diesen modernen Metamorphosen von Glaubensinhalten existieren aber auch noch viel direktere Verbindungen zwischen petromoderner bzw. fossil-technischer Lebenswelt und christlichen (bzw. anderen) Glaubenspraktiken. →119 [→Baku] Die hier vorgestellte erwächst aus der Tradition christlicher Bergleute. Deren Nothelferin ist die Heilige Barbara, weil sie sich der Legende nach auf der Flucht vor ihren Peinigern in einer Felsspalte versteckte. Dass auch Ölarbeiter*innen den Barbaratag feiern und die Ölförderung sozial- und arbeitsgeschichtlich zum Bergbau gehört, dürfte den wenigsten bewusst sein, leuchtet aber unmittelbar ein, schließlich wird das Öl wie die Kohle oder das Eisenerz aus der Tiefe der Erde gehoben. Sichtbar wird das auch an dem Symbol des Bergbaus, gekreuzte Hammer und Schlägel, ergänzt durch die Silhouette eines Bohrmeißels, der im Zusammenhang mit der Ölförderung benutzt wird (in der Fotografie auf der folgenden Doppelseite im Hintergrund rechts neben dem Kruzifix). Sichtbar wird das aber auch an der institutionellen Verankerung: Bergbaubehörden sind für die Ölförderung zuständig, bilden Ingenieure aus und veröffentlichen jährliche Förderstatistiken.

Was sehen wir auf dem Bild? Vor dem Altar spricht Erzbischof Exc. Dr. Josef Schoiswohl. Links hinter ihm, direkt neben dem Altar und vor einem großen Wandemblem, das ei-

nen Ölbrunnen darstellt, steht ein VW-Bus. Hinter dem Bus eine später noch zu weihende Christopheros-Statue, vorne steht eine elektrische Gitarre bereit. Es ist Barabarafeier 1970, begangen am 6. Dezember in der St.-Leonhard-Kirche in Matzen, Niederösterreich. Hier wird kein Öltank angebetet, es geht um die spirituelle Begleitung und Würdigung menschlicher Arbeit. Das Thema dieser Feier ist der Werksverkehr der Österreichischen Mineralölverwaltung (ÖMV). Die Fotoalben des Fuhrparks der ÖMV sind voll mit derartigen Bildern. Wie in einen Familienalbum [→ Oleoviathan] ist der → 099
Jahreskreis der Feiern festgehalten.

Arbeit und Glauben, ländliche Spiritualität und Bergmannskultur zu verknüpfen, gemeinsam der Toten der gefährlichen Arbeit zu gedenken und Werksgottesdienste im Zeichen der Barbara von Nikomedien zu feiern, war seit 1957 die Idee des noch heute in Matzen als Erneuerer der Kirche verehrten Pfarrers Günther Gradisch.

In den Bänken sitzt neben den LKW-Fahrern, Bohrarbeitern, Mechanikern, Geologen und Verwaltungsangestellten auch die Konzernspitze um die tief katholische Vorstandsdirektorin Margarethe Ottillinger. Als Spitzenbeamtin an der Seite des Ministers für Vermögenssicherung und Wirtschaftsplanung Peter Krauland war Margarethe Ottillinger 1948 unter Spionageverdacht aus dem Wagen des Ministers heraus in den sowjetischen Gulag verschleppt worden.[6] Erst nach sieben Jahren wird sie wieder nach Österreich entlassen. 1957 wird sie als Vorstandsdirektorin der ÖMV eine der wichtigsten Managerinnen der Zweiten Republik Österreich. Ende der 1960er-Jahre ist sie es, die erste Lieferverträge für sowjetisches Gas in den Westen aushandelt [→ Pipeline]. → 040

Als »große Wohltäterin der Kirche« scheint sie schon

PRESTIGE

1962 in der Pfarrchronik von Matzen auf. Sie wird Beraterin des Wiener Kardinals Franz König in Fragen der Ostpolitik, und auf ein im sowjetischen Straflager Potma hin geleistetes Gelübde regt sie in den 1970er-Jahren den Bau der aus Betonquadern gefertigten Wotrubakirche in Wien-Mauer an, was der Ölmanagerin indirekt einen bleibenden Platz in der Geschichte der Sakralarchitektur des 20. Jahrhunderts si-
→182 chert. [→Weltkulturerbe]

Die Zeiten, in denen Kirche und Ölindustrie die Lebenswelt der Region bestimmten, sind mittlerweile vorbei. Automatisierung hat die Arbeit aus den Ölfeldern vertrieben, die vollständige Durchdringung der Gesellschaft durch die
→077 Mobilitätsansprüche des Automobils [→Sprawl] hat die Dörfer in Schlafstädte verwandelt. Nur noch die Alten hängen der Erinnerung an eine heroische Zeit nach, als ÖMV-Lehrlinge während der Barbarafeier live im Kirchenraum das neue Matzener Altarkreuz geschweißt haben und danach bei Wein und Tanz gefeiert wurde, weil der Konzern noch eine Familie war.

Im Altarraum selbst ist ein grandioses Zeugnis dieser spirituellen Seite des Ölwesens erhalten. Eines der wichtigsten christlichen Symbol überhaupt, das Symbol der Wiederauferstehung, die Osterkerze, ruht in Matzen auf einem ebenfalls von Lehrlingen gestalteten Halter, bestehend aus einem Granitbohrkern aus der Tiefe des Wiener Beckens, angebracht auf einem Werkzeug, mit dem fossiles Öl zum Wiederaufsteigen gebracht wurde: auf einem dreirädrigen
→028 Rollenmeißel [→Spülung].

Cannonball

Ein Zahlenwert auf dem Tacho. 31:04 am 9. Oktober 2006. 28:50 am 21. Oktober 2013. 27:25 am 12. November 2019. 26:38 am 5. April 2020. Seit den 1970er-Jahren wird das Cannonball-Rennen ausgetragen. Es ist illegale Rekordjagd und Feier der amerikanischen Freiheit in einem. Mit allem, was ein Team aus drei Menschen, Maschine und Kraftstoff zu bieten hat, geht es inkognito von Küste zu Küste, von New York nach Los Angeles.

Was dann als *total time* in Stunden und Minuten auf dem Tacho steht, ist das Ergebnis einer dynamischen Ungleichung. Auf der Gegnerseite steht die Geografie, das komplexe Relief und die Witterung eines ganzen Kontinents, sowie Straßenbeschaffenheiten, andere Verkehrsteilnehmer*innen, Verkehrsleitsysteme und Heerscharen von Verkehrspolizisten. Auf der Fahrerseite stehen Planung und Technik: ein speziell präpariertes Kraftfahrzeug, Zusatztanks, Bordelektronik, satellitengestütztes Navigationsgerät, Radarwarner, Störsender für Ampeln, Nachtsichtgeräte, einige Dutzend Helfer entlang der Strecke, die vor Kontrollen warnen und Korridore freihalten.

Im Frühjahr 2020 wurde über dieses kontinentale technische Setting hinaus der Planet als Ganzes zum Helfer der Cannonball-Gemeinde. Die Rekordzeit von 27:25, gefahren im November 2019 in einem Mercedes-Benz AMG E 63, konnte im April mit einem vergleichsweise ordinären Audi

A8 L pulverisiert werden: 26:38. Weil mit der Covid-19-Pandemie ein einzigartiges Verbundsystem aus Mikro- und Makrokosmos, aus Phänomenen in der gesamten Bandbreite zwischen der Winzigkeit eines Virus und der Riesenhaftigkeit von globalen Gesundheits- und Kontrollsystemen nahezu jeden Verkehr gestoppt hatte, weil Polizeikräfte anderes zu tun hatten, als verwaiste Highways zu kontrollieren.

Ein Cannonball-Run 2020 ist entsprechend mehr als nur ein Rekord. Gleich auf mehrfache Weise lässt sich die Fahrt als Dokument eines Epochenknicks lesen, als experimentelles, performatives Setting zur Aufzeichnung einer historisch höchst speziellen Situation.

Dass von einem Teil der Erde, genauer gesagt von einer exakt abgesteckten Strecke aus, ihr Ganzes ablesbar wird, gehört zur Geografie seit deren Beginn. Einen mythischen Anfang markiert die Figur des Atlas selbst, dem wir den Namen →007 für dieses Buch verdanken. [→Atlas] Als eine der mathematisch exakten Geburtsstunden dieser Wissenschaft gilt die Berechnung des Erdumfangs durch Eratosthenes von Kyrene im dritten vorchristlichen Jahrhundert. Wenn am Tag der Sommersonnenwende auf der Höhe von Syene, dem heutigen Assuan, die Sonne schattenlos im Zenit steht, fällt sie auf demselben Meridian in Alexandria um den fünfzigsten Teil des Kreisbogens schief in einen Brunnen. Der Umfang einer schon daher zwangsläufig kugelförmigen Erde – so Eratosthenes' Gedanke – muss damit fünfzig Mal die genau abgeschrittene Strecke zwischen den beiden Orten umfassen.[1] Zahllose Mathematik- und Geografie-Schulbücher enthalten diese ebenso legendäre wie im Ergebnis verblüffend genaue Berechnung des Erdumfangs. Dass ein ganzes Staats- und Kalenderwesen mit Nachrichtentechnik und königlichen

Schrittzählern in diese Naturwissenschaft mit eingebaut ist, wird dabei oft übersehen. Auch die Gradmessung von Dünkirchen nach Barcelona, mit der in den nachrevolutionären 1790er-Jahren der Erdumfang zur Definition des Meters als sein vierzigmillionster Teil vermessen wurde, um per Wissenschaft alle Königsellen und -füße aus der Metrik zu verbannen, geht so vor.[2] [→ Sprawl] → 077

Auf dem Cannonball-Run, von der Red-Ball-Garage an der East 31st Street in Manhattan bis zum Hotel Portofino Inn in Redondo Beach am Pazifik, geht es ebenfalls um eine Basisstrecke. Unternommen wird hier aber nicht die Vermessung der Welt als statischer Zustand und Standard, sondern ein dynamisches Austesten eines ebenso dynamischen und darin typisch petromodernen Limits. Wie weit reicht die Macht der Technik, mit welchen Motoren und Navigationsgeräten sind Geografie und Staat am besten zu überlisten?

Es gehört zum sehr speziellen Corona-Frühjahr 2020, dass dieses Limit schneller verschoben wird, als man schreiben kann [→ Frontier der Technosphäre]. Ganze sieben Teams → 205 sollen in den fünf Corona-Wochen nach dem 5. April 2020 Rekordzeiten eingefahren haben. Dies berichtet Ed Bolian, legendärer Rekordhalter von 2013, der mit seinem Mercedes-Benz CL55 AMG den 2006 von Alexander Roy im BMW M5 aufgestellten Rekord um ganze zwei Stunden und 14 Minuten auf 28:50 verbessert hatte. Unter den Bestzeiten aus dem Frühjahr 2020 befindet sich ein zum Zeitpunkt der Niederschrift dieses Eintrags im Juni 2020 weder datierter noch genau erklärter, aber gerüchteweise kolportierter Fabelrekord von deutlich unter 26 Stunden, mit einer Durchschnittsgeschwindigkeit von irrwitzigen 120 mph, also 193 Stundenkilometern, auf einigen Etappen.

Dass nicht mehr fest in die Landschaft gelegte, stählerne Maßstäbe oder abgezählte Schritte, sondern projektilschnelle Sonden die Grundlage des Vermessungswesens bilden, ist im Zeitalter satellitengestützter Navigation Standard. →249 [→Raumfahrt] Was die Cannonball-Fahrzeuge als kleine Geschwister der künstlichen Erdtrabanten im Corona-Frühjahr 2020 auf ihrem Run detektieren, ist eine Art Koma des petromodernen, planetaren Organismus, während sie umgekehrt noch alle Möglichkeiten dieses Organismus ausschöpfen. Wie auf dem Operationstisch lässt sich eine ruhiggestellte Epoche sezieren. Als ein Flugzeug, das ununterbrochen in der Luft gehalten werden muss, ist unsere Ära permanenter Bewegung und permanenten Wachstums beschreibbar. In den Corona-Wochen war sie wie im Flug gebannt und nur noch die Kanonenkugel-Fahrer rasten vorbei.

Alles, was auch andere Wissenschaften feststellten, ist indirekt im Medium dieser Rekordfahrten dokumentiert: Das →023 von Seismografen [→Exploration] bemerkte Verstummen der Erdkruste ohne Pendlerverkehr, der atmosphärenchemische Rückgang der Treibhausgase, der zum ersten Mal in seiner Geschichte ins Minus gekippte und von Ökonom*innen bestaunte Ölpreis.

In ihrer charakteristischen Dialektik funktioniert die technische Moderne, die ein nie dagewesenes Maß an statischen Elementen – Bauwerke, Infrastrukturen, Versiegelungen – über die Erde ausgegossen hat, nur in ständiger Bewegung. Umsätze müssen getätigt, Kredite getilgt, fragile globale Produktions- und Lieferketten bedient werden, damit es nicht zu heftigen Stockungen und Abstürzen kommt. Sprudelnde Erdölbrunnen können nicht einfach von heute auf morgen geschlossen und, wenn die Nachfrage zurück ist, wieder geöffnet werden. Pipelines, Öltanker und Öltanks sind ebenso wenig wie heutige Warenlager dauerhafte Behälter, in denen man für Notzeiten vorsorgen könnte wie mit den ägyptischen Kornspeichern des Alten Testaments, sondern moderne Container. Sie werden gefüllt, um wieder entleert und erneut befüllt zu werden.[3]

An einem der prominentesten der mangels Verkehr überlaufenden Treibstofflager, an dem von der New York Mercantile Exchange (NYMEX) zum Referenzpunkt definierten Tanklager in Cushing/Oklahoma, führt die Südroute des Cannonball-Run bis auf 20 Meilen vorbei. Wie der Ölpreis selbst, in dessen einen Zahlenwert eine Unzahl an technischen, wissenschaftlichen und finanzarithmetischen Parametern, eine Unzahl an harten Fakten und weichen Prognosen einfließen [→ Zeitabgrund], geht auch in den Messwert der → 221 Fahrtzeit eine flirrende Anzahl von Faktoren ein. Wie die Nadel eines Schallplattenspielers ein ganzes Orchester vermitteln kann, vermittelt die Tachonadel einen umfassenden, historischen Sonderzustand.

Umgekehrt, und dies ist auch eine Art Detektoreffekt dieser Fahrten, deren Eskapismus auch als Projektionsfläche für alle nicht ausgelebten Begierden verstanden werden kann, zeigt erst der Corona-Entzug von Mobilität, Bewegungsfreiheit, Reisen und Exzess, wie sehr es fossile Freiheiten sind, die nicht nur ideologische Autofahrer*innen im Sinne der ADAC-Parole »freie Fahrt für freie Bürger« unterschwellig verinnerlicht haben. [→ Burning Man] *On the Road*, der → 262 1957 erschienene Roman von Jack Kerouac,[4] prägte nicht nur mehrere Generationen von Beatniks und Hippies mit seinem emotionalen Sog einer permanenten Flucht nach vorn. Er kann als Signum einer ganzen Epoche verstanden

werden, in der sowohl der industrielle Mainstream wie auch die Counterculture, in der sowohl Subjekte wie auch ganze Volkswirtschaften wie Projektile funktionierten, die sich immerzu selbst in die Zukunft schießen. Diverse Entgrenzungsprojekte, von den 68ern bis zum Mauerfall bis zum Bil-
→230 ligflieger, kannten in der Bilanz nur eine Richtung. [→True Oil,
→125 →Großer Sprung nach vorn]

Im Corona-Frühjahr 2020 war Sein-zur-Bewegung ausgesetzt und offiziell nur noch »systemrelevanten« Individuen vergönnt. Umso mehr als Projektionsflächen – wie ein Gruß aus einer anderen Zeit oder einer anderen Sphäre, wie ein Sputnik über den USA – fungierten Outlaws wie die Cannonball-Fahrer. Aus diesem Blickwinkel wirkte der durch die Reaktion auf die Gefahren eines Virus hervorgerufene Zustand wie eine mögliche Vorschau auf die Zeit nach dem Ende der Petromoderne, wenn ökonomische und politische Sachzwänge oder gesellschaftlicher Wille eine neue Ordnung der Bewegungen erzwungen haben werden.

Ob der in der Geschichte der industriellen Moderne bislang einzigartige Corona-Schock, ob die Intervention des viral Allerkleinsten in den Geschichtsprozess zum Kipppunkt wird, zum Katalysator der postfossilen Wende, der selbst historische Zäsuren wie den Mauerfall 1989 als vergleichsweise oberflächlich erscheinen lassen wird, weil hier jenseits der politischen Ebene eine virale Immobilisierung als neuer Typus einer molekularen Mobilisierung zuschlägt und der radikalstmögliche Preiseinbruch auch eine radikale Neuorganisation der Ölindustrie und damit des Fundaments unseres modern fossilen Zeitalters nach sich zieht, oder ob das Pendel fürs Erste ähnlich satt zurückschwingt wie nach den legendären, aber folgenlosen autofreien Sonntagen der

1970er-Jahre, ist zum Zeitpunkt der Niederschrift dieses Textes nicht absehbar. Nur die Frontlinien zeichnen sich schärfer ab als zuvor.

Das wie ein seltenes astronomisches Ereignis – ein Virus-, kein Venusdurchgang – in einer Lebenszeit wohl nicht wiederholbare Zeitfenster, in dem eine schockgefrostete Petromoderne viviseziert werden konnte, ob in Fabelrekorden wie »unter 26 Stunden« oder in Fabelpreisen wie »minus 40,32 Dollar«, hat sich jetzt, im Juni 2020 wieder geschlossen – und damit auch der sehr spezielle Blick durch dieses Fenster in eine unklare Zukunft, ob mit oder ohne Petromoderne. Man sollte sich die von Ed Bolian angekündigten Dokumentationen der bisher nur kolportierten Werte der letzten Rekordfahrt darum gut ansehen. Denn was immer die fernere Zukunft bringen mag: Spektakulärere Cannonball-Rekorde als im Corona-Frühjahr 2020 sind in dieser Petromoderne, auf diesem Planeten, von dieser Spezies wohl nicht mehr zu erwarten.

Anmerkungen

Atlas

1 Zur Beschäftigung mit dem Industriezeitalter als einer prometheischen Kultur vgl. Claus Leggewie, Ursula Renner, Peter Risthaus (Hg.), *Prometheische Kultur. Wo kommen unsere Energien her?,* München 2013.
2 Ovid, *Metamorphosen. Das Buch der Mythen und Verwandlungen,* in Prosa neu übersetzt von Gerhard Fink, Frankfurt/M. 1992, S. 105.
3 Georges Didi-Huberman, *Atlas. How to Carry the World on One's Back?,* Ausstellungskatalog, Madrid, Karlsruhe und Hamburg 2011, S. 69 (Übers. d. Autoren).
4 Huberman, *Atlas,* S. 15.
5 Siehe {www.landkartenarchiv.de/landkarten.php?q=Ravenstein_Atlas_des_Deutschen_Reichs_850T_1883}, letzter Zugriff 25. 5. 2020.
6 {www.landkartenarchiv.de/autoatlanten.php?q=shellatlas1}, letzter Zugriff 16. 6. 2020.
7 Ferdinand Mayer, *Erdöl-Weltatlas,* hg. von der Esso AG Hamburg, Braunschweig 1966; zweite, völlig überarbeitete Auflage: Ferdinand Mayer, *Weltatlas Erdöl und Erdgas,* mit einem Vorwort von Hans Friderichs, Braunschweig 1976.
8 Vgl. Anthony Sampson, *The Seven Sisters. The Great Oil Companies and the World They Shaped,* New York 1975.
9 Ayn Rand, *Atlas Shrugged,* New York 1957; in deutscher Übersetzung 1959 unter dem Titel *Atlas wirft die Welt ab,* Baden-Baden 1959. 2012 erschien eine Neuübersetzung unter dem Titel *Der Streik,* München 2012.
10 Vgl. Daniel Pelletier, Maximilian Probst, »Donald Trump: Der neue Ölmensch«, in: *Zeit Online,* 20. 1. 2017, {https://www.zeit.de/politik/ausland/2017-01/donald-trump-analyse-oel-kohle-kapitalismus}, letzter Zugriff 16. 6. 2020.
11 Andrew Barry, *Manifesto for a Chemical Geography,* Inaugural lecture, Gustave Tuck Lecture Theatre, University College London 24. Januar 2017, online unter {https://www.academia.edu/32374031/Manifesto_for_a_Chemical_Geography_2017}, letzter Zugriff 25. 5. 2020.
12 Vgl. dazu Georges Didi-Huberman, *Das Nachleben der*

Bilder. Kunstgeschichte und Phantomzeit nach Aby Warburg, Berlin 2010.

13 Einige wichtige dieser Ansätze reichen weit vor die Ausrufung des Anthropozäns zurück, wie etwa Michel Foucault, *Archäologie des Wissens,* Frankfurt/M. 1973 (im Original erschienen 1969), Gilles Deleuzes, Félix Guattari, *Tausend Plateaus,* Berlin 1992 (im französischen Original erschienen 1980), die mit der Postmoderne verknüpfte Ausrufung eines »Endes der großen Erzählungen« (Jean-François Lyotard, *La condition postmoderne,* Paris 1979), oder Hans Ulrich Gumbrechts *1926. Ein Jahr am Rand der Zeit,* Frankfurt/M. 2001.

14 So z. B. der Themenschwerpunkt »100 Jahre Gegenwart« des Berliner Haus der Kulturen der Welt, online unter {https://www.hkw.de/de/programm/projekte/2015/100_jahre_gegenwart/100_jahre_gegenwart_start.php}, letzter Zugriff 25. 5. 2020, und Karen Pinkus, *Fuel. A Speculative Dictionary,* Ithaca 2016. Zum Begriff einer Archäologie der Gegenwart siehe Knut Ebeling, »Die Mumie kehrt zurück II. Zur Aktualität des Archäologischen in Wissenschaft, Kunst und Medien«, in: Stefan Altekamp, Knut Ebeling (Hg.), *Die Aktualität des Archäologischen in Wissenschaft, Medien und Künsten,* Frankfurt/M. 2004, S. 9–30.

15 Dipesh Chakrabarty, *Provincializing Europe. Postcolonial Thought and Historical Difference,* Princeton, NJ, 2000, S. 71 u. 254.

16 Siegfried Giedeon, *Die Herrschaft der Mechanisierung,* Hamburg 1994, S. 19.

Bohrprotokoll

1 Zum Begriff einer geologischen Geschichtsschreibung siehe Manuel Delanda, *A Thousand Years of Non-Linear History,* New York 2009, S. 20.

2 Ruth Schneggenburger, *75 Jahre Energie aus der Tiefe. Zistersdorf,* Wien 2013, online unter {https://www.rag-exploration-production.at/fileadmin/bilder/tx_templavoila/rag_zistersdorf_75Jahre_festschrift_web.pdf}, letzter Zugriff 25. 5. 2020.

3 Walter Iber, Peter Ruggenthaler, »Sowjetische Wirtschaftspolitik im besetzten Österreich. Ein Überblick«, in: dies., *Stalins Wirtschaftspolitik an der sowjetischen Peripherie,* Innsbruck 2011, S. 197–199.

Exploration

1 James W. Cortada, *The Digital Hand. How Computers Changed the Work of American Manufacturing, Transportation, and Retail Industries,* New York 2004, S. 166 (Übers. d. Autoren).

2 A. S. Madof, C. Bertoni, J. Lofi, »Discovery of vast fluvial deposits provides evidence for drawdown during the late Miocene Messinian salinity crisis«, in: *Geology* 47 (2019), S. 171–174; Esther Widmann, »Unter der Nordsee liegt Doggerland, das Atlantis von Jägern und Sammlern«, in: *Neue Zürcher Zeitung* vom 25. 7. 2018, online unter {https://www.nzz.ch/wissenschaft/doggerland-ld.1403047}, letzter Zugriff 25. 5. 2020; T. G. Klausen, B. Nyberg, W. Helland-Hansen, »The largest delta plain in Earth's history«, in: *Geology* 47 (2019), S. 470–474.

3 T. Bunting, C. Chapman, P. Christie, S. C. Singh und J. Sledzik, »The *Science of Tsunamis*«, in: *Oilfield Review* 19/3 (2007), S. 4–19.

4 J. F. Scheimer, I. Y. Borg, »Deep Seismic Sounding with Nuclear Explosives in the Soviet Union«, in: *Science* 226/4676 (1984), S. 787–792, bzw. H. M. Benz, J. D. Unger, W. S. Leith, W. D. Mooney, L. Solodilov, A. V. Egorkin und V. Z. Ryaboy, »Deep Seismic Sounding in Northern Eurasia«, in: *Eos* 73/28 (1992), S. 297–304, und die Arbeiten am Lamont-Doherty Earth Observatory an der Columbia University (LDEO), so etwa: I. B. Morozov, E. A. Morozova, S. B. Smithson, »Digital database of deep seismic sounding profiles in Northern Euroasia«, in: *29th Monitoring Research Review: Ground-Based Nuclear Explosion Monitoring Technologies*, S. 164–174, online unter {https://www.ldeo.columbia.edu/res/pi/Monitoring/Doc/Srr_2007/PAPERS/01-17.PDF}, letzter Zugriff am 25. 5. 2020.

5 Martin Heidegger, *Gelassenheit*, Pfullingen 1959, S. 18.

Spülung

1 Georg Friedrich Wilhelm Hegel, *Vorlesungen über die Philosophie der Geschichte* (von WS 1822/1823 bis 1830/1831 fünfmal gelesen), Stuttgart 1961, S. 147, siehe auch Friedrich Kittler, Peter Berz, Joulia Strauss, Peter Weibel (Hg.), *Götter und Schriften rund ums Mittelmeer*, Paderborn 2017, S. 114.

2 Fritz Heider, *Ding und Medium*, Berlin 2005.

3 R. C. Martin, J. B. Knauer, P. A. Balo, »Production, Distribution, and Applications of Californium-252 Neutron Sources«, in: *Applied Radiation and Isotopes.* 53 (4–5) (1999), S. 785–792, hier S. 789.

4 Vgl. etwa: Peter Berz, »Die Lebewesen und ihre Medien«, in: Thomas Brandstetter, Karin Harrasser, Günther Friesinger (Hg.), *Ambiente. Das Leben und seine Räume*, Wien 2010, S. 23–50.

5 Walter Seitter, *Physik der Medien. Materialien, Apparate, Präsentierungen*, Weimar 2002, insbes. Kapitel 16 »Das Wasser«, S. 231–242.

Pferdekopfpumpe

1 Walter Benjamin, *Das Passagenwerk*, in: ders., *Gesammelte Schriften*, Bd. V 1, Frankfurt/M. 1982, S. 211.

Pipeline

1 Vgl. Georgiana Banita, »From Isfahan to Ingolstadt. Bertolucci's *La via del petrolio* and the Global Culture of Neorealism«, in: Ross Barret, Daniel Worden (Hg.), *Oil Culture*, Minneapolis/London 2014, Kapitel 8.
2 Hajo Obuchoff, Lutz Wabnitz, Frank Michael Wagner, *Die Trasse: Ein Jahrhundertbau in Bildern und Geschichten*, Berlin 2012, S. 7 f.
3 Vgl. auch ebd., S. 9 ff.
4 Imre Szeman, »Pipeline Politics«, in: *The South Atlantic Quarterly*, April 2017, S. 402–407, hier S. 402.
5 *The World Factbook – Central Intelligence Agency*, online unter {https://www.cia.gov/library/publications/the-world-factbook/rankorder/2121rank.html}, letzter Zugriff 10. 3. 2020.
6 Vgl. das beeindruckende künstlerische Forschungsprojekt von Ursula Biemann, »Black Sea Files«, in: dies., *Mission Reports. Videoarbeiten 1999-2011*, Zürich 2009, S. 84–101.
7 Wilhelm Krass, Alfred Kittel, Alfred Uhde, *Pipelinetechnik. Mineralölfernleitungen*, Köln 1979, S. 1.
8 Michael Poppe, *Integration von Infrastrukturen in Europa im historischen Vergleich*, Bd. 5: *Öl- und Treibstoffpipelines*, Baden-Baden 2015.
9 Wilhelm Krass, Alfred Kittel, Alfred Uhde, *Pipelinetechnik*, Köln 1979, S. 189.
10 Andrew Barry, *Material Politics: Disputes along the Pipeline*, Oxford 2013.
11 Übersetzung aus dem italienischen Original von Mathias Ott.

Molekulare Mobilisierung

1 Jerry Fairbanks Productions Inc., *The Inside Story of Modern Gasoline. Science-Fashioned Molecules For Top Performance.* Ein Leadership-through-science-Film, präsentiert von Standard Oil Company of Indiana, 1946.
2 Brief von Johann Wolfgang von Goethe an Johann Wolfgang von Döbereiner vom 7. 10. 1826, zitiert nach: Alwin Mittasch, *Döbereiner, Goethe und die Katalyse*, Stuttgart 1951, S. 29.
3 Wilhelm Ostwald, »Über Katalyse. Vortrag, gehalten 1901 in der Versammlung der Gesellschaft Deutscher Naturforscher und Ärzte zu Hamburg«, in: ders., *Abhandlungen und Vorträge allgemeinen Inhaltes (1887–1903)*, Leipzig 1904, S. 71–96.
4 Ostwald, »Über Katalyse«, S. 96.

5 Vgl. Paul Virilio, *Geschwindigkeit und Politik: ein Essay zur Dromologie*, Berlin 1980.
6 Ernst Jünger, »Die totale Mobilmachung«, in: ders., *Krieg und Krieger*, Berlin 1930, S. 9–30.
7 Jürgen Renn, Bernd Scherer (Hg.), *Das Anthropozän. Zum Stand der Dinge*, Berlin 2015, S. 7 ff.
8 Jane Bennet, *Lebhafte Materie*, Berlin 2020.
9 Alwin Mittasch, *Kurze Geschichte der Katalyse in Praxis und Theorie*, Berlin 1939, S. 25.
10 Alwin Mittasch, »Einiges über Mehrstoffkatalysatoren«, in: ders., *Von der Chemie zur Philosophie*, Ulm 1948, S. 67–91.
11 Anthony Stranges, »Germany's Synthetic Fuel Industry«, in: John E. Lesch (Hg.), *The German Chemical Industry in the Twentieth Century*, Dordrecht 2000, S. 147–216.
12 Robert Schlögl, »Solar Refinery«, in: ders. (Hg.), *Chemical Energy Storage*, Berlin 2013, S. 235–255.
13 »Hinter dem Wasserstoff-Thema verbirgt sich die größte Gelddruckmaschinerie. Interview mit Anja Karliczek und Robert Schlögl«, in: *Handelsblatt* vom 6. 2. 2020, online unter: {https://www.handelsblatt.com/politik/deutschland/anja-karliczek-und-robert-schloegl-hinter-dem-wasserstoff-thema-verbirgt-sich-die-groesste-gelddruck maschinerie/25507504.html}, letzter Zugriff am 17. 6. 2020.

Science-Fashioned Molecules

1 *Der Große Shell-Atlas*, Stuttgart 1962, S. 79.
2 Donna J. Haraway, *Das Manifest für Gefährten. Wenn Spezies sich begegnen – Hunde, Menschen und signifikante Andersartigkeit*, Berlin 2016.
3 Vgl. Lynn Margulis, *Der symbiotische Planet oder Wie die Evolution wirklich verlief*, Frankfurt/M. 2017.
4 Olivia P. Judson, »The energy expansions of evolution«, in: *Nature Ecology & Evolution* 1, 0138 (2017).
5 Vgl. den Kapiteltitel in: Daniel Yergin, *Der Preis. Die Jagd nach Öl, Geld und Macht*, Frankfurt/M. 1991.

Männer und Erdöl

1 Lukas Bärfuss, *Öl. Schauspiel*, Göttingen 2016, S. 60.
2 Stephanie LeMenager, *Living Oil. Petroleum Culture in the American Century*, New York 2014, S. 7.
3 Karl Aloys Schenzinger, *Bei I. G. Farben*, München/Wien 1953, S. 325.
4 Klaus Theweleit, *Männerphantasien*, Frankfurt/M. 2000, S. 243.
5 Judith Butler, *Körper von Gewicht. Die diskursiven Grenzen des Geschlechts*, Berlin 1995, S. 312 ff.

6 *Lohn der Angst* (Orig. *Le salaire de la peur*), FRA/ITA 1953, R: Henri-Georges Clouzot.
7 *Giganten* (Orig. *Giant*), USA 1956, R: George Stevens.
8 *Die Unerschrockenen* (Orig. *Hellfighters*), USA 1968, R: Andrew V. McLaglen.
9 *Armageddon – Das jüngste Gericht* (Orig. *Armageddon*), USA 1998, R: Michael Bay.
10 Cara Daggett, »Petro-masculinity: Fossil Fuels and Authoritarian Desire«, in: *Millenium: Journal of International Studies* 47 (2018), S. 25–44.
11 Clärenore Stinnes, *Im Auto durch zwei Welten (mit Photos von Axel Söderström),* Wien 1996 (1929).
12 Elly Beinhorn, *Alleinflug. Mein Leben,* München 2007.
13 »They are doing their bit by keeping their femininity. That's one of the reasons we are fighting«, zit. n. Cecily Devereux, »›Made for Mankind‹: Cars, Cosmetics, and the Petrocultural Feminine«, in: Sheena Wilson, Adam Carlson, Imre Szeman (Hg.), *Petrocultures. Oil, Politics, Culture,* Montreal u. a. 2017, S. 162–186, hier: S. 175 (Übers. d. Autoren).
14 Cecily Devereux, »›Made for Mankind‹: Cars, Cosmetics, and the Petrocultural Feminine«, S. 177 (Übers. d. Autoren).
15 Ausschnitte in: *Oil Rocks. City above the Sea / Cité du Pétrole,* Dokumentarfilm, CHE 2009, R: Marc Wolfensberger.
16 Zum Begriff »*queer*«: Judith Butler, *Körper von Gewicht. Die diskursiven Grenzen des Geschlechts*, Berlin 1995, S. 295 ff.
17 Sophie Monk, »BP, Pinkwashing and Queer Environmentalism«, in: *Warwick Globalist, Climate Change. Feeling the Heat,* online unter {http://warwickglobalist.com/2015/12/20/bp-pinkwashing-queer-environmentalism/}, letzter Zugriff 8. 3. 2020.

Motor

1 Shell führt durch den Motor Nr. 6«, in: *DDAC-Motorwelt* (1938), S. 515, bzw. »Shell führt durch den Motor Nr. 1«, in: *DDAC-Motorwelt* (1938), S. 285.
2 Edmund Waldmann, *Erdölbestandteile. Bisher aus Erdölen isolierte chemische Individuen,* Wien 1937.
3 Wolfgang Ellissen, *Antiklopfmittel und Ottokraftstoff-Qualitäten in Deutschland 1923–1973,* Bad Lauterberg im Harz 2002, S. 16.
4 »Shell führt durch den Motor Nr. 2«, in: *DDAC-Motorwelt* (1938), S. 299.
5 Gaston Bachelard, *Psychoanalyse des Feuers,* München/Wien 1985.
6 Peter Sloterdijk: »Wie groß ist ›groß‹?«, in: Paul Crutzen u. a. (Hg.), *Das Raumschiff Erde hat keinen Notausgang – Energie und Politik im Anthropozän,* Berlin 2011, S. 97.

Sprawl

1 Herbert Achternbusch, »Die Autobahn«, in: ders., *Du hast keine Chance aber nutze sie,* Bd. 4., *Das Haus am Nil, Schriften 1980–1981*, Frankfurt/M. 1987, S. 193–199, hier S. 195.
2 Amitav Ghosh, »Petrofiction. The Oil Encounter and the novel«, in: *The New Republic,* 2. 3. 1992, S. 29–34.
3 William Eggleston, *Los Alamos,* hg. von Thomas Weski, Zürich 2003.
4 Vgl. zur Wirkung von Farben, eingeengten Bildausschnitten und (petromodernen) Motiven in Egglestons Fotografien: Thomas Weski, »Entwurf einer Vorstellung«, in: William Eggleston, *Los Alamos,* S. 172–175.
5 Thomas Macho, »Übersehen«, in: Walter Pamminger u. a. (Hg.), *AutoBahn und Medien,* Wien 1995, S. 0–8 (von hinten), S. 5.
6 Vgl. die den Atlas eröffnende Seite »Kartenlesen. Vom Bild zur Karte«, in: Thomas Michael (Hg.), *Diercke Weltatlas*, Braunschweig 2015, S. 12.
7 Lars Denicke, *Global/Airport. Zur Geopolitik des Luftverkehrs*, Dissertation HU-Berlin 2012, S. 18, online unter {https://edoc.hu-berlin.de/bitstream/handle/18452/17972/denicke.pdf}, letzter Zugriff 2. 7. 2020
8 Kevin W. Kelley (Hg.), *Der Heimatplanet,* Frankfurt/M. 1989.
9 Diedrich Diederichsen, Anselm Franke (Hg.), *Whole Earth. Kalifornien und das Verschwinden des Außen*, Berlin 2013.
10 Walter Benjamin, »Erfahrung und Armut«, in: *Illuminationen. Ausgewählte Schriften 1,* Frankfurt/M. 1977, S. 291–296, hier S. 291.

Munition

1 Heinrich Heine, *Vermischte Schriften,* Amsterdam 1854, S. 78.
2 Walter Ostwald: »Kraftstoff im Kriege«, in: *Kraftstoff* 16 (1940), S. 167–169, hier: S. 168.
3 Arno Schmidt, »Griechisches Feuer. 400 Jahre Geheimwaffe«, in: ders., *Griechisches Feuer,* Bargfeld 1989, S. 7–11.
4 Jens Soentgen, *Konfliktstoffe,* München 2019, S. 73.
5 Eve Blau, *Baku. Oil and Urbanism,* Zürich 2018, S. 56 f.
6 Daniel Yergin, *Der Preis. Die Jagd nach Öl, Geld und Macht*, Frankfurt/M. 1993, S. 237.
7 Rüdiger Graf, *Öl und Souveränität,* Berlin, München, Boston 2014, S. 66 ff.
8 Niels Klußmann, Armin Malik, *Lexikon der Luftfahrt,* Berlin 2018, S. 358.
9 Daniel Parry, »NRL Seawater Carbon Capture Process Receives U. S. Patent«, online unter {https://www.nrl.navy.mil/news/releases/nrl-seawater-carbon-capture-process-receives-us-patent}, letzter Zugriff 27. 5. 2020.

10 Karl Valentin, zitiert nach Helmut Bachmaier, *Warum lachen Menschen?,* Grünwald 2011, S. 22.

Greenhouse

1 Barbara Orland, »Die Erfindung des Stoffwechsels«, in: Kijan Espahangizi, Barbara Orland (Hg.), *Stoffe in Bewegung,* Zürich/Berlin 2014, S. 71–93.

2 Eine frühe Darstellung dieser Kreisläufe findet sich bei Robert Mayer, *Die organische Bewegung in ihrem Zusammenhange mit dem Stoffwechsel,* Heilbronn 1845; vgl. Emanuele Coccia, »Pflanzenphilosophie. Die Wurzeln der Welt«, in: Kathrin Meyer, Judith Elisabeth Weiss (Hg.), *Von Pflanzen und Menschen. Leben auf dem grünen Planeten,* Ausstellungskatalog Deutsches Hygienemuseum Dresden, Göttingen 2019, S. 32–36, hier S. 35 f.

3 Vgl. Marina Fischer-Kowalski, *Gesellschaftlicher Stoffwechsel und Kolonisierung von Natur. Ein Versuch in sozialer Ökologie,* Amsterdam 1997.

4 Rolf Peter Sieferle, *Der unterirdische Wald. Energiekrise und industrielle Revolution,* München 1982, S. 173 f.

5 Siehe auch Richard Manning, »The Oil We Eat. Following the Food Chain Back to Iraq«, in: *Harper's Magazin* 308/1845 (Feb 2004), S. 37–45.

6 O. A., »Vom Treibhausgas zum Gewächshausgas: CO_2-Recycling bei Linde«, in: *UmweltDialog. Wirtschaft – Verantwortung – Nachhaltigkeit,* 4. 7. 2008, online unter {https://www.umweltdialog.de/de/wirtschaft/oekologie/archiv/2008-07-04_Linde_OCAP_Projekt.php}, letzter Zugriff 25. 5. 2020.

7 {https://www.the-linde-group.com/de/images/Linde%20Technology%201_2013_DE_tcm16-93116.pdf}, letzter Zugriff 25. 5. 2020

Oleoviathan

1 »The petroleum Engineer for Management«, in: *The Petroleum Engineer. Drilling & Production,* 31, 1959, S. E31.

2 Daniel Yergin, *Der Preis. Die Jagd nach Öl, Geld und Macht,* Frankfurt/M. 1993.

3 Thomas Hobbes, *Leviathan: erster und zweiter Teil,* übersetzt von Jacob Peter Mayer mit einem Nachwort von Malte Diesselhorst, Ditzingen 2018; zur Ikonografie des Leviathan siehe auch: Horst Bredekamp, *Der Leviathan: Das Urbild des modernen Staates und seine Gegenbilder, 1651–2001,* Berlin 2012. Während der Arbeit an diesem Buch erfuhren wir von einem Kinderbuch über die Monster der Umweltzerstörung, in dem ein »Öl-Leviathan« vorkommt: Marie G. Rohde, *Unheim-*

liche Umweltmonster … und wie man sie besiegt, München 2020, S. 36 f. Ebenfalls bestens in den Zusammenhang unseres Buches passen: »Der Plastiksuppen-Krake«, »Die würgende Straßenviper«, »Die urbane Zementechse«, »Die unverschämt laute Lärmbelästigung« und »Der brechreizerregende Smogosaurus«.

4 Ian Morris, *Beute Ernte Öl. Wie Energiequellen Gesellschaften formen,* München 2020, S. 207.

5 Timothy Mitchell, *Carbon Democracy: Political Power in the Age of Oil,* New York 2013.

6 Pablo Neruda, »Die Standard Oil Co.«, in: *Das lyrische Werk Band 1,* Frankfurt/M. 1985, S. 434–436, hier S. 436.

7 B. Traven, *Die weiße Rose,* Frankfurt/M. 1983, S. 8.

8 Timothy Mitchel, *Carbon Democracy. Political Power in the Age of Oil,* New York 2011, S. 409.

9 Georges Bataille, *Die Aufhebung der Ökonomie,* Berlin 2001, S. 209.

10 Meg Jacobs: »America's Never-Ending Oil Consumption. Why presidents have found it so difficult to ask people to just use less«, in: *The Atlantic,* 15. Mai 2016, online unter {https://www.theatlantic.com/politics/archive/2016/05/american-oil-consumption/482532/}, letzter Zugriff 27. 5. 2020.

Durchbohrte Erde

1 Jan Zalasiewicz, Colin N. Waters, Mark Williams, »Human bioturbation, and the subterranean landscape of the Anthropocene«, in: *Anthropocene,* 6 (2014), S. 3–9, hier: S. 5.

Schlumberger

1 Für diesen Hinweis und auch den Einblick in sein Arbeitsfotoalbum, aus dem das Bild dieses Eintrags stammt, danken wir dem langjährigen Mitarbeiter im globalen Schlumberger-Umweltmanagement Dieter Hiller.

Abenteurer

1 Othmar Franz Lang, *Männer und Erdöl,* Wien 1956.

2 Archivmaterial zu Otto von Oppolzer, Richard Keith van Sickle, aber auch zu weiteren österreichischen Erdölpionieren wie János Siklósi an der Geologischen Bundesanstalt in Wien und über: Benjamin Steininger, *Die Sammlung Rohstoff Geschichte – Ein Findbuch,* Wien 2016, online unter: {https://opac.geologie.ac.at/ais312/dokumente/BR0116_000.pdf.pdf}, letzter Zugriff 27. 5. 2020, weitere Informationen über {http://www.rohstoffgeschichte.at}, letzter Zugriff 27. 5. 2020.

3 Georges Arnaud, *Lohn der Angst,* München 1955 (Orig. *Le salaire de la peur,* Paris 1950).
4 B. Traven, *Die weiße Rose,* Frankfurt/M. 1983, S. 234.

Baku

1 *Meyers Großes Konversations-lexikon,* Leipzig, Wien [6] 1909, »Erdöl«, Bd. 6: *Erdeessen bis Franzen,* S. 27.
2 Günter Schönwälder, *Erdöl in der Geschichte,* Mainz, Heidelberg 1958, S. 110.
3 Leila Alieva (Hg.), *The Baku Oil and Local Communities: A History,* Baku 2009, S. 40.
4 Günter Schönwälder, *Erdöl in der Geschichte,* Mainz/Heidelberg 1958, S. 112; vgl. auch Roland Götz, »Quirinus – Wasser – Öl: von der Heiligenverehrung zum Heilbad am Tegernsee«, in: *Beiträge zur altbayerischen Kirchengeschichte* 58 (2018), S. 111–148.
5 Vaclav Smil, *Energy Transitions. History, Requirements, Prospects,* Santa Barbara 2010, S. 33 f.
6 Siehe hierzu Felix Rehschuh, *Aufstieg zur Energiemacht. Der sowjetische Weg ins Erdölzeitalter,* Wien, Köln, Weimar 2018, S. 34 f.
7 Eve Blau, Ivan Rupnik, *Baku. Oil and Urbanism,* Zürich 2018.
8 J. W. Stalin, *Kurze Lebensbeschreibung,* Moskau 1942, S. 26.
9 Essad Bey, *Öl und Blut im Orient,* Berlin 2018, die erwähnten Massaker besonders S. 88 ff.

Großer Sprung nach vorn

1 *Comment Yukong déplaça les montagnes,* Paris 1976, R: Joris Ivens, Marceline Loridan, Kapitel 4: *Petroleum.*
2 Mai Thi Nguyen-Kim, *Komisch, alles chemisch! Handys, Kaffee, Emotionen – wie man mit Chemie wirklich alles erklären kann,* München 2019, S. 109.
3 Andreas Malm, »China as Chimney of the World: The Fossil Capital Hypothesis«, in: *Organization & Environment* 25/2 (2012), S. 146–177.

لا يقدر بثمن

1 Arabisch »la yuqadar bithaman« bedeutet auf Deutsch so viel wie »unbezahlbar«.
2 *The Challenge,* ITA/FRA 2016, R: Yuri Ancarani.
3 *Feathered Cocaine,* ISL 2010, R: Örn Marino Arnarson.
4 Etwa die »Falkennovelle« in: Giovanni Boccaccio, *Das Decameron,* Stuttgart 2015, V/9.
5 Alexander Ilitschewski, *Der Perser,* Berlin 2016, S. 523.
6 O. A., »Arabien/Sklavenhandel. Ein ehrsames Gewerbe«, in: *Der Spiegel,* 22. 8. 1956, S. 30–31, online unter {https://magazin.

spiegel.de/EpubDelivery/spiegel/pdf/43063789}, letzter Zugriff 27. 5. 2020; O. A., »Sklaverei formal abgeschafft«, in: *Die Zeit,* 26. 7. 1963, online unter {https://www.zeit.de/1963/30/zeit spiegel/seite-3}, letzter Zugriff 27. 5. 2020.

7 John Paul Jones, *If Olaya Street Could Talk. Saudi Arabia – The Heartland of Oil & Islam,* Albuquerque 2007, S. 163 ff.

8 Amitav Ghosh, »Petrofiction. The Oil Encounter and the novel«, in: *The New Republic,* 2. 3. 1992, S. 29–34.

9 John Paul Jones, *If Olaya Street Could Talk. Saudi Arabia – The Heartland of Oil & Islam,* Albuquerque 2007, S. 182 (Übers. d. Autoren).

10 Christopher Peak, »Feathered Cocaine: The Story of Money, Terrorism, and Falconry«, in: *Huffpost* 2. 4. 2014, online unter {https://www.huffpost.com/entryfeathered-cocaine_b_4392859}, letzter Zugriff 17. 4. 2020.

11 Friedrich Kittler, »Von Staaten und ihren Terroristen«, in: Étienne Balibar, Friedrich Kittler, Martin van Crefeld, *Die Mosse-Lectures 1997–2003,* Berlin 2003, S. 33–50, hier: S. 41.

12 Reza Negarestani, *Cyclonopedia. Complicity with Anonymous Materials,* Melbourne 2008, S. 19 (Übers. d. Autoren).

13 Also: لا يقدر بثمن

Rakete

1 Diesen Hinweis verdanken wir dem Literaturwissenschaftler und Energiehistoriker Konstantin Kaminskij, der sie im Rahmen der Tagung *Energy Humanities East. Energie- und Ressourcendiskurse in der (post-)sowjetischen Kultur* an der Humboldt-Universität zu Berlin, 24.–26. 6. 2018, äußerte.

2 Siehe im Hinblick auf Antriebskräfte und Energie erzeugende Maschinen Graeme Macdonald, »Improbability Drives: The Energy of Sf«, in: *Paradoxa,* Nr. 26 (2014), S. 111–144, sowie Karen Pinkus, *Fuel. A Speculative Dictionary,* Ithaca 2016.

3 Vgl. McKenzie Wark, *Molekulares Rot,* Berlin 2017, S. 31.

4 Eine umfassende Analyse verschiedener Aspekte der Erinnerungskultur der Sowjetunion findet sich bei Karl Schlögel, *Das sowjetische Jahrhundert. Archäologie einer untergegangenen Welt,* München 2018.

Louisiana

1 Randy W. Peterson, *Giants on the River. A Story of Chemistry and the Industrial Development on the Lower Mississippi River Corridor,* Baton Rouge 2000, oder das ebenfalls von Randy Peterson betriebene Online-Branchenverzeichnis www.chemplants.com.

2 Richard Misrach, Cate Orff, *Petrochemical America,* New York 2012.
3 Ibrahima Seck, *Bouki fait Gombo. A History of the Slave Community of Habitation Haydel (Whitney Plantation), Louisiana, 1750–1860,* New Orleans 2014.
4 Luke O'Neil, »US energy department rebrands fossil fuels as ›molecules of freedom‹«, in: *The Guardian* vom 30. 5. 2019, online unter {https://www.theguardian.com/business/2019/may/29/energy-department-molecules-freedom-fossil-fuel-rebranding}, letzter Zugriff 28. 5. 2020.
5 Hermann Staudinger, *Der Aufstand der technischen Sklaven,* Essen 1948, S. 60–66.
6 James F. Barnett, *Beyond Control. The Mississippi River's New Channel to the Gulf of Mexico,* Jackson 2017.

Petroporn

1 Ed Kashi, *Curse of the Black Gold: 50 Years of Oil in the Niger Delta,* Brooklyn, New York 2008 (Bildlegende auf der Innenseite des Umschlags, Übers. d. Autoren).
2 Michael Watts, »Sweet and Sour«, in: Ed Kashi, *Curse of the Black Gold,* S. 36–47, hier: S. 44 (Übers. d. Autoren).
3 G. Ugo Nwokeji, »Slave Ships to Oil Tankers«, in: Ed Kashi, *Curse of the Black Gold: 50 Years of Oil in the Niger Delta,* Brooklyn, New York 2008, S. 62–65.
4 Kathryn Yusoff, *A Billion Black Anthropocenes or None,* Minneapolis 2018, S. 15 (Übers. d. Autoren).
5 David Eltis, *Atlas of the Transatlantic Slave Trade,* New Haven, London 2010.
6 Achille Mbembe, *Kritik der schwarzen Vernunft,* Berlin 2019, S. 31 f.
7 Achille Mbembe, *Kritik der schwarzen Vernunft,* Berlin 2019, S. 131 ff. u. 142.
8 Michael Watts, »Specters of Oil. An Introduction to the Photography of Ed Kashi«, in: Hannah Appel, Arthur Mason, Michael Watts (Hg.), *Subterranean Estates. Life Worlds of Oil and Gas,* Ithaca, London 2015, S. 165–177, hier: S. 175 ff.

Tehran Museum of Contemporary Art

1 Shirin Sabahi, *Mouthful,* Video 2018, online unter {http://shirinsabahi.com/2018/mouthful/}, letzter Zugriff 21. 3. 2020.
2 Vgl. Eingangsstatement aus *Argo,* USA 2012, R: Ben Affleck, zitiert nach Jan von Brevern, »Concorde und die prognostische Funktion des Luxus«, in: *kritische berichte* 4 (2013), S. 32–44, hier S. 32.
3 Saeed Kamali Dehghan, »Former queen of Iran on assembling Tehran's art collection«,

in: *The Guardian*, 1. 8. 2012, online unter {https://www.theguardian.com/world/2012/aug/01/queen-iran-art-collection}, letzter Zugriff 28. 5. 2020 (Übers. d. Autoren).
4 Peter Waldman, Golnar Motevalli: »Iran Has Been Hiding One of the World's Great Collections of Modern Art«, in: *Bloomberg Businessweek*, 17. 11. 2015, online unter {https://www.bloomberg.com/features/2015-tehran-museum-of-contemporary-art/}, letzter Zugriff 28. 5. 2020.
5 O. A., »Iran will 18-Jährigen trotz falscher Vorwürfe hinrichten«, in: *Der Spiegel* vom 8. 8. 2010, online unter {https://www.spiegel.de/panorama/justiz/homosexualitaet-unter-strafe-iran-will-18-jaehrigen-trotz-falscher-vorwuerfe-hinrichten-a-710753.html}, letzter Zugriff 28. 5. 2020.
6 Georges Bataille, *Die Aufhebung der Ökonomie*, Berlin 2001, S. 34.

Posidonienschiefer

1 Ulrich Joger, Michael Klopschar, Carmen Heinisch u. a. (Hg.), *Jurameer. Niedersachsens versunkene Urwelt*, München 2017.
2 Peter Berz, »Die Philosophie des Kohlenstoffkreislaufs«, unveröffentlichtes Manuskript der Vorlesung *Ökologie* am Institut für Wissenschaftsforschung der Universität Luzern, WS 2017/18, S. 34.
3 Oliver Mattenhof, »30 Jahre Naturzerstörung für acht Monate Öl«, in: *Natur. Horst Sterns Umweltmagazin*, 1 (1980), S. 55–65.
4 O. A., *Facts about Alberta's oil sands and its industries*, online unter {https://open.alberta.ca/dataset/d5a7fec7-6e37-431c-9f33-eb98510c65e4/resource/eb20740d-d1bc-4e60-b441-99f6c84998d8/download/2016-oil-sands-discovery-centre-osdc-facts-about-albertas-oil-sands-and-its-industry.pdf}, letzter Zugriff 28. 5. 2020.
5 Diethelm Krause-Hotopp (Hg.), *Das Konzentrationslager Schandelah-Wohld 1944–1945. Ein Außenlager des KZ Neuengamme*, Schellerten 2020.
6 Michael Grandt, *Unternehmen Wüste. Hitlers letzte Hoffnung. Das NS-Ölschieferprogramm auf der Schwäbischen Alb*, Tübingen 2002.
7 Kathryn Yusoff, *One Million black Anthropocenes or none*, Minneapolis 2018, S. 3 ff.
8 Ernst Jünger, »An der Zeitmauer«, in: ders., *Sämtliche Werke*, Band 6: *Essays*, S. 397–645, hier: S. 573.

Eichmann

1 David Cesarani, *Adolf Eichmann: Bürokrat und Massenmörder*, Berlin 2002, S. 34 bzw. S. 36 f.
2 Peter Weiss, »8. Gesang vom Phenol«, in: ders., *Die Ermittlung.*

Oratorium in 11 Gesängen, Reinbek bei Hamburg 1989.

3 Siehe dazu: Achim Trunk, »Die todbringenden Gase«, in: Günter Morsch, Bertrand Perz (Hg.), *Neue Studien zu nationalsozialistischen Massentötungen durch Giftgas. Historische Bedeutung, technische Entwicklung, revisionistische Leugnung,* Berlin 2011, S. 23–49; und ebenfalls das Kapitel 7.2, »Chemische Industrie: Degussa und Degesch«, in: Sarah Jansen, *Schädlinge. Geschichte eines wissenschaftlichen und politischen Konstrukts,* Frankfurt/M. 2003, S. 338–344.

Weltkulturerbe

1 Zit. n. Finn Harald Sandberg, »Condeeps. The Dinosaurs of the North Sea«, in: *Journal of Energy History/Revue d'Histoire de l'Énergie,* 2 (2019), online unter {energyhistory.eu/en/node/136}, letzter Zugriff 28. 5. 2020 (Übers. d. Autoren).

2 Ebd.

3 Eve Blau, Ivan Rupnik, *Baku. Oil and Urbanism,* Zürich 2018, S. 162–168.

4 Günter Schönwälder, *Erdöl in der Geschichte,* Mainz, Heidelberg 1958, S. 73.

5 Marina Döring-Williams, Luise Albrecht, »Baukeramik und technische Einbauten im Maiden Tower (Qiz Qalasi) in Baku, Aserbaidschan«, in: K. Roșca (Hg.), *Gebrauchskeramik. Ritualkeramik, Beiträge zum 51. Internationalen Keramiksymposium des Arbeitskreises für Keramikforschung (Sibiu, 24–28 September 2018),* Sibiu 2021 (unveröffentlichtes Preprint).

6 Primo Levi, *Ist das ein Mensch?/Die Atempause,* München 2011.

Bohrkern

1 Godfrid Wessely, »Geological results of deep exploration in the Vienna basin«, in: *Geologische Rundschau – Mineral Deposits* 79 (1990), S. 513–520.

2 Hans-Jörg Rheinberger, *Experimentalsysteme und epistemische Dinge. Eine Geschichte der Proteinsynthese im Reagenzglas,* Frankfurt/M. 2006.

3 *Gasland,* Dokumentarfilm, USA 2010, R: Josh Fox.

Plankton

1 Vgl. Janet Browne, »A Science of empire: British biogeography before Darwin«, in: *Revue d'histoire des sciences* 45/4 (1992): *Espèces, espaces: La biogéographie sans frontières,* S. 453–475.

2 Norges Bank, »Forslag til motiver på ny seddelserie. Norges ny seddelserie: Havet«, o. O. 2014, online unter {https://static.norges-bank.no/globalassets/upload/images/pressebilder/sedler_mynter/nyseddelserie/konkur

ranse/norges-nye-seddelserie-havet.pdf?v=03/09/2017122210&ft=.pdf}, letzter Zugriff 2. 7. 2020.

3 Ernst Haeckel, *Kunstformen der Natur*, Leipzig, Wien 1904.

4 Kai Strittmatter, »Norwegens Regierung eröffnet ein gewaltiges Ölfeld«, in: *Süddeutsche Zeitung*, 7. 1. 2020, online unter {https://www.sueddeutsche.de/wirtschaft/norwegen-erdoel-johan-sverdrup-1.4747060}, letzter Zugriff 5. 3. 2020.

Tiere im Ölfeld

1 Alfred Scheld, *Erdöl im Elsass. Die Anfänge der Ölquellen von Pechelbronn*, Ubstadt-Weiher, 2012.

2 Vgl. das Mirakelbuch des St. Quirinusöl vom Tegernsee, Transskription online unter {https://digitales-archiv.erzbistum-muenchen.de/archiv-medien/Sonstiges/KB185_MirakelbuchTegernsee_Transkription.pdf}, letzter Zugriff am 18. 6. 2020.

3 Übersetzung zitiert nach Scheld, *Erdöl im Elsass*, S. 45.

4 Zitiert nach Scheld, *Erdöl im Elsass*, S. 45.

5 Theodosius Dobzhansky, »Nothing in Biology Makes Sense except in the Light of Evolution«, in: *The American Biology Teacher*, 3 (1973), S. 125–129.

6 Helmut Höge, *Die heitere Tierwelt und ihre ernste Erforschung*, Frankfurt/M. 2018, S. 11, sowie ders., »Auf der Spur der Müllfresser«, in: *taz – die tageszeitung*, 4. 6. 2018, online unter {https://taz.de/Die-Wahrheit/!5507606/}, letzter Zugriff am 20. 5. 2020.

Frontier der Technosphäre

1 Eduard Suess, *Über die Entstehung der Alpen*, Wien 1875, S. 159.

2 Vladimir Vernadskij, *Der Mensch in der Biosphäre. Zur Naturgeschichte der Vernunft*, Frankfurt/M. 1997, S. 78.

3 Peter Haff, »Humans and technology in the Anthropocene: Six rules«, in: *The Anthropocene Review* 1/2 (2014), S. 126–136.

4 Rolf Peter Sieferle, *Der unterirdische Wald. Energiekrise und Industrielle Revolution*, München 1982.

5 Alexander Klose, Benjamin Steininger, »Im Bann der fossilen Vernunft«, in: *Merkur* 835 (12/2018), S. 5–16.

6 J. Figueiredo, C. Hoorn, P. van der Ven, E. Soares, »Late Miocene onset of the Amazon River and the Amazon deep-sea fan: Evidence from the Foz do Amazonas Basin«, in: *Geology* 7 (2009), S. 619–622.

7 Vernadskij, *Der Mensch in der Biosphäre*, S. 243.

Brennender Acker

1 *Der brennende Acker*, DEU 1922, R: F. W. Murnau.

2 *Deepwater Horizon*, USA 2016, R: Peter Berg.
3 *Lektionen in Finsternis*, DEU 1992, R: Werner Herzog.
4 Vgl. Robin L. Murray, Joseph K. Heumann, »The First Eco-Disaster Film?«, in: *Film Quarterly* 3 (2006), S. 44–51.
5 Naomi Klein, »Gulf oil spill: A hole in the world«, in: *The Guardian*, 19. 6. 2010, dt. Übersetzung in: *Süddeutsche Zeitung*, 12. 7. 2010.

Gesang vom Styrol

1 »Oh matière plastique, d'où viens-tu? Qui es-tu? Et qu'est-ce qui explique ta qualité?«, in: *Le chant du styrène*, FRA 1958, R: Alain Resnais, Minute 01:58–02:07 (Übers. d. Autoren).
2 Theodor W. Adorno, Max Horkheimer, *Dialektik der Aufklärung*, Frankfurt/M. 1990, S. 38 ff.
3 Roland Barthes, »Plastik«, in: ders., *Mythen des Alltags*, Berlin 2010, S. 223–225, hier: S. 225.
4 Ebd.
5 Siehe etwa den eindrucksvollen Dokumentarfilm *Plastic Planet*, DEU/AUT 2009, R: Werner Boote.
6 Rob Nixon, *Slow Violence and the Environmentalism of the Poor*, Cambridge 2013.
7 Heather Davis, »Plastic Progeny: The Plastisphere and Other Queer Futures«, in: *philoSOPHIA* 2 (2015), S. 231–250.

Zeitabgrund

1 Werner Ladwein, Franz Schmidt, »Bildung und Geochemie von Kohlenwasserstoffen sowie deren Anreicherung zu nutzbaren Lagerstätten«, in: Friedrich Brix (Hg.), *Erdöl und Erdgas in Österreich*, Wien 1993, S. 14–18, hier: S. 14.
2 Andreas Malm, *Fossil Capital*, New York 2016, S. 380.
3 Jürgen Renn, Bernd Scherer (Hg.), *Das Anthropozän. Zum Stand der Dinge*, Berlin 2015, S. 7 ff.

Schwarzer Spiegel

1 Hans Höfer, *Das Erdöl und seine Verwandten. Geschichte, physikalische und chemische Beschaffenheit, Vorkommen, Ursprung, Auffindung und Gewinnung des Erdöles*, Braunschweig 1922.
2 Höfer, *Das Erdöl und seine Verwandten*, S. 62.
3 Dmitri Mendeleev, »On the Origins of Oil«, übersetzt von Veselin Kostov, online unter {https://phe.rockefeller.edu/docs/Energy/Mendeleev/Origins_of_Oil_JHA_1.pdf}, letzter Zugriff 29. 5. 2020.

True Oil

1 Stephen Holden, »The Sands of Time«, in: *Rolling Stone*, 26. 9. 1974 (Übers. d. Autoren).

2 Die »Gaia-Hypothese« besagt, dass es sich bei der Erde um einen lebendigen Organismus handelt. Sie wurde in den 1970er-Jahren von dem Chemiker und Ingenieur James Lovelock und der Biologin Lynn Margulis entwickelt. Anfänglich verlacht und umstritten, gehört sie heute zu den wichtigsten Wegbereitern des Anthropozän-Denkens. In einem gewissen Widerspruch zu der revolutionären Emphase, mit der dieser Begriff heute ins Feld geführt wird, steht die Geschichte seiner Entstehung: James Lovelock forschte damals mit Geldern und im Auftrag von Shell, vgl. Leah Aronowsky, »Gas Guzzling Gaia, Or: A Prehistory of Climate Change Denialism«, erscheint in *Critical Inquiry* 47/3 (2021).

3 Als *pachamama* bezeichnen die in den Anden lebenden Völker die Erde. Der Name heißt wörtlich übersetzt »Mutter Natur«. 2015 wurden die Rechte der Natur oder *pachamama* in Bolivien in den Verfassungsrang erhoben.

4 Papst Franziskus, »*Querida Amazonia (›Geliebtes Amazonien‹)*, Nachsynodales apostolisches Schreiben«, Februar 2020, Abschnitt 43, online unter {www.vaticannews.va/de/papst/news/2020-02/exhortation-querida-amazonia-papst-franziskus-synode-wortlaut.html}, letzter Zugriff 29. 5. 2020

5 Matthew T. Huber, *Lifeblood. Oil, Freedom, and the Forces of Capital*, Minneapolis, London 2013.

6 Oxana Timofeeva, »A Theatre of the Wounded Earth«, unveröfftl. Vortragsskript, True Oil – Konferenz, Kunstmuseum Wolfsburg 25.–27. 10. 2018, vgl. zu ihrer Theorie des Öls als materiellem Unbewussten dies., »Ultra-Black: Towards a Materialist Theory of Oil«, in: *eflux* 84 (2017), online unter {https://www.e-flux.com/journal/84/149335/ultra-black-towards-a-materialist-theory-of-oil/}, letzter Zugriff 29. 6. 2020.

7 *True Blood,* TV-Serie, USA 2008–2014. Der Titel der Serie inspirierte nicht nur den Titel des vorliegenden Eintrags, sondern auch eine Tagung mit demselben Titel, die die beiden Autoren im Dezember 2018 gemeinsam mit dem Kunstmuseum Wolfsburg veranstalteten.

8 Ernst Jünger, *Annäherungen. Drogen und Rausch,* in: ders., *Sämtliche Werke in 18 Bänden,* Bd. 11, Stuttgart 1978, S. 38.

9 Dale Pendell, *Pharmako / Poeia. Plant Powers, Poisons & Herbcraft*, Berkeley 2010, S. 90 (Übers. d. Autoren). Der »Benzinrausch« taucht als Phänomen und Kategorie übrigens auch schon in der ersten Taxonomie der Drogensubstanzen und -wirkungen auf: Louis Lewin, *Phantastica. Die betäubenden und erregenden Genußmittel. Für Ärzte und Nichtärzte,* Berlin 1927, S. 170 f.

10 Paul Virilio, »Fahrzeug«, in: ders., *Fahren, Fahren, Fahren,* Berlin 1978, S. 19.
11 Elisabeth Kübler-Ross, *Interviews mit Sterbenden,* Stuttgart, Berlin 1971, S. 29 ff.

Terminator

1 »Ich wünschte, ich könnte im wirklichen Leben der Terminator sein, um in der Zeit zurückzureisen und alle fossilen Energieträger zu stoppen, als sie entdeckt wurden.« (Übers. d. Autoren)
2 Rolf Peter Sieferle, *Der unterirdische Wald. Energiekrise und Industrielle Revolution,* München 1982, S. 15.
3 Zitiert nach: Peter A. Shulman: »The Making of a Tax Break: The Oil Depletion Allowance, Scientific Taxation, and Natural Resources Policy in the Early Twentieth Century«, in: *The Journal of Policy History* 3 (2011), S. 281–322, hier: S. 306.
4 Wilhelm Ostwald, »Das Problem der Zeit«, in: ders., *Abhandlungen und Vorträge allgemeinen Inhaltes* (1887–1903), Leipzig 1904, S. 241–257.

Schwarzes Quadrat

1 Felix Rehschuh, *Aufstieg zur Energiemacht. Der sowjetische Weg ins Erdölzeitalter,* Wien, Köln, Weimar 2018, S. 33.
2 Daniel Yergin, *The Prize. The Epic Quest for Oil, Money & Power,* New York u. a. 1991, S. 155 ff.
3 Rehschuh, *Aufstieg zur Energiemacht,* S. 40.
4 Robert Bird, »The Poetics of Peat in Soviet Literary and Visual Culture 1918–1959«, in *Slavic Review* 3 (2011), S. 591–614, hier: S. 594 f.
5 Rehschuh, *Aufstieg zur Energiemacht,* S. 40.
6 Aleksander Etkind, »Bevölkerung: überflüssig – Russland leidet an der von seinen abgehobenen Eliten verhängten ›Öl-Krankheit‹«, in *Neue Zürcher Zeitung,* 24. 12. 2019, online unter {https://www.nzz.ch/meinung/bevoelkerung-ueberfluessig-russland-leidet-an-der-oel-krankheit-ld.1529872}, letzter Zugriff 10. 2. 2020.
7 Douglas Rogers, »Deep Oil and Deep Culture in the Russian Urals«, in: Hannah Appel, Arthur Mason, Michael Watts (Hg.), *Subterranean Estates. Life Worlds of Oil and Gas,* Ithaca, London 2015, S. 61–71, hier: S. 65.
8 Ilya Kallinin, »Carbon and Cultural Heritage. The politics of history and the economics of rent«, in: *Baltic Worlds,* Special issue »Modernization in Russia« 2–3 (2014), S. 65–74, hier: S. 73 (Übers. d. Autoren).
9 O. A., Давай за нас, давай за вас, / давай за весь российский газ, / За всех, кто из земли добыл / Искусственное солнце

(The Gazprom Song), online unter: {https://www.youtube.com/watch?v=xGbI87tyr_4}, letzter Zugriff 20. 6. 2020. Wir danken Johannes Grenzfurthner und Oxana Timofeeva für den Hinweis auf die Kultur der russischen Ölfirmenhymnen.

Raumfahrt

1 »Heute erhalten wir durch das Erdöl Treibstoffe, die es möglich machen, den Menschen von der Erde zum Mond zu befördern, und darüber hinaus.« (Übers. d. Autoren)
2 Werner Buedeler, *Geschichte der Raumfahrt*, Künzelsau 1999, S. 159.
3 Jens Soentgen, »Die Bluttaufe des Salpeters: Über die vorindustrielle Herstellung einer Machtsubstanz«, in: Gerhard Ertl, Jens Soentgen, *N. Stickstoff – ein Element schreibt Weltgeschichte*, München 2015, S. 79–100, besonders S. 80 f.
4 Werner Buedeler, *Geschichte der Raumfahrt*, Künzelsau 1999, S. 127–135; Konstantin E. Tsiolkovsky, »The Exploration of Cosmic Space by Means of Reaction Devices (Исследование мировых пространств реакти вными приборами)«, in: *The Science Review, 5* (1903), im russischen Original online unter {www.prlib.ru/item/416365}, letzter Zugriff, 20. 6. 2020.
5 Kurt Turnovsky, »Kann es Erdöl auf dem Monde geben?«, in: *Österreichischer Berg- und Hüttenkalender*, Wien 1970, S. 83–85.

Daten sind das neue Öl

1 »Data is the new oil. It's valuable, but if unrefined it cannot really be used. It has to be changed into gas, plastic, chemicals, etc to create a valuable entity that drives profitable activity; so must data be broken down, analyzed for it to have value«. Vortrag von Clive Humby im Rahmen des ANA Senior marketer's summit, Kellogg School, zitiert nach: Michael Palmer, »Data is the new Oil«, online unter {https://ana.blogs.com/maestros/2006/11/data_is_the_new.html}, letzter Zugriff 3. 3. 2020.
2 Yuval Noah Harari, *Homo Deus. Eine Geschichte von morgen,* München 2018, S. 563 ff.
3 Jennifer Gabrys, *Digital Rubbish. A Natural History of Electronics,* Ann Arbor 2011, S. 4.
4 Ebd. (Übers. d. Autoren).
5 Forschungsgruppe Digitalisierung und sozial-ökologische Transformation, *Eine andere Digitalisierung ist möglich,* Berlin 2019.
6 Yussi Parikka, *A Geology of Media,* Minneapolis 2015, S. 111 (Übers. d. Autoren).
7 James W. Cortada, *The Digital Hand. How Computers Changed the Work of American Manufac-*

turing, Transport, and Retail Industries, Oxford, New York 2004, S. 166 f.

8 Matteo Pasquinelli, »The Automaton of the Anthropocene: On Carbosilicon Machines and Cyberfossil Capital«, in: *The South Atlantic Quarterly* 116 (2017), dt. Übersetzung online unter {www.academia.edu/35536950/Der_Automaton_des_Anthropozäns_über_Kohlenstoffsiliziummaschinen}, letzter Zugriff 29. 5. 2020.

9 Agentur Bilwet, *Medien-Archiv,* Bensheim 1993, S. 8 f.

10 Sandro Mezzadra, Brett Neilson, »On the multiple frontiers of extraction – excavating contemporary capitalism«, in: *Cultural Studies* 2–3 (2017), S. 185–204, hier S. 194.

Burning Man

1 Ryan Grenoble, »Political Protest Or Just Blowing Smoke? Anti-Environmentalists Are Now ›Rolling Coal‹«, in: *HuffPost* 6. 7. 2014, online unter {https://www.huffpost.com/entry/rolling-coal-photos-video_n_5561477}, letzter Zugriff 28. 3. 2020.

2 Stephanie LeMenager, *Living Oil. Petroleum Culture in the American Century,* New York 2014, S. 105.

3 Dipesh Chakrabarty, *Provincializing Europe: Postcolonial Thought and Historical Difference,* Princeton, NJ, 2000, S. 18.

4 Bronislaw Szerszynski, »Gods of the Anthropocene: Geo-Spiritual Formations in the Earth's New Epoch«, in: *Theory, Culture & Society* 34/2–3 (2017), S. 253–275.

5 Ebd., S. 269 (Übers. d. Autoren).

6 Siehe die Homepage des Festivals, online unter {https://burningman.org/culture/philosophical-center/10-principles/}, letzter Zugriff 6. 4. 2020, (Übers. d. Autoren).

7 Hillary Hoffower, »Burning Man was just canceled for the first time ever. Here's how much people are willing to spend on the ›commerce-free‹ festival, from $ 425 tickets to $ 14,000 private planes«, *Business Insider,* 15. 4. 2020, online unter {https://www.businessinsider.com/how-much-does-burning-man-cost-tickets-transportation-2019-8}, letzter Zugriff 29. 5. 2020.

8 Felix Gilette, »The Billionaires at Burning Man«, in: *Bloomberg Businessweek*, 5. 2. 2015, online unter {https://www.bloomberg.com/news/articles/2015-02-05/occupy-burning-man-class-warfare-comes-to-desert-festival}, letzter Zugriff 6. 4. 2020.

9 *Mad Max,* Spielfilm AUS 1979, R: George Miller, und *Mad Max 2: The Road Warrior,* Spielfilm AUS 1981, R: George Miller. Zuletzt erschien *Mad Max: Fury Road,* Spielfilm AUS 2015, R: George Miller.

10 »Burning Man – Archiving the Ephemeral«, in: *Kitchen Sisters Podcast* 122, online unter {http://

www.kitchensisters.org/present}, letzter Zugriff 20.1.2020.

11 Gaston Bachelard, *Psychoanalyse des Feuers,* München, Wien 1985, S. 101 f.

Hl. Barbara

1 Bertolt Brecht, »700 Intellektuelle beten einen Öltank an«, in: »Aus dem Lesebuch für Städtebewohner«, *Werke. Große kommentierte Berliner und Frankfurter Ausgabe, Bd. 11: Gedichte I, Sammlungen 1918–1938,* Berlin, Weimar und Frankfurt/M. 1988, S. 174–176.

2 Max Weber, *Die protestantische Ethik und der Geist des Kapitalismus, in: Gesammelte Aufsätze zur Religionssoziologie.* Bd. 1, Tübingen 1986 (1920).

3 Christian Schwarke, *Technik und Religion. Religiöse Deutungen und theologische Rezeption der Zweiten Industrialisierung in den USA und in Deutschland,* Stuttgart 2014, S. 10 ff.

4 Hartmann Tyrell, »Das Religioide und der Glaube. Drei Überlegungen zu einer Religionssoziologie um 1900«, in: Rüdiger Lautmann, Hanns Wienold (Hg.), *Georg Simmel und das Leben in der Gegenwart,* Wiesbaden 2018, S. 347–362.

5 Antti Salminen, Tere Vadén, *Energy and Experience. An Essay in Naphtology,* Chicago 2015, S. 2 (Übers. d. Autoren).

6 Stefan Karner, unter Mitarbeit von Sabine Nachbaur, Dieter Bacher und Harald Knoll, *Im Kalten Krieg der Spionage. Margarethe Ottillinger in sowjetischer Haft 1948–1955,* Innsbruck, Wien, Bozen 2016.

Cannonball

1 *Meyers Großes Konversationslexikon,* Leipzig, Wien 1905, »Gradmessungen«, Bd. 8: Glashütte bis Hautflügler, S. 206–208; Lorenz Hurni, »Digitalisierung und Virtualisierung der Landschaft«, in: David Gugerli (Hg.), *Vermessene Landschaft,* Zürich 1999, S. 65–78.

2 *Meyers Großes Konversationslexikon,* Leipzig, Wien 1905, »Meter [1]«, Bd. 13: Lyrik bis Mitterwurzer, S. 707–708.; Pierre F. A. Méchain, Jean B. J. Delambre, *Grundlagen des dezimalen metrischen Systems oder Messung des Meridianbogens zwischen den Breiten von Dünkirchen und Barcelona, ausgeführt im Jahr 1792 und in den folgenden,* Thun, Frankfurt/M. 2000.

3 Hannes Böhringer, »Der Container«, in: ders., *Orgel und Container,* Berlin 1993, S. 7–34, hier S. 11.

4 In deutscher Übersetzung: Jack Kerouac, *Unterwegs,* Reinbek bei Hamburg 1959.

Literatur

A **Theodor W. Adorno, Max Horkheimer,** *Dialektik der Aufklärung,* Frankfurt/M. 1990.

Agentur Bilwet, *Medien-Archiv,* Bensheim 1993.

Leila Alieva (Hg.), *The Baku Oil and Local Communities. A History,* Baku 2009.

Stefan Altekamp, Knut Ebeling (Hg.), *Die Aktualität des Archäologischen in Wissenschaften, Medien und Künsten,* Frankfurt/M. 2004.

Georges Arnaud, *Lohn der Angst,* München 1955.

Leah Aronowsky, »Gas Guzzling Gaia, Or: A Prehistory of Climate Change Denialism«, erscheint in: *Critical Inquiry* 47/3 (2021).

B **Gaston Bachelard,** *Psychoanalyse des Feuers,* München, Wien 1989.

Helmut Bachmaier, *Warum lachen Menschen?,* Grünwald 2011.

Lukas Bärfuss, *Öl. Schauspiel,* Göttingen 2016.

Georgiana Banita, »From Isfahan to Ingolstadt. Bertolucci's *La via del petrolio* and the Global Culture of Neorealism«, in: Ross Barret, Daniel Worden (Hg.), *Oil Culture,* Minneapolis, London 2014, Kapitel 8.

James F. Barnett, *Beyond Control, The Mississippi River's New Channel to the Gulf of Mexico,* Jackson 2017.

Andrew Barry, *Material Politics: Disputes along the Pipeline,* Oxford 2013.

Ders., *Manifesto for a Chemical Geography,* Inaugural lecture, Gustave Tuck Lecture Theatre, University College London 24. Januar 2017, online unter {https://www.academia.edu/32374031/Manifesto_for_a_Chemical_Geography_2017}, letzter Zugriff 25. 5. 2020.

Roland Barthes, »Plastik«, in: *Mythen des Alltags,* Berlin 2010, S. 223–225.

Georges Bataille, *Die Aufhebung der Ökonomie,* Berlin 2001.

Elly Beinhorn, *Alleinflug. Mein Leben,* München 2007.

Walter Benjamin, *Das Passagenwerk,* in: ders., *Gesammelte Schriften,* Bd. V 1, Frankfurt/M. 1982.

Ders., »Erfahrung und Armut«, in : *Illuminationen. Ausgewählte Schriften 1,* Frankfurt / M. 1977, S. 291–296, hier S. 291.

Jane Bennet, *Lebhafte Materie,* Berlin 2020.

H. M. Benz, J. D. Unger, W. S. Leith, W. D. Mooney, L. Solodilov, A. V. Egorkin, V. Z. Ryaboy, »Deep Seismic Sounding in Northern Eurasia«, in: *Eos,* 73/28 (1992), S. 297–304.

Peter Berz, »Die Philosophie des Kohlenstoffkreislaufs«, unveröffentlichtes Manuskript der Vorlesung *Ökologie* am Institut für Wissenschaftsforschung der Universität Luzern, WS 2017/18.

Ders., »Die Lebewesen und ihre Medien«, in: Thomas Brandstetter, Karin Harrasser, Günther Friesinger (Hg.), *Ambiente. Das Leben und seine Räume,* Wien 2010, S. 23–50.

Essad Bey, *Öl und Blut im Orient,* Berlin 2018.

Ursula Biemann, »Black Sea Files«, in: dies., *Mission Reports. Videoarbeiten 1999–2011,* Zürich 2009, S. 84–101.

Robert Bird, »The Poetics of Peat in Soviet Literary and Visual Culture 1918-1959«, in: *Slavic Review,* 3 (2011), S. 591–614.

Eve Blau, Ivan Rupnik, *Baku. Oil and Urbanism,* Zürich 2018.

Giovanni Boccaccio, *Das Decameron,* Stuttgart 2015.

Hannes Böhringer, »Der Container«, in: ders., *Orgel und Container,* Berlin 1993, S. 7–34.

Bertolt Brecht, »700 Intellektuelle beten einen Öltank an«, in: »Aus dem Lesebuch für Städtebewohner«, *Werke. Große kommentierte Berliner und Frankfurter Ausgabe,* Bd. 11: *Gedichte I, Sammlungen 1918–1938,* Berlin, Weimar und Frankfurt/M. 1988, S. 174–176.

Horst Bredekamp, *Der Leviathan: Das Urbild des modernen Staates und seine Gegenbilder. 1651–2001,* Berlin 2012.

Jan von Brevern, »Concorde und die prognostische Funktion des Luxus«, in: *kritische berichte* 4 (2013), S. 32–44.

Janet Browne, »A Science of empire: British biogeography before Darwin«, in: *Revue d'histoire des sciences,* 45/4 (1992): *Espèces, espaces: La biogéographie sans frontières,* S. 453–475.

Werner Buedeler, *Geschichte der Raumfahrt,* Künzelsau 1999.

T. Bunting, C. Chapman, P. Christie, S. C. Singh, J. Sledzik, »The Science of Tsunamis«, in: *Oilfield Review,* 19/3 (2007), S. 4–19.

Judith Butler, *Körper von Gewicht. Die diskursiven Grenzen des Geschlechts,* Berlin 1995.

C **Central Intelligence Agency,** *The World Factbook,* online unter {https://www.cia.gov/library/publications/the-world-factbook/rankorder/2121rank.html}, abgerufen am 10. 3. 2020.

Dipesh Chakrabarty, *Provincializing Europe. Postcolonial Thought and Historical Difference,* Princeton 2000.

Emanuele Coccia, »Pflanzenphilosophie. Die Wurzeln der Welt«, in: Kathrin Meyer, Judith Elisabeth Weiss (Hg.), *Von Pflanzen und Menschen. Leben auf dem grünen Planeten,* Ausstellungskatalog Deutsches Hygienemuseum Dresden, Göttingen 2019, S. 32–36.

James W. Cortada, *The Digital Hand. How Computers Changed the Work of American Manufacturing, Transport, and Retail Industries,* Oxford, New York 2004.

D **Cara Daggett,** »Petro-masculinity: Fossil Fuels and Authoritarian Desire«, in: *Millennium. Journal of International Studies* 1 (2018), S. 25–44.

Heather Davis, »Plastic Progeny: The Plastisphere and Other Queer Futures«, in: *philoSOPHIA* 2 (2015), S. 231–250.

Saeed Kamali Dehghan, »Former queen of Iran on assembling Tehran's art collection«, in: *The Guardian,* 1. 8. 2012, online unter {https://www.theguardian.com/world/2012/aug/01/queen-iran-art-collection}, letzter Zugriff 28. 5. 2020.

Manuel Delanda, *A Thousand Years of Non-Linear History,* New York 2009.

Gilles Deleuze, Félix Guattari, *Tausend Plateaus,* Berlin 1992.

Lars Denicke, *Global/Airport. Zur Geopolitik des Luftverkehrs,* Dissertation HU-Berlin 2012, online unter {https://edoc.hu-berlin.de/bitstream/handle/18452/17972/denicke.pdf}, letzter Zugriff 2. 7. 2020.

Cecily Devereux, »›Made for Mankind‹: Cars, Cosmetics, and the Petrocultural Feminine«, in: Sheena Wilson, Adam Carlson, Imre Szeman (Hg.), *Petrocultures. Oil, Politics, Culture,* Montreal u. a. 2017, S. 162–186.

Georges Didi-Huberman, *Das Nachleben der Bilder. Kunstgeschichte und Phantomzeit nach Aby Warburg,* Berlin 2010.

Ders., *Atlas. How to Carry the World on One's Back?,* Madrid, Karlsruhe, Hamburg 2011.

Theodosius Dobzhansky, »Nothing in Biology Makes Sense except in the Light of Evolution«, in: *The American Biology Teacher* 3 (1973), S. 125–129.

Marina Döring-Williams, Luise Albrecht, »Baukeramik und technische Einbauten im Maiden Tower (Qiz Qalasi) in Baku, Aserbaidschan«, in: K. Roșca (Hg), *Gebrauchskeramik. Ritualkeramik, Beiträge zum 51. Internationalen Keramiksymposium des Arbeitskreises für Keramikforschung (Sibiu, 24–28 September 2018),* Sibiu 2021 (unveröffentlichtes Preprint).

E **Wolfgang Ellissen,** *Antiklopfmittel und Ottokraftstoff-Qualitäten in Deutschland 1923–1973,* Bad Lauterberg im Harz 2002.

David Eltis, *Atlas of the Transatlantic Slave Trade,* New Haven, London 2010.

Gerhard Ertl, Jens Soentgen, *N. Stickstoff – ein Element schreibt Weltgeschichte,* München 2015.

Aleksander Etkind, »Bevölkerung: überflüssig – Russland leidet an der von seinen abgehobenen Eliten verhängten ›Öl-Krankheit‹«, in: *Neue Zürcher Zeitung,* 24. 12. 2019, online unter {https://www.nzz.ch/meinung/bevoelkerung-ueberfluessig-russland-leidet-an-der-oel-krankheit-ld.1529872}, letzter Zugriff 29. 5. 2020.

F **J. Figueiredo, C. Hoorn, P. van der Ven, E. Soares,** »Late Miocene onset of the Amazon River and the Amazon deep-sea fan: Evidence from the Foz do Amazonas Basin«, in: *Geology* 7 (2009), S. 619–622.

Marina Fischer-Kowalski, *Gesellschaftlicher Stoffwechsel und Kolonisierung von Natur. Ein Versuch in sozialer Ökologie,* Amsterdam 1997.

Forschungsgruppe Digitalisierung und sozial-ökologische Transformation, *Eine andere Digitalisierung ist möglich,* Berlin 2019.

Michel Foucault, *Archäologie des Wissens,* Frankfurt/M. 1973

G **Jennifer Gabrys,** *Digital Rubbish. A Natural History of Electronics,* Ann Arbor 2011.

Amitav Ghosh, »Petrofiction. The Oil Encounter and the novel«, in: *The New Republic* 2 (1992), S. 29–34.

Roland Götz, »Quirinus – Wasser – Öl: von der Heiligenverehrung zum Heilbad am Tegernsee«, in: *Beiträge zur altbayerischen Kirchengeschichte* 58 (2018), S. 111–148.

Rüdiger Graf, *Öl und Souveränität,* Berlin, München und Boston 2014.

Michael Grandt, *Unternehmen Wüste. Hitlers letzte Hoffnung. Das NS-Ölschieferprogramm auf der Schwäbischen Alb,* Tübingen 2002.

Ryan Grenoble, »Political Protest Or Just Blowing Smoke? Anti-Environmentalists Are Now ›Rolling Coal‹«, in: *HuffPost* 6. 7. 2014, online unter {https://www.huffpost.com/entry/rolling-coal-photos-video_n_5561477}, letzter Zugriff 29. 5. 2020.

Hans Ulrich Gumbrecht, *1926. Ein Jahr am Rand der Zeit,* Frankfurt/M. 2001.

H **Ernst Haeckel,** *Kunstformen der Natur,* Leipzig, Wien 1904.

Peter Haff: »Humans and technology in the Anthropocene: Six rules«, in: *The Anthropocene Review* 1/2 (2014), S. 126–136.

Yuval Noah Harari, *Homo Deus. Eine Geschichte von morgen,* München 2018.

Donna J. Haraway, *Das Manifest für Gefährten. Wenn Spezies sich begegnen – Hunde, Menschen und signifikante Andersartigkeit,* Berlin 2016.

Georg Friedrich Wilhelm Hegel, *Vorlesungen über die Philosophie der Geschichte* (von WS 1822/1823 bis 1830/1831 fünfmal gelesen), Stuttgart 1961.

Martin Heidegger, *Gelassenheit,* Pfullingen 1959.

Heinrich Heine, *Vermischte Schriften,* Amsterdam 1854.

Thomas Hobbes, *Leviathan: erster und zweiter Teil,* übersetzt von Jacob Peter Mayer mit einem Nachwort von Malte Diesselhorst, Ditzingen 2018.

Hans Höfer, *Das Erdöl und seine Verwandten. Geschichte, physikalische und chemische Beschaffenheit, Vorkommen, Ursprung, Auffindung und Gewinnung des Erdöles,* Braunschweig 1922.

Helmut Höge, *Die heitere Tierwelt und ihre ernste Erforschung,* Berlin 2018.

Ders., »Auf der Spur der Müllfresser«, in: *taz - die tageszeitung,* 4. 6. 2018, online unter {https://taz.de/Die-Wahrheit/!5507606/}, letzter Zugriff am 20. 5. 2020.

Hillary Hoffower, »Burning Man was just canceled for the first time ever. Here's how much people are willing to spend on the ›commerce-free‹ festival, from $425 tickets to $14,000 private planes«, Businessinsider, 15. 4. 2020, online unter {https://www.businessinsider.com/how-much-does-burning-man-cost-tickets-transportation-2019-8}, letzter Zugriff 29. 5. 2020.

Stephen Holden, »The Sands of Time«, in: *Rolling Stone,* 26. 9. 1974.

Matthew T. Huber, *Lifeblood. Oil, Freedom, and the Forces of Capital,* Minneapolis, London 2013.

Lorenz Hurni, Digitalisierung und Virtualisierung der Landschaft, in: David Gugerli (Hg.), *Vermessene Landschaft,* Zürich 1999, S. 65–78.

I **Walter Iber, Peter Ruggenthaler,** *Stalins Wirtschaftspolitik an der sowjetischen Peripherie,* Innsbruck 2011.

Alexander Illitschewski, *Der Perser,* Berlin 2016.

J **Meg Jacobs,** »America's Never-Ending Oil Consumption. Why presidents have found it so difficult to ask people to just use less«, in: *The Atlantic,* 15. Mai 2016, online unter {https://www.theatlantic.com/politics/archive/2016/05/american-oil-consumption/482532/}, letzter Zugriff 29. 5. 2020.

Sarah Jansen, *Schädlinge. Geschichte eines wissenschaftlichen und politischen Konstrukts,* Frankfurt/M. 2003.

Ulrich Joger, Michael Klopschar, Carmen Heinisch u. a. (Hg.), *Jurameer. Niedersachsens versunkene Urwelt,* München 2017.

John Paul Jones, *If Olaya Street Could Talk. Saudi Arabia – The Heartland of Oil & Islam,* Albuquerque 2007.

Olivia P. Judson, »The energy expansions of evolution«, in: *Nature Ecology & Evolution* 1, 0138 (2017).

Ernst Jünger, »Die totale Mobilmachung«, in: ders., *Krieg und Krieger,* Berlin 1930, S. 9–30.

Ders., »An der Zeitmauer«, in: ders., *Sämtliche Werke,* Bd. 8/2: *Essays II, Der Arbeiter,* Stuttgart 1981, S. 397–645.

Ders., *Annäherungen. Drogen und Rausch,* in: ders., *Sämtliche Werke in 18 Bänden,* Bd. 11, Stuttgart 1978.

K **Ilya Kallinin,** »Carbon and Cultural Heritage. The politics of history and the economics of rent«, in: *Baltic Worlds. Special issue »Modernization in Russia«* 2–3 (2014), S. 65–74.

Stefan Karner unter Mitarbeit von Sabine Nachbaur, Dieter Bacher und Harald Knoll, *Im Kalten Krieg der Spionage. Margarethe Ottillinger in sowjetischer Haft 1948–1955,* Innsbruck, Wien, Bozen 2016.

Ed Kashi, *Curse of the Black Gold: 50 Years of Oil in the Niger Delta, Photographs by Ed Kashi, Edited by Michael Watts,* Brooklyn, New York 2008.

Jack Kerouac, *Unterwegs,* Reinbek bei Hamburg 1959.

Friedrich Kittler, »Von Staaten und ihren Terroristen«, in: Étienne Balibar, Friedrich Kittler, Martin van Crefeld, *Die Mosse-Lectures 1997– 2003,* Berlin 2003, S. 33–50.

Friedrich Kittler, Peter Berz, Joulia Strauss, Peter Weibel (Hg.), *Götter und Schriften rund ums Mittelmeer,* Paderborn 2017.

T. G. Klausen, B. Nyberg, W. Helland-Hansen, »The largest delta plain in Earth's history«, in: *Geology* 47 (2019), S. 470–474.

Naomi Klein, »Gulf oil spill: A hole in the world«, in: *The Guardian,* 19. 6. 2010, dt. Übersetzung in: *Süddeutsche Zeitung,* 12. 7. 2010.

Alexander Klose, Benjamin Steininger: »Im Bann der fossilen Vernunft«, in: *Merkur* 835 (12/2018), S. 5–16.

Niels Klußmann, Armin Malik, *Lexikon der Luftfahrt,* Berlin 2018.

Wilhelm Krass, Alfred Kittel, Alfred Uhde, *Pipelinetechnik. Mineralölfernleitungen,* Köln 1979.

Diethelm Krause-Hotopp (Hg.), *Das Konzentrationslager Schandelah-Wohld 1944–1945. Ein Außenlager des KZ Neuengamme,* Schellerten 2020.

Elisabeth Kübler-Ross, *Interviews mit Sterbenden,* Stuttgart, Berlin 1971.

L **Werner Ladwein, Franz Schmidt,** »Bildung und Geochemie von Kohlenwasserstoffen sowie deren Anreicherung zu nutzbaren Lagerstätten«, in: Friedrich Brix (Hg.), *Erdöl und Erdgas in Österreich,* Wien 1993, S. 14–18.

Othmar Franz Lang, *Männer und Erdöl,* Wien 1956.

Bruno Latour, *Kampf um Gaia. Acht Vorträge über das neue Klimaregime,* Berlin 2017.

Claus Leggewie, Ursula Renner, Peter Risthaus (Hg.), *Prometheische Kultur. Wo kommen unsere Energien her?,* München 2013.

Stephanie LeMenager, *Living Oil. Petroleum Culture in the American Century,* New York 2014.

Primo Levi, *Ist das ein Mensch? / Die Atempause,* München 2011.

M **Graeme Macdonald,** »Improbability Drives: The Energy of Sf«, in: *Paradoxa* 26 (2014), S. 111–144.

A. S. Madof, C. Bertoni, J. Lofi, »Discovery of vast fluvial deposits provides evidence for drawdown during the late Miocene Messinian salinity crisis«, in: *Geology* 47/2 (2019), S. 171–174.

Andreas Malm, »China as Chimney of the World: The Fossil Capital Hypothesis«, in: *Organization & Environment* 25/2 (2012), S. 146–177.

Ders., *Fossil Capital,* New York 2016.

Richard Manning, »The Oil We Eat. Following the Food Chain Back to Iraq«, in: *Harper's Magazin* 308, 1845 (2004) S. 37–45.

Lynn Margulis, *Der symbiotische Planet oder Wie die Evolution wirklich verlief,* Frankfurt/M. 2017.

R. C. Martin, J. B. Knauer, P. A. Balo, »Production, Distribution, and Applications of Californium-252 Neutron Sources«, in: *Applied Radiation and Isotopes* 53/4–5 (1999), S. 785–792.

Volkmar Mair (Hg.), *Der Große Shell-Atlas,* Stuttgart 1963.

Ferdinand Mayer (Hg.), *Erdöl-Weltatlas,* Braunschweig 1966.

Ders. (Hg.), *Weltatlas Erdöl und Erdgas,* zweite, völlig überarbeitete Auflage, mit einem Vorwort von Hans Friderichs, Braunschweig 1976.

Robert Mayer, *Die organische Bewegung in ihrem Zusammenhange mit dem Stoffwechsel,* Heilbronn 1845.

Achille Mbembe, *Kritik der schwarzen Vernunft,* Berlin 2019.

Pierre F. A. Méchain, Jean B. J. Delambre, *Grundlagen des dezimalen metrischen Systems oder Messung des Meridianbogens zwischen den Breiten von Dünkirchen und Barcelona, ausgeführt im Jahr 1792 und in den folgenden,* Thun, Frankfurt/M. 2000.

Dmitri Mendeleev, »On the Origins of Oil«, übersetzt von Veselin Kostov, online unter {https://phe.rockefeller.edu/docs/Energy/Mendeleev/Origins_of_Oil_JHA_1.pdf}, letzter Zugriff 29. 5. 2020.

Meyers Großes Konversationslexikon, Leipzig, Wien 1905.

Sandro Mezzadra, Brett Neilson, »On the multiple frontiers of extraction – excavating contemporary capitalism«, in: *Cultural Studies* 2–3 (2017), S. 185–204.

Timothy Mitchell, *Carbon Democracy: Political Power in the Age of Oil,* zweite überarbeitete Auflage, New York 2013.

Alwin Mittasch, *Kurze Geschichte der Katalyse in Praxis und Theorie,* Berlin 1939.

Ders., »Einiges über Mehrstoffkatalysatoren«, in: ders., *Von der Chemie zur Philosophie,* Ulm 1948, S. 67–91.

Ders., *Döbereiner, Goethe und die Katalyse,* Stuttgart 1951.

Sophie Monk, »BP, Pinkwashing and Queer Environmentalism«, in: *Warwick Globalist, Climate Change. Feeling the Heat,* online unter {http://warwickglobalist.com/2015/12/20/bp-pinkwashing-queer-environmentalism/}, letzter Zugriff 8. 3. 2020.

I. B. Morozov, E. A. Morozova, S. B. Smithson, »Digital database of deep seismic sounding profiles in Northern Euroasia«, in: *29th Monitoring Research Review: Ground-Based Nuclear Explosion Monitoring Technologies,* S. 164–174, online unter {https://www.ldeo.columbia.edu/res/pi/Monitoring/Doc/Srr_2007/PAPERS/01-17.PDF}, letzter Zugriff am 25. 5. 2020.

Ian Morris, *Beute Ernte Öl. Wie Energiequellen Gesellschaften formen,* München 2020.

Robin L. Murray, Joseph K. Heumann, »The First Eco-Disaster Film?«, in: *Film Quarterly* 3 (2006), S. 44–51.

N **Reza Negarestani,** *Cyclonopedia. Complicity with anonymous materials,* Melbourne 2008.

Pablo Neruda, »Die Standard Oil Co.«, in: *Das lyrische Werk Band 1,* Frankfurt/M. 1985, S. 434–436.

Mai Thi Nguyen-Kim, *Komisch, alles chemisch!: Handys, Kaffee, Emotionen – wie man mit Chemie wirklich alles erklären kann,* München 2019.

Rob Nixon, *Slow Violence and the Environmentalism of the Poor,* Cambridge 2013.

Norges Bank, »Forslag til motiver på ny seddelserie. Norges ny seddelserie: Havet«, o. O. 2014, online unter {https://static.norges-bank.no/globalassets/upload/images/pressebilder/sedler_mynter/nyseddelserie/konkurranse/norges-nye-seddelserie-havet.pdf?v=03/09/2017122210&ft=.pdf}, letzter Zugriff 2. 7. 2020.

G. Ugo Nwokeji, »Slave Ships to Oil Tankers«, in: Ed Kashi, *Curse of the Black Gold: 50 Years of Oil in the Niger Delta,* Brooklyn, New York 2008, S. 62–65.

O **Luke O'Neil,** »US energy department rebrands fossil fuels as ›molecules of freedom‹«, in: *The Guardian* vom 30. 5. 2019, online unter {https://www.theguardian.com/business/2019/may/29/energy-department-molecules-freedom-fossil-fuel-rebranding}, letzter Zugriff 28. 5. 2020.

O. A., *Mirakelbuch des St. Quirinusöl vom Tegernsee,* Transskription online unter {https://digitales-archiv.erzbistum-muenchen.de/archiv-medien/Sonstiges/KB185_MirakelbuchTegernsee_Transkription.pdf}, letzter Zugriff am 18. 6. 2020.

O. A., »Arabien/Sklavenhandel. Ein ehrsames Gewerbe«, in: *Der Spiegel,* 22. 8. 1956, S. 30–31, online unter {https://magazin.spiegel.de/EpubDelivery/spiegel/pdf/43063789}, letzter Zugriff 27. 5. 2020.

O. A., »Sklaverei formal abgeschafft«, in: *Die Zeit,* 26. 7. 1963, online unter {https://www.zeit.de/1963/30/zeitspiegel/seite-3}, letzter Zugriff 27. 5. 2020.

O. A., »Vom Treibhausgas zum Gewächshausgas: CO_2-Recycling bei Linde«, in: *UmweltDialog. Wirtschaft – Verantwortung – Nachhaltigkeit,* 4. 7. 2008, online unter {https://www.umweltdialog.de/de/wirtschaft/oekologie/archiv/2008-07-04_Linde_OCAP_Projekt.php}, letzter Zugriff 25. 5. 2020.

O. A., »Iran will 18-Jährigen trotz falscher Vorwürfe hinrichten«, in: *Der Spiegel* vom 8. 8. 2010, online unter {https://www.spiegel.de/panorama/justiz/homosexualitaet-unter-strafe-iran-will-18-jaehrigen-trotz-falscher-vorwuerfe-hinrichten-a-710753.html}, letzter Zugriff 28. 5. 2020.

O. A., Давай за нас, давай за вас, / давай за весь российский газ, / За всех, кто из земли добыл / Искусственное солнце (*The Gazprom Song*), online unter {https://www.youtube.com/watch?v=xGbI87tyr_4}, letzter Zugriff 20. 6. 2020.

Hajo Obuchoff, Lutz Wabnitz, Frank Michael Wagner, *Die Trasse: Ein Jahrhundertbau in Bildern und Geschichten,* Berlin 2012.

Oil Sands Discovery Centre, *Facts about Alberta's Oil Sands and its Industry,* online unter {https://open.alberta.ca/dataset/d5a7fec7-6e37-431c-9f33-eb98510c65e4/resource/eb20740d-d1bc-4e60-b441-99f6c84998d8/download/2016-oil-sands-discovery-centre-osdc-facts-about-albertas-oil-sands-and-its-industry.pdf}, letzter Zugriff am 13. 3. 2020.

Barbara Orland, »Die Erfindung des Stoffwechsels«, in: Kijan Espahangizi, Barbara Orland (Hg.), *Stoffe in Bewegung,* Zürich, Berlin 2014, S. 71–93.

Walter Ostwald, »Kraftstoff im Kriege«, in: *Kraftstoff* 16 (1940), S. 167–169.

Wilhelm Ostwald, »Über Katalyse. Vortrag, gehalten 1901 in der Versammlung der Gesellschaft Deutscher Naturforscher und Ärzte zu Hamburg«, in: ders., *Abhandlungen und Vorträge allgemeinen Inhaltes (1887–1903),* Leipzig 1904, S. 71–96.

Ders., »Das Problem der Zeit«, in: ders., *Abhandlungen und Vorträge allgemeinen Inhaltes (1887–1903),* Leipzig 1904, S. 241–257.

Ovid, *Metamorphosen. Das Buch der Mythen und Verwandlungen,* in Prosa neu übersetzt von Gerhard Fink, Frankfurt/M. 1992.

P

Michael Palmer, »Data is the new Oil«, online unter {https://ana.blogs.com/maestros/2006/11/data_is_the_new.html}, letzter Zugriff 3. 3. 2020.

Papst Franziskus, »*Querida Amazonia,* Nachsynodales apostolisches Schreiben«, Februar 2020, online unter {www.vaticannews.va/de/papst/news/2020-02/exhortation-querida-amazonia-papst-franziskus-synode-wortlaut.html}, letzter Zugriff 29. 5. 2020.

Yussi Parikka, *A Geology of Media,* Minneapolis 2015.

Daniel Parry, »NRL Seawater Carbon Capture Process Receives U. S. Patent«, online unter {https://www.nrl.navy.mil/news/releases/nrl-seawater-carbon-capture-process-receives-us-patent}, letzter Zugriff 27. 5. 2020.

Matteo Pasquinelli, »The Automaton of the Anthropocene: On Carbosilicon Machines and Cyberfossil Capital«, in: *The South Atlantic Quarterly* 116/2 (2017).

Christopher Peak, »Feathered Cocaine: The Story of Money, Terrorism, and Falconry«, in: *Huffpost,* 2. 4. 2014, online unter {https://www.huffpost.com/entry/feathered-cocaine_b_4392859}, letzter Zugriff 17. 4. 2020.

Daniel Pelletier, Maximilian Probst, »Donald Trump: Der neue Ölmensch«, in: *Zeit Online,* 20. 1. 2017, {https://www.zeit.de/politik/ausland/2017-01/donald-trump-analyse-oel-kohle-kapitalismus}, letzter Zugriff 16. 6. 2020.

Dale Pendell, *Pharmako/Poeia. Plant Powers, Poisons & Herbcraft,* Berkeley 2010.

Randy W. Peterson, *Giants on the River. A Story of Chemistry and the Industrial Development on the Lower Mississippi River Corridor,* Baton Rouge 2000.

Karen Pinkus, *Fuel. A Speculative Dictionary,* Ithaca 2016.

Michael Poppe, *Integration von Infrastrukturen in Europa im historischen Vergleich,* Band 5: *Öl- und Treibstoffpipelines,* Baden-Baden 2015.

R **Ayn Rand,** *Atlas Shrugged,* New York 1957. (In deutscher Übersetzung 1959 unter dem Titel *Atlas wirft die Welt ab,* Baden-Baden 1959. 2012 erschien eine Neuübersetzung unter dem Titel *Der Streik,* München 2012.)

Felix Rehschuh, *Aufstieg zur Energiemacht. Der sowjetische Weg ins Erdölzeitalter,* Wien, Köln, Weimar 2018.

Jürgen Renn, Bernd Scherer (Hg.), *Das Anthropozän. Zum Stand der Dinge,* Berlin 2015.

Hans-Jörg Rheinberger, *Experimentalsysteme und epistemische Dinge. Eine Geschichte der Proteinsynthese im Reagenzglas,* Frankfurt/M. 2006.

Douglas Rogers, »Deep Oil and Deep Culture in the Russian Urals«, in: Hannah Appel, Arthur Mason, Michael Watts (Hg.), *Subterranean Estates. Life Worlds of Oil and Gas,* Ithaca, London 2015, S. 61–71.

Marie G. Rohde, *Unheimliche Umweltmonster … und wie man sie besiegt,* München 2020.

S **Antti Salminen, Tere Vadén,** *Energy and Experience. An Essay in Naftology,* Chicago 2015.

Anthony Sampson, *The Seven Sisters. The Great Oil Companies and the World They Shaped,* New York 1975.

Finn Harald Sandberg, »Condeeps. The Dinosaurs of the North Sea«, in: *Journal of Energy History/Revue d'Histoire de l'Énergie* 2 (2019), online unter {energyhistory.eu/en/node/136}, letzter Zugriff 28. 5. 2020.

J. F. Scheimer, I. Y. Borg, »Deep Seismic Sounding with Nuclear Explosives in the Soviet Union«, in: *Science* 16 (1984), S. 787–792.

Alfred Scheld, *Erdöl im Elsass. Die Anfänge der Ölquellen von Pechelbronn,* Ubstadt-Weiher 2012.

Karl Aloys Schenzinger, *Bei I. G. Farben,* München, Wien 1953.

Robert Schlögl, »Solar Refinery«, in: ders. (Hg.), *Chemical Energy Storage,* Berlin 2013, S. 235–255.

Ders., »Hinter dem Wasserstoff-Thema verbirgt sich die größte Gelddruckmaschinerie. Interview mit Anja Karliczek und Robert Schlögl«, in: *Handelsblatt* vom 6. 2. 2020, online unter: {https://www.handelsblatt.com/politik/deutschland/anja-karliczek-und-robert-schloegl-hinter-dem-wasserstoff-thema-verbirgt-sich-die-groesste-gelddruckmaschinerie/25507504.html}, Zugriff am 17. 6. 2020.

Karl Schlögel, *Das sowjetische Jahrhundert. Archäologie einer untergegangenen Welt,* München 2018.

Arno Schmidt, *Griechisches Feuer,* Bargfeld 1989.

Ruth Schneggenburger, *75 Jahre Energie aus der Tiefe. Zistersdorf,* Wien 2013, online unter {https://www.rag-exploration-production.at/fileadmin/bilder/tx_templavoila/rag_zistersdorf_75Jahre_festschrift_web.pdf}, letzter Zugriff 25. 5. 2020.

Günter Schönwälder, *Erdöl in der Geschichte,* Mainz, Heidelberg 1958.

Christian Schwarke, *Technik und Religion. Religiöse Deutungen und theologische Rezeption der Zweiten Industrialisierung in den USA und in Deutschland,* Stuttgart 2014.

Ibrahima Seck, *Bouki fait Gombo. A history of the slave community of habitation haydel (Whitney Plantation), Louisiana, 1750–1860,* New Orleans 2014.

Walter Seitter, *Physik der Medien. Materialien, Apparate, Präsentierungen,* Weimar 2002.

William Shakespeare, *Macbeth,* übers. v. Heiner Müller, in: *Die Stücke* 2, Frankfurt/M. 2001.

Peter A. Shulman, »The Making of a Tax Break: The Oil Depletion Allowance, Scientific Taxation, and Natural Resources Policy in the Early Twentieth Century«, in: *The Journal of Policy History* 3 (2011), S. 281–322.

Rolf Peter Sieferle, *Der unterirdische Wald. Energiekrise und Industrielle Revolution,* München 1982.

Peter Sloterdijk, »Wie groß ist ›groß‹?«, in: Paul Crutzen u. a. (Hg.), *Das Raumschiff Erde hat keinen Notausgang – Energie und Politik im Anthropozän,* Berlin 2011, S. 93–110.

Vaclav Smil, *Energy Transitions. History, Requirements, Prospects,* Santa Barbara 2010.

Jens Soentgen, *Konfliktstoffe,* München 2019.

Eduard Suess, *Über die Entstehung der Alpen,* Wien 1875.

J. W. Stalin, *Kurze Lebensbeschreibung,* Moskau 1942.

Hermann Staudinger, *Der Aufstand der technischen Sklaven,* Essen 1948.

Benjamin Steininger, *Die Sammlung Rohstoff Geschichte – Ein Findbuch,* Wien 2016, online unter: {https://opac.geologie.ac.at/ais312/dokumente/BR0116_000.pdf.pdf}, letzter Zugriff 27. 5. 2020.

Clärenore Stinnes, *Im Auto durch zwei Welten* (mit Photos von Axel Söderström), Berlin 1929 (Nachdruck Wien 1996).

Anthony Stranges, »Germany's Synthetic Fuel Industry«, in: John E. Lesch (Hg.), *The German Chemical Industry in the Twentieth Century,* Dordrecht 2000, S. 147–216.

Kai Strittmatter, »Norwegens Regierung eröffnet ein gewaltiges Ölfeld«, in: *Süddeutsche Zeitung,* 7. 1. 2020, online unter {https://www.sueddeutsche.de/wirtschaft/norwegen-erdoel-johan-sverdrup-1.4747060}, letzter Zugriff 5. 3. 2020.

Imre Szeman, »Pipeline Politics«, in: *The South Atlantic Quarterly* 116/2 (2017), S. 402–407.

Bronislaw Szerszynski, »Gods of the Anthropocene: Geo-Spiritual Formations in the Earth's New Epoch«, in: *Theory, Culture & Society* 2–3 (2017), S. 253–275.

T **Klaus Theweleit,** *Männerphantasien,* Frankfurt/M. 2000.

Oxana Timofeeva, »Ultra-Black: Towards a Materialist Theory of Oil«, in: *e-flux* 84 (2017), online unter {https://www.e-flux.com/journal/84/149335/ultra-black-towards-a-materialist-theory-of-oil/}, letzter Zugriff 29. 6. 2020.

Dies., »A Theatre of the Wounded Earth«, unveröfftl. Vortragsskript, *True Oil*-Konferenz, Kunstmuseum Wolfsburg 25.–27. 10. 2018.

B. Traven, *Die weiße Rose,* Frankfurt/M. 1983.

Achim Trunk, »Die todbringenden Gase«, in: Günter Morsch, Bertrand Perz (Hg.), *Neue Studien zu nationalsozialistischen Massentötungen durch Giftgas. Historische Bedeutung, technische Entwicklung, revisionistische Leugnung,* Berlin 2011, S. 23–49.

Konstantin E. Tsiolkovsky, »The Exploration of Cosmic Space by Means of Reaction Devices (Исследование мировых пространств реактивными приборами)«, in: *The Science Review 5* (1903), im russischen Original online unter {www.prlib.ru/item/416365}, letzter Zugriff 20. 6. 2020.

Kurt Turnovsky, »Kann es Erdöl auf dem Monde geben?«, in: *Österreichischer Berg- und Hüttenkalender,* Wien 1970, S. 83–85.

Hartmann Tyrell, »Das Religioide und der Glaube. Drei Überlegungen zu einer Religionssoziologie um 1900«, in: Rüdiger Lautmann, Hanns Wienold (Hg.), *Georg Simmel und das Leben in der Gegenwart,* Wiesbaden 2018, S. 347–362.

V **Vladimir Vernadskij,** *Der Mensch in der Biosphäre. Zur Naturgeschichte der Vernunft,* Frankfurt/M. 1997.

Paul Virilio, *Fahren, Fahren, Fahren,* Berlin 1978.

Ders., *Geschwindigkeit und Politik. Ein Essay zur Dromologie,* Berlin 1980.

W **Edmund Waldmann,** *Erdölbestandteile. Bisher aus Erdölen isolierte chemische Individuen,* Wien 1937.

Peter Waldman, Golnar Motevalli: »Iran Has Been Hiding One of the World's Great Collections of Modern Art«, in: *Bloomberg Businessweek,* 17. 11. 2015, online unter {https://www.bloomberg.com/features/2015-tehran-museum-of-contemporary-art/}, letzter Zugriff 28. 5. 2020.

McKenzie Wark, *Molekulares Rot,* Berlin 2017.

Max Weber, *Die protestantische Ethik und der Geist des Kapitalismus, in: ders., Gesammelte Aufsätze zur Religionssoziologie,* Band 1, Tübingen 1986 (1920).

Peter Weiss, *Die Ermittlung. Oratorium in 11 Gesängen,* Reinbek bei Hamburg 1989.

Godfrid Wessely, »Geological results of deep exploration in the Vienna basin«, in: *Geologische Rundschau – Mineral Deposits* 79 (1990), S. 513–520.

Esther Widmann, »Unter der Nordsee liegt Doggerland, das Atlantis von Jägern und Sammlern«, in: *Neue Zürcher Zeitung* vom 25. 7. 2018, online unter {https://www.nzz.ch/wissenschaft/doggerland-ld.1403047}, letzter Zugriff 25. 5. 2020.

Y **Daniel Yergin,** *Der Preis. Die Jagd nach Öl, Geld und Macht,* Frankfurt/M. 1993.

Kathryn Yusoff, *One billion black Anthropocenes or none,* Minneapolis 2018.

Z **Jan Zalasiewicz, Colin N. Waters, Mark Williams,** »Human bioturbation, and the subterranean landscape of the Anthropocene«, in: *Anthropocene* 6 (2014), S. 3–9.

Filme

Armageddon – Das jüngste Gericht, Spielfilm USA 1998, R: Michael Bay.

Der brennende Acker, Spielfilm DEU 1922, R: F. W. Murnau.

Le chant du styrène, Dokumentarfilm FRA 1958, R: Alain Resnais.

The Challenge, Dokumentarfilm ITA/FRA 2017, R: Yuri Ancarani.

Comment Yukong déplaça les montagnes, Kapitel 4: »Petroleum«, Dokumentarfilm FRA 1976, R: Joris Ivens, Marceline Loridan.

Deepwater Horizon, Spielfilm USA 2016, R: Peter Berg.

Feathered Cocaine, Dokumentarfilm ISL 2010, R: Örn Marino Arnarson, Thorkell S. Hardarson.

Gasland, Dokumentarfilm USA 2010, R: Josh Fox.

Giganten, Spielfilm USA 1956, R: George Stevens.

Lektionen in Finsternis, Dokumentarfilm DEU 1992, R: Werner Herzog.

Mad Max, Spielfilm AUS 1979, R: George Miller.

Mad Max 2: The Road Warrior, Spielfilm AUS 1981, R: George Miller.

Mad Max: Fury Road, Spielfilm AUS 2015, R: George Miller.

Plastic Planet, Dokumentarfilm DEU/AUT 2009, R: Werner Boote.

Oil Rocks. City above the Sea / Cité du Pétrole, Dokumentarfilm CHE 2009, R: Marc Wolfensberger.

Lohn der Angst, Spielfilm FRA/ITA 1953, R: Henri-Georges Clouzot.

Die Unerschrockenen, Spielfilm USA 1968, R: Andrew V. MacLaglen.

The Inside Story of Moderne Gasoline. Science-Fashioned Molecules For Top Performance, Werbefilm USA 1946, Produziert: Fairbanks (Jerry) Inc., Standard Oil Company of Indiana.

The Terminator, Spielfilm USA 1984, R: James Cameron.

Terminator 2: Judgement Day, Spielfilm USA 1991, R: James Cameron.

True Blood, TV-Serie USA 2008–2014.

La via del petrolio, Dreiteilige TV-Dokumentation ITA 1967, R: Bernardo Bertolucci.

Abbildungen

Atlas *Der Große Shell-Atlas,* Stuttgart 1962, Titelblatt.

Bohrprotokoll Bohrprotokoll der Bohrung Gaiselberg 1, 1938, Archiv der Geologischen Bundesanstalt, Wien, mit freundlicher Genehmigung von ADX-Energy.

Exploration Lane-Wells Company, *Bulletin RA-47-B-3,* 1948, Titelblatt.

Spülung Farbfotografie, Niederösterreich, 2000er-Jahre, o. A., Archiv Rohstoff Geschichte, Wien, mit freundlicher Genehmigung der OMV AG.

Pferdekopfpumpe Pumpe aus dem Ölfeld van Sickle in Neusiedl an der Zaya, Niederösterreich, Schwarz-Weiß-Fotografie späte 1930er-Jahre. Archiv der Geologischen Bundesanstalt Wien, Rohstoff Geschichte, Sammlung van Sickle.

Pipeline Schwarz-Weiß-Fotografie, Permer Gebiet, UdSSR, 1985, Armin Herrmann.

Molekulare Mobilisierung Gerhard H. Lehmann, *Erdöl-Spaltung,* ABC des Erdöls, Band 5, Heidelberg 1955, S. 35, mit freundlicher Genehmigung von Süddeutscher Verlag, Verlagsgruppe Hüthig Jehle Rehm GmbH.

Science-Fashioned Molecules *The Inside Story of Modern Gasoline. Science-Fashioned Molecules For Top Performance,* ein Leadership-through-science-Film, präsentiert von Standard Oil Company of Indiana, Standard Oil Company of Indiana, Werbefilm Jerry Fairbanks Productions Inc. USA 1946, Prelinger Archives, https://archive.org/details/InsideSt1946.

Männer und Erdöl Othmar Franz Lang, *Männer und Erdöl,* Wien 1956, Titelblatt.

Motor Werbemotiv Nr. 2 aus der Serie »Shell führt durch den Motor«, *DDAC-Motorwelt* 1938, S. 299.

Sprawl Alex Prager, »Nancy«, Farbfotografie 2008, aus: dies. und Michael Goyan (Einleitung), *Silver Lake Drive,* München 2018, S. 44/45.

Munition *Esso-War Map,* Werbebroschüre, USA 1942, David Rumsey Map Collection, David Rumsey Map Center, Stanford Libraries, {https://www.davidrumsey.com}.

Greenhouse Screenshot der Google-Maps-Satellitenansicht des Rotterdamer Hafens, 2019, © Google Maps.

Oleoviathan *The Petroleum Engineer. Drilling & Production* 31 (1959), General Section, August, »The petroleum Engineer for Management«, E 3–5.

Durchbohrte Erde *Erdöl. Zeitschrift für Bohr- und Fördertechnik* 9 (1959), mit freundlicher Genehmigung von Schoeller Bleckmann Oilfield Equipment (SBO), Ternitz.

Schlumberger Digitalfotografie, 2008, © Dieter Hiller.

Abenteurer Postkarte, Argentinien, 1921, Archiv der Geologischen Bundesanstalt Wien, Rohstoff Geschichte, Sammlung Oppolzer.

Baku Postkarte, Russland, 1902, Archiv Rohstoff Geschichte, Wien.

Großer Sprung nach vorn *Struggle to create some ten »Daqing« oilfields,* Yang Keshan, 1978, Quelle: IISH / Stefan R. Landsberger Collections, www.chineseposters.net.

Unbezahlbar Filmstill aus *The Challenge,* Dokumentarfilm, R: Yuri Ancarani, ITA/FRA 2017.

Rakete Farbfotografie, St. Petersburg, 1999, © Benjamin Steininger.

Louisiana Screenshot der Google-Maps-Positionsdaten aus St. James Parish, Louisiana, 2019.

Petroporn Ed Kashi, »Oilsoaked Workers taking a break from cleaning up a spill in the swamps near Olobiri«, in: Ders., *Curse of the Black Gold. 50 Years of Oil in the Niger Delta,* S. 66/67.

Tehran Museum of Contemporary Art Filmstill aus *Mouthful,* Digitalfilm, R: Shirin Sabahi, IRA 2018.

Posidonienschiefer Digitalfotografie 2018, © Alexander Klose.

Eichmann Freischurfkarte des »Gaues Oberdonau und des anschl. Salzburg«, 1939, Erdölarchiv der Geologischen Bundesanstalt Wien.

Weltkulturerbe: Kalender 1988 von A/S Norske Shell, Norwegian Petroleum Museum, Stavanger.

Bohrkern Schwarz-Weiß-Fotografie, 2010, Archiv Rohstoff Geschichte, Wien, mit freundlicher Genehmigung der OMV AG.

Plankton Fossile Dinoflagellaten aus dem späten Cenoman (Alter = 94 Mio. Jahre) des norwegischen Festlandsockels, Rasterelektronenmikroskopaufnahme, Norwegian Petroleum Directorate, Stavanger.

Tiere im Ölfeld *Wildschweine an einer Bohrstelle der van Sickle GesmbH im Plattwald,* Neusiedl an der Zaya, Niederösterreich, Farbfotografie, Ende 1970er-Jahre, o. A., Archiv der Geologischen Bundesanstalt Wien, Rohstoff Geschichte, Sammlung Brabec.

Frontier der Technosphäre Computergrafik zur Veranschaulichung der Bohrtechnik, 2017, Archiv SBO, Ternitz, mit freundlicher Genehmigung der Schoeller Bleckmann Oilfield Equipment (SBO), Ternitz.

Brennender Acker Filmstill aus *Der Brennende Acker,* Spielfilm, stumm, schwarz-weiß, DEU 1922, R: Friedrich Wilhelm Murnau.

Gesang vom Styrol Filmstill aus *Le chant du styrène,* Werbe-/Dokumentarfilm, FRA 1958, R: Alain Resnais.

Zeitabgrund Werbegrafik der Royal Bank of Scotland vom Dezember 2009, *Süddeutsche Zeitung,* 11. 12. 2009.

Schwarzer Spiegel Schwarz-Weiß-Fotografie, 1932, Archiv Rohstoff Geschichte, Wien.

True Oil Plattencover von Neil Young, *On the Beach,* Fotografie Bob Seidemann, Grafikdesign Rick Griffin, USA 1974.

Terminator Filzstiftzeichnung 2020, © Lucius Fleckstein.

Schwarzes Quadrat Computeranimation 2018, © Bernd Hopfengärtner.

Raumfahrt *The Petroleum Engineer. Drilling & Production* 31 (1959), General Section, August, »The petroleum Engineer for Management«, E 6–7.

Daten sind das neue Öl Schwarz-Weiß-Fotografie 1960er-Jahre, Archiv Rohstoff Geschichte Wien, mit freundlicher Genehmigung der OMV AG.

Burning Man Filmstill aus Youtube-Videomontage »Diesel Trucks Rolling Coal On People Diesel Trucks VS Pedest«, USA 2015, zuletzt gesehen am 15. 11. 2017, nicht mehr online.

Hl. Barbara *Barbarafeier in der St. Leonhardskirche Matzen,* Schwarz-Weiß-Fotografie, Niederösterreich, 1970, o. A., Archiv der Geologischen Bundesanstalt Wien, Rohstoff Geschichte, Sammlung OMV-Fuhrpark Prottes.

Cannonball *Menschenleere Autobahn in Kalifornien,* Digitalfotografie, 10. 4. 2020, 9:30, © Wikicommons.

Alexander Klose, geboren 1969, arbeitet als freiberuflicher Kulturforscher, Kurator und Publizist in Berlin und forscht zu modernen Infrastrukturen.

Benjamin Steininger, geboren 1974, Kultur- und Medienwissenschaftler, Wissenschafts- und Technikhistoriker am UniSysCat der TU-Berlin und am Max-Planck-Institut für Wissenschaftsgeschichte Berlin sowie Kurator in Berlin und Wien.

Gemeinsam gründeten sie 2017 das Forschungskollektiv Beauty of Oil.

Erste Auflage Berlin 2020

MSB Matthes & Seitz Berlin
Verlagsgesellschaft mbH
Göhrener Str. 7 | 10437 Berlin
info@matthes-seitz-berlin.de

Umschlagmotiv aus Gerhard H. Lehmann, *Erdöl-Spaltung,* Heidelberg 1955, S. 23

Umschlaggestaltung, Satz und Layout:
Pauline Altmann, Berlin
Lithografie: Raimundas Austinskas, Kaunas
Druck und Bindung: Pustet, Regensburg
Printed in Germany

ISBN 978-3-95757-942-3

www.matthes-seitz-berlin.de